U0337227

大贱年

1943年卫河流域战争灾难口述史

王　选◎主编　威县卷

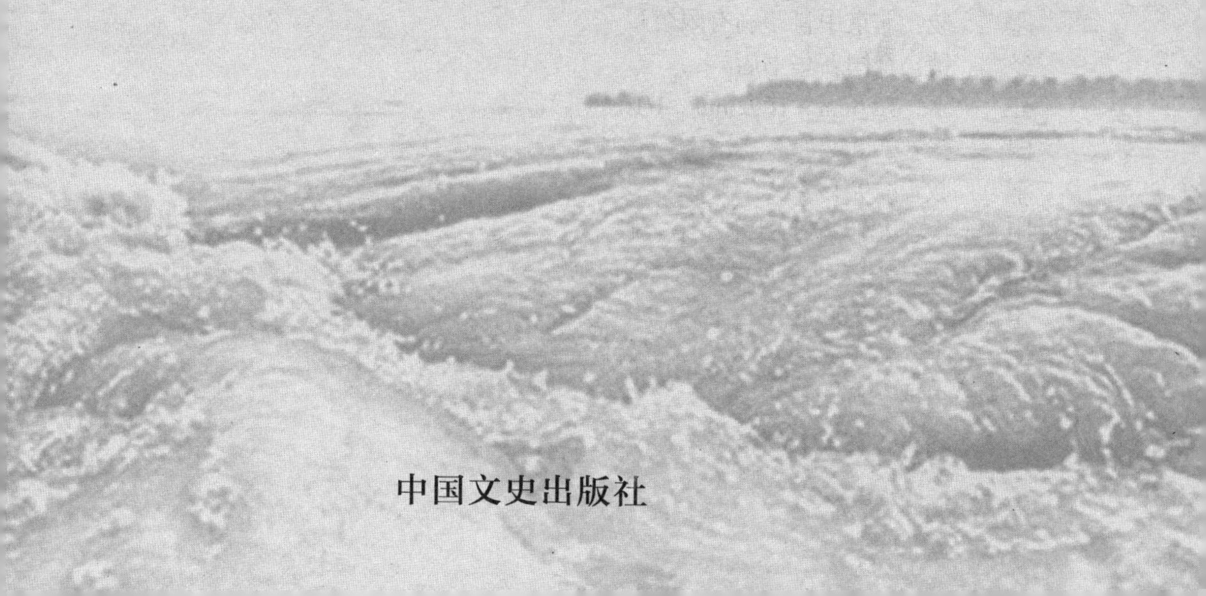

中国文史出版社

图书在版编目（CIP）数据

大贱年：1943年卫河流域战争灾难口述史.威县卷 /
王选主编. —北京：中国文史出版社，2015.12
ISBN 978-7-5034-7207-7

Ⅰ.①大… Ⅱ.①王… Ⅲ.①灾害 – 史料 – 威县 – 1943
Ⅳ.①X4–092

中国版本图书馆CIP数据核字（2015）第298074号

丛书策划编辑：王文运
本卷责任编辑：牛梦岳
装　帧　设　计：王　琳　瀚海传媒

出版发行：**中国文史出版社**
社　　　址：北京市西城区太平桥大街23号　　邮编：100811
电　　　话：010－66173572　66168268　66192736（发行部）
传　　　真：010－66192703
印　　　装：北京中科印刷有限公司
经　　　销：全国新华书店
开　　　本：787mm×1092mm　1/16
印　　　张：29.25
字　　　数：419千字
版　　　次：2017年9月北京第1版
印　　　次：2017年9月第1次印刷
定　　　价：860.00元（全12册）

《大贱年——1943年卫河流域战争灾难口述史》
编 委 会

目 录

常 屯 乡

北常屯村

采访时间： 2008 年 1 月 27 日

采访地点： 威县常屯乡北常屯村

采访人： 牟剑锋　张　茜　刘　群

被采访人： 牛村仁（男　83 岁　属虎）

牛村仁

　　从 1932 年春天开始，我们这里就没大下过雨，天旱人荒，麦子不收，只能长到一拃高。到了秋天，连下了七天七夜的大雨，在下雨的这段时间里，很多人得了霍乱。下了那么长时间的雨，但是由于水不深，不能喝，虽然周围有河但是太远，所以靠打井来找水喝。

　　霍乱很严重，死了 300 多人，包括我的祖父牛春年，祖母赵氏，还有我的一个兄弟。他们病发的时候肌肉痉挛，哆嗦，跑厕所。我对当时的情况不太了解，不过听人说，这种病传染，而且没有人来救治。虽然这之前也有少数人得霍乱，不过这种病一般在下雨的时候才得。

　　那个时候逃荒去东北，去信阳、武定府的人很多，饥荒前村里有三四千人，那个时候还没有设置南常屯，就连高庄也属于常屯，它们是抗日胜利后才分开的，饥荒后具体剩了多少人就不知道了。

民国 33 年闹过蝗灾，但是具体的我也说不了那么详细，收成还可以，老百姓还有粮食吃，能凑合着活命，但是日本人烧杀抢掠，干的坏事太多。他们经常过来扫荡。皇协军还有日本人穿着绿军装，没见过穿白褂的日本医生。

采访时间：2008 年 1 月 27 日
采访地点：威县常屯乡北常屯村
采访人：牟剑锋　张　茜　刘　群
被采访人：任英俊（男　80 岁　属蛇）

任英俊

民国 32 年跟现在不一样，那时候靠天吃饭，一直没下雨，天旱，麦子不收。从民国 31 年冬天到民国 32 年春就没下过雨，而且不断的有大风天气，小麦减产。到了民国 32 年七月份才下雨，雨可大了，连下了七天七夜，庄稼有了水，才慢慢地长了起来，多少收了点。要是没这个麦子，人就没吃的了。

秋后咱这大部分人都得了霍乱。那时候我 15 岁了，我爷爷、奶奶、父母、姐姐、哥哥，民国 32 年春天逃到山东邹城，八月份回来的。回来的时候粮食收下来了，吃的人闹肚子，回来的时候那也有霍乱，我回来后下的大雨，八月二十几号连下了七天七夜，下雨以后得霍乱的人很多。爸爸肚子疼，拉肚子，不抽筋，跑厕所，不哆嗦，爸爸前一天死的，妈妈第二天死的，母亲闹肠炎，就是拉肚子，跑厕所，不哆嗦，不抽筋。我没见过其他的病人，听说光抽搐，治不起，这里医生也少。这里逃荒到河南、山东的人得霍乱的也很多。民国 32 年以前村里有 1000 多口人，灾荒年以后剩了 700 来口。

日本人经常过来抢东西，皇协军也抢，周围十里八里的也有抢东西的，日本人穿的跟现在电视上一样，没穿白大褂，逮到以后去挖沟，不给吃的，不给钱，还打人。抓人以后有的被派到东北了，去挖沟、修炮楼的多，到日本的很少。

民国33年收成还不错，就是日本来抢的砸的多，而且还闹蝗灾。蚂蚱、蝗虫很多，收了麦子以后，秋季再种，谷子黄穗的时候，闹过一次蝗灾，秋季的严重，这一次比上一次严重。

当时我们都是自己钻井，喝生水。

东柳疃

采访时间：2008年1月27日

采访地点：威县常屯乡东柳疃

采 访 人：李秀红　范庆江　耿　艳

被采访人：陈同俊（男　82岁　属兔）

陈同俊

我叫陈同俊，今年82岁，没上过学，家住常屯乡东柳疃，以前也叫柳疃乡。我在部队待了九年，1947年当兵走的，1948年入党。

民国32年大灾荒，没吃没喝，天不下雨，地里没收成，后来八九月份连下了七天七夜的大雨。

霍乱就发生在民国32年那年，死的人很多，一天死七个八个的。霍乱传染了很多人，当时没医生，有病也得不到医治，大多数人都是在1944年得霍乱死的，我妈也是因为得了霍乱，大约有半个月就死了，那时候家里的碗筷都是分开用的，我父亲当时也得了这种病，靠扎旱针、吃西瓜，侥幸活了过来，我父亲叫陈魁龙，当时五十来岁，我才十来岁。

民国32年闹过蝗灾，那时候已经是七八月份了，谷子都叫蚂蚱吃了。

当时逃荒的人可多了，一般都是去河南、东北，但是我没去。

当时有日本人、皇协军，两边抢东西。日本人闹得凶，抓老百姓，说老百姓是八路军，日本鬼子无缘无故就把人活埋了。别的村也有被抓走的，有的被抓到日本国下煤窑，干什么活的都有。日本人吃大米，皇协军就跟老百姓要粮食。日本人喝杨家庄的水，因为那里的存水好吃。

日本人没给老百姓治病，他们和皇协军是不是有得病的，我不知道，当时他们吃的喝的都跟村里要的。

这南边有个河，叫清凉江，没有水。

采访时间：2008 年 1 月 27 日

采访地点：威县常屯乡东柳疃

采 访 人：李秀红　范庆江　耿　艳

被采访人：孙乃瑞（男　73 岁　属猪）

孙乃瑞

我叫孙乃瑞，73 岁，属猪，家住东柳疃。

民国 32 年，没吃没喝，天大旱，那时人都逃荒在外，都逃到南徐州、台儿庄、武定府，当时的武定府现在叫惠民县，最后逃到山东惠民县。

那年下雨下得少，阴历六月连续下了七天七夜的雨。民国 32 年阴历三月份，县里闹蝗灾严重，炮楼上的人组织老百姓，挖沟埋蝗虫。

那年头，饥荒严重，死了不少人，这村原有八九百人，最后就剩了七百来人，有饿死的，有病死的，还有不少得霍乱死的，那会儿有医生用扎旱针的方法救活了一大部分人。

那年间人只能吃草，没粮食，吃的很不好。民国 32 年以前没出现得这病的，民国 32 年得霍乱的人很多。下雨以前有得霍乱的，下雨以后，咱闹不清，那时咱小。

我们这有河，有干河，老沙河，也叫清凉江，现在已经没水了，现在都种上地了。那时喝砖井水，村里水是苦水。

旧社会有炮楼，皇协军、八路军吃喝都依赖老百姓，这日子更难。日本人抓人，抓好老百姓，说是八路军。炮楼上派人抓人，抓不多，又送回来了，抓人去开荒，他那没人。皇协军抢，日本人不抢（东西），没有国民党。

高庄村

采访时间：2008 年 1 月 27 日
采访地点：威县常屯乡高庄村
采访人：牟剑锋　张　茜　刘　群
被采访人：高玉岭（男　84 岁　属牛）

高玉岭

民国 32 年没收成，不下雨，从过了年到六月就没下过雨，六月里下了雨，能长庄稼了，种上了芋头、棒子，雨不算大，下一会儿，停一会儿，一共下了两天，地上没水。

那时候有霍乱转筋，得的人也不少，也传染，老人说这个病抽筋，浑身疼，光渴，想喝水，不哕。扎旱针，常家村有扎旱针的，用指甲压着，顺着指甲往下扎，出了黑血，一拔就不出了，死了七八十人，连饿死的总共 100 多人。

我们从井里打水，喝生的，也喝开的。

我当时在天津，春天去的，到六月就回来了。出去逃荒的多，大多数都出去了，逃到赵州、德州南边、关阳。民国 33 年也不行，没下雨，有蚂蚱、蝗虫，结麦子的时候来的，一刨坑，让蚂蚱往里跑，再埋。

见过日本人，来跟八路军打仗，抢东西的是皇协军，日本人不抢，日本人指挥皇协军，皇协军来抢东西。日本人穿的绿衣服，戴铁帽子，没见过穿白大褂的。

后柳疃

采访时间：2008 年 1 月 27 日

采访地点：威县常屯乡后柳疃

采 访 人：李秀红 范庆江 耿 艳

被采访人：孙如旺（男 85 岁 属猪）

孙如旺

我叫孙如旺，85（岁），属猪。民国 32 年灾荒，没收成，也旱，村里就一头牛，其他的都卖了。那年下雨，都没种地，六月下的雨，雨水来了，也没种，人都在外边，有逃荒的，出去更不行，在家不害怕，家里没粮食。

日本人、皇协军白天来扫荡，日本人不打本村人。

到秋后，八月十五那会儿，有得病的，死了很多人。地里有点粮食了，得那霍乱转筋，跑茅厕，转筋一会儿就死了。本村有人会扎针，有扎好的，有没扎好的。谁知道是什么病，都说是霍乱转筋，霍乱转筋传染。"皇军"没得的，他有吃的。老百姓一吃新粮食就来病。

蚂蚱不是一年有的，蚂蚱儿春天生的，南边来的。民国 32 年，各村都遭了大灾。

这有河，后来挖的，叫清凉江，没有水。

采访时间：2008 年 1 月 27 日
采访地点：威县常屯乡后柳疃
采 访 人：李秀红　范庆江　耿 艳
被采访人：高尚相（男　81 岁　属兔）

高尚相

我 81（岁）了，属兔的，叫高尚相，不是党员。上学上到三年级，日本（人）进中国了，就没上。

民国 32 年是灾荒年，那时候，日本人、皇协军都要粮食，老百姓收的少，老百姓都逃出去了，200 口子人，就剩 70 多口子了，逃到东北、国外去了。旱灾，没收成，没吃的，都逃出去了。逃荒的人多了，我逃到东北，东三省那里有粮食，还没走到，家里不让去了。

民国 32 年，谷子出穗的时候，蚂蚱盖住天，（满天）都是蚂蚱，往北走了。那边有条河，叫清凉江，决口了，水大开口了，发洪水。民国 32 年没打仗，到六月才下雨，下得晚，下了十二天，停停下下，地上水倒不深，屋顶都漏了。下了不少雨但没闹洪水，雨下完，没决口，闹灾荒，那十二天是雨水，没大水，那时候清凉江水也不大。

下雨后，人得病厉害了，得霍乱转筋，一天向外抬七个，那会没有医生，怎么治，扎旱针很少。喝凉水，闹肚子，抽筋，没扎好，没医生，也扎得不及时。上哕下泻，老百姓都说是霍乱转筋，这病不是光转筋，我父亲拉痢疾。那时候我都十几岁了，怎么看不着？肚子饿，口渴，喝凉水，水是井水，没柴火烧。不能说都得那病，富的有粮食吃，抵抗力强。

下雨的时候，没洪水，拉痢疾死的不少，没劲抬，一天埋好几个。那还不传染？魏兵青家一家八口人就剩两个，头先老人没名字，饿死的，死得快。霍乱这病没有持续一年两年，就那几个月，好几个月，也得两个月，以前没有霍乱，那会儿这种病死的多。在有甜瓜的时候，吃个甜瓜更不行。

这里前街有炮楼，三里地一个，有炮楼的地方光查户口，没炮楼就来扫荡。有八路，（皇协军）来登记，几天查一次，刨坑活埋情报员，光活埋。有狗腿子，皇协军！人日本人不得病，他们喝的水是咱村井里水，老百姓还光给他们送水，看哪水好吃吃哪的，他们说好喝。来扫荡的时候，人家光吃大米饭、白糖。汽车运兵出发扫荡。

杨家庄在北边三里地，那边没日本人，没炮楼，日本人在楼上，过得也不行。日本人都穿黄呢子衣服，成天打仗，咱还能不见飞机？民国32年没有（飞机），光汽车。（日本人）抓青年，挖大围子，给他做工。

日本人不抢，皇协军抢，日本人光打仗，这没有老杂（土匪）。人家没发过药，咱见不着。

共产党不是很凶，八路军没武器，黑家（天黑）偷着打，白天不敢打。

采访时间： 2008年1月27日
采访地点： 威县常屯乡后柳疃
采 访 人： 李秀红　范庆江　耿　艳
被采访人： 魏兵青（男　86岁　属猪）

我叫魏兵青，86（岁）了，属猪，灾荒年时二十来岁。

民国32年，没下雨，灾荒年，没收什么，下雨少，收得少，两边都要（粮食）。又有蚂蚱，东南来的，把太阳都盖住了，蚂

魏兵青

蚱把麦头咬得不行。老百姓大部分都饿得不行了，一天死过七个人，俺叔叔那年饿死的。逃荒都逃山东德州去了，逃的人多了，逃到德州，有到东北的。

赶上那病灾，又饿，得什么的都有，什么病咱不懂。得病的人抽筋，光腿抽筋，那时候不知道怎么治，扎旱针，不出血，头一天扎回，第二天扎回，就没事了。也有霍乱转筋，都顾不得看，没劲了，说死就死了，闹不准，也不知道传不传染，说死就死，死了就埋，弄不清楚了，不传染也会饿死的。那边，正南有清凉江，那会儿没水，没井，不下雨，就是过贱年。

那会儿，没老杂，有四军团，日本人围圈子，在俺这村北边三里地。给日本人打水喝，谁打的水，先喝一口，（日本人）怕有人下毒。皇协军，那不知道了。

南常屯村

陈桂芝

采访时间：2008 年 1 月 27 日

采访地点：威县常屯乡南常屯村

采 访 人：牟剑锋　张　茜　刘　群

被采访人：陈桂芝（女　78 岁　属羊）

民国 32 年，那时候都过不好，收得都不强啊。地里都没收的啦，生蚂蚱了，（把庄稼）都吃了。

人得霍乱转筋都死了，治不起，七月二十八那时候得那病了，得那病都治不起。嗨，那死的人，都没人了，死了也没人埋，那一家人抬出去都埋了，也不找席，连斗子毛都没有，没有劲了。死得街上都没人了，咱家里那草，都这么长，没人了。俺这一趟街只剩三家，都是饿得死的死，走的走，没个人。

俺娘得过霍乱，到后来了，找了一个会扎的，扎扎给扎过来了，着急不了，好比这家病了，那家又病了，你这一个医生不知上哪儿去，那时候医生又少，那会儿不是医生，都是咱这农村会扎针的那些人。谁知道出什么血呢？都治不过来，三个钟头就死了，都那么快。这霍乱转筋，病人都拉黑汤啊，也不哕，光拉，拉黑汤，就转筋了。除了自己家人记着，那别的人咱不记得。你说它传不传染，反正那时候经常死人，一得那病就死了，扎不过来。现在多好，上医院治，那时候没人管这霍乱转筋。

下雨，下七八天，家家漏雨，七月二十八老天爷连着下了七八天的雨。地里没水，没淹，就是下的雨，没河水。没人了，都走了，逃到武定府、山东了，以后回来部分人。

就下雨那几天，都饿，再一下雨，这病就传染了。那时候不下雨，一下雨，人都得那病了。咱这没河，那时候吃井水，都烧开了再喝。

生不生虫子，那不知道，记不清了。我大事都记得，小事都记不清了。

咋能没见过日本人呢？我小，也不找我，他不找孩子的事，青年他说打就打。他也不抢，反正来这儿逮着鸡吃鸡，牛都牵走了，皇协军反正是得势就闹。

抓人去给日本人干活，那不知道。

采访时间：2008 年 1 月 27 日

采访地点：威县常屯乡南常屯村

采访人：牟剑锋　张　茜　刘　群

被采访人：张修锐（男　74 岁　属猪）

　　　　　毕云禄（男　78 岁　属羊）

民国 32 年全靠天吃饭，咱这闹灾荒。日本人、石军团，你也抢我也要，没人敢种。

民国 31 年下了雨后，咱这开始闹霍乱转筋，按现在来说就是脱水，转筋，浑身抽，上哕下泻。那时候就靠扎旱针，俺父亲张书宝是个医生，扎过来就好了，扎针，放血，放了黑血，扎不过来就死了，就扔到沟里。

这有砖井，有时候在地上掘掘，掘水，那时候喝生水。

人没劲儿了，都跑不动，等死的人真多了，都扎不过来了。饿得没点劲儿了，人都没人埋了，没地儿埋了，喝碗饭，给埋了。死的逃的，村里都没人了，之前有数千口人。我也逃荒去了，逃到台儿庄去了，民国32 年去的，民国 34 年回来了，上山东、郑口的多。

民国 32 年七月初七下了七天七夜的雨，这之前下的小雨，雨下得各家都漏了，地上水不多，都是雨水。霍乱是七天七夜之后得的，民国 32 年闹的霍乱特别厉害，就那时候死的死，逃的逃，我那个胡同里，七天死了七口子，张天锋三口，张金巧老娘，都是得霍乱死的，一天就死那么多，之后才知道传染的，死得快。

张修锐

毕云禄

民国 33 年收成还好，没闹虫子，民国 31 年闹了蝗灾，蝗虫在天上飞的时候，把天都遮住了，一脚就踩几个，呼啦就一棒，不知道怎么打，就认为是天灾。

日本人不断地来，那时日本人都不孬，主要是来的皇协军，能拿就拿，那时候年轻人都上地里躲着，皇协军抓年轻人打工去，做活去。据说，把妇女弄走当妓女去。有把劳工抓走的。

没见过穿白大褂的日本人，日本人倒不很坏。那时候偷扒车要定死罪，我父亲被发现了，被日本人发现了。

西柳疃

采访时间： 2008 年 1 月 27 日
采访地点： 威县常屯乡西柳疃
采 访 人： 李秀红　范庆江　耿　艳
被采访人： 李韩良（男　77 岁　属猴）

李韩良

我叫李韩良，77（岁），属猴。这以前不是常屯乡，才合并几年，以前是老柳疃乡。我从小到大都住这，1947 年加入共产党，斗地主、打恶霸，老柳疃乡人现在不知剩几个。

民国 32 年，没的说，闹大旱，民国 32 年，没收成，寸草没收，头年倒是收了。那时我 9 岁，逃荒出去了，正月三四家一块逃出去的，出去以后，（家里）把我给人家了，我出去了三年。

那年咱这都没下雨，百分之四五十都逃了，可能是民国 33 年逃出去的，我逃到山东省，民国三十四五年回来的，那时妹妹还没回来。没吃的，晒点草籽吃，人死得没数，都饿死了。我父亲、大爷、奶奶都是饿死的，他们一死，我母亲、俺姊妹仁都出去了。

霍乱转筋，都饿的，还不知道就死了，我也闹不很准，有抽筋的，咱听说抽筋的多，有上吐下泻，这个多，那会不知道这啥病。俺父亲就光拉肚子，光解手，哕，在冰凉地上起不来，传染不传染不知道，俺父亲先死的，八月死的，一个来月以后，俺大爷九月死的。他们没在一块，在那边抬过来的，奶奶死得还早。那时候没医生，都是饿死的。

闹蝗灾的时候晚一些，那时我不在家了，听人说，使东西挖沟，把蝗虫埋起来。日本人炮楼在东柳疃，那时我还没逃荒，黑家（天黑）出去。

南边三里地有老沙河，没水。1963年上洪水的时候有水，那时候两三年没雨。

常 庄 乡

常庄村

采访时间： 2008 年 1 月 27 日

采访地点： 威县常庄乡常庄村

采访人： 王　浩　徐颖娟　刘文月

被采访人： 韩佃银（男　77 岁　属羊）

韩佃银

　　小时候兄弟三个，我最小，家里有十亩地，是贫农。粮食不够吃的，给地主打工，挣吃的，给地主干农活，地主给工钱。

　　民国 32 年开始闹饥荒，民国 32 年、民国 33 年、民国 34 年连着闹灾荒，干旱。民国 32 年没雨，下一点也是小雨，没下过大雨，没发过大水，没来过河水，庄稼不收。那时都是砖井，一丈多深，一旱井里就没水了。

　　闹灾荒之前村里有 700 多口人，闹灾时有饿死的、逃荒的、病死的。大多都是霍乱转筋死的，拉肚子。这是下雨之前，干旱的时候得的病，霍乱、痢疾都不少。那时候医疗不发达，得霍乱就死了，有治好的，扎旱针，浑身都扎，扎有穴位的地方，叫针灸，扎针不出血，旱针很细，比头发粗点，扎得浑身穴位上都是。

　　民国 32 年逃荒的有到山东兖州的，比较好。我和我母亲、二哥去逃的荒，大哥哥去当国民党兵了，再也没回来。（我）12岁就去要饭了，是夏天，穿着单衣呢，逃到山东管庄（音），那是山东的哪个县？在这正东100多里地，那地方还有收成，但也不是很好，要饭吃，人家也给的，还吃树上的小枣充饥。民国32年就回来了，家里就（有）收成了。

闹蝗虫，不记得哪年来的，秋天的时候，谷子长米粒的时候，蝗虫来的，一夜就全都吃光，叶子都全吃光。那时就挖个沟，挡住小蚂蚱，也抓些蚂蚱来，炒着吃，没油。民国34年下的雨。

那时鬼子在这里，在清河，在威县西边十公里都有鬼子驻扎。日本人来村里时我十二三岁了，日本人不抢东西，皇协军抢，日本人纪律很好，不打人、不骂人。日本人给小孩发糖、大米饭。闹霍乱的时候，日本人来过村子，日本人戴口罩，不是因为霍乱，是因为这样时尚。见过飞机，没见往下扔东西，但落到这村子东边。

八路军有地道，他们经常来，八路军一年要20斤小米的公粮，所以要给八路军粮食的。霍乱灾荒的时候，八路军来发过粮食，但是给的很少，人多，顾不过来啊。

我1947年当兵，跟着刘伯承，1952年回来的，是十一纵队的，参加过淮海、渡江战役。我在南京渡江，我这儿是最窄的，有三里地，1949年渡的，河两边都是山，渡江时属三十二旅九十七团十一纵队，就是第十一军，纵队就是军。渡江之后打到湖南、贵阳，从贵州省回来的。

我是党员，1950年入（党）的。在淮海战役的时候受过伤，那时和第五军打仗，国民党在淮海战役有5个兵团，打完国民党60万人，还剩10万人了，八路军死了100万，因为武器太差。那时全民皆兵，到处都是八路军。

这1956年发过大水，从西边山上来的。

采访时间：2008年1月27日
采访地点：威县常庄乡常庄村

采 访 人：王　浩　徐颖娟　刘文月
被采访人：郑立成（男　85岁　属蛇）

郑立成

　　小时候兄弟自己一个人，家里有十多亩地，粮食收得少，麦子一亩一袋子120多斤，多的有两布袋，麦子磨成面吃，麦壳子给牲畜吃。

　　那时经常闹饥荒，民国32年也闹饥荒，又闹日本人，还闹石军团。日本人不抢东西，但向村里要。

　　民国32年旱，两三年没大收粮食，就不收了，东边那个胡同死了好几十口子。一直没下过大雨，有下也很小的。有逃荒的，有二三十家去逃荒，逃到无极、惠民这些地方去了，那里收成还好。我没去，家里人去了，我和一个好朋友给人干活，干庄稼活，闹灾荒之后就剩七百来口人了。

　　那年死了很多人，有饿死的，有霍乱转筋的。民国32年七月，正是收谷子的时候，七月下了七天七夜雨，下雨之后得的霍乱，下雨后，村里没发大水，闹洪水也不是这一年的事。得霍乱的人又哕又泻，像一米八的大个子都饿得走着走着就倒了。霍乱除了上哕下泻没别的症状，有治好的，可死了不少人，治好的都是旱针扎过来的，不知道扎哪儿。

　　闹日本人，到处扫荡、抓人。闹霍乱时日本人来过，戴不戴口罩不清楚。

　　有蚂蚱，人们推着一车子蚂蚱去和日本人换大盐，日本人把蚂蚱扔到粪池里，是为了让人民过好。玉米到膝盖高的时候，蚂蚱一过，玉米就全没了，蚂蚱都往东北飞，没人去拜佛求神的，那个不管用。

陈家庄村

采访时间： 2008 年 1 月 27 日
采访地点： 威县常庄乡陈家庄村
采 访 人： 齐一放　苏国龙　蒋丹红
被采访人： 陈克芹（男　87 岁　属鸡）

陈克芹

　　灾荒年死那么多人，有饿死的，有得霍乱的，死了不少人，村里有 100 多口人，死了几十口人。灾荒年是民国 32 年，地里有蚂蚱，不多。

　　到六月份下雨了，下得很大，下了七天七夜。发过洪水，几月记不清了，民国 32 年没来水。

　　霍乱转筋传染，治不过来，有叫陈梦江的会扎针。有逃荒的，逃往河南、山东枣庄、台儿庄的。

采访时间： 2008 年 1 月 27 日
采访地点： 威县常庄乡陈家庄村
采 访 人： 齐一放　苏国龙　蒋丹红
被采访人： 王金见（男　80 岁　属马）

王金见

　　灾荒年是民国 32 年，收的不多，国民党也要，日本人也要，老百姓粮食供不上。麦子收得不强，饿死的人很多。蚂蚱不少，把太阳都给遮住了。

　　本来有 240 多口人，死了 80 口，都是饿死和病死的，主要是饿的。七八月下的雨，光下雨，下得比较多，房屋漏雨，塌的倒不多，地没有被淹。一下雨，地里水都满了。这哪年都淌水，没听说过河开口子的事，河水都没上村来，哪年来都能挡住。

那时有得霍乱转筋的，谁也不上谁家去，闹不清得什么病，光往外抬人，听别人说那病传染。村里有个老医生叫陈梦江，说这病是霍乱，老百姓都闹不清，得病的就叫老医生给扎扎。湿气病、霍乱那时都闹不清，死得快就叫湿气病。我娘第一天还没事，第二天就不行了，也没抽筋，那时大概是八月份，不知道是什么病。得霍乱时下雨了，死人的时候光在下雨。

灾荒那年，刮过大风，每年都刮，吹来的沙土、灰尘把麦子都盖住了一些。我那年逃荒去了山东枣庄，在那住了一年，我是秋后走的，霍乱盛行时我不在村里，有过了年回来的，也有几年后回来的，也有没回来的。

民国 32 年有日本人，北侯贯有炮楼，离这七里地，东边十里地南宫县东家苗有炮楼。日本人来抢东西，打死了两个人，我见到的，陈庆年的父亲，在西边河里，正在铲草，被一枪打死了，我还去抬了，日本队的黑队长开的枪。陈书堂给北侯贯镇炮楼里的日本人送东西，开会去，被日本人打了一枪，头被打了个窟窿，回来两天后就死了。北侯贯有一个排左右的日本人，有皇协军和治安军，治安军是汪精卫的队伍，皇协军是自己村里的人，临时招的，治安军有一个排左右。日本人和共产党打过几仗，在咱村打的，我亲眼见过。

东安上村

采访时间：2008 年 1 月 27 日

采访地点：威县常庄乡东安上村

采 访 人：齐一放　苏国龙　蒋丹红

被采访人：李文巧（女　95 岁　属牛）

我娘家在威县南仓庄，我19岁结的婚。灾荒年没吃的，地里干，庄稼收不好，吃野菜、红高粱，记不清了。我有孩子，没逃荒。有逃荒的，逃往河南，有回来的，有没回来的。

霍乱转筋，有得那病的，有死的，得湿气病，有肚子疼的，得病的不是很多。

有蚂蚱、虫子，记不清哪一年了。有一年下大雨了，满街是水。还有一年发洪水，河都淹了。

李文巧

采访时间：2008年1月27日
采访地点：威县常庄乡东安上村
采 访 人：齐一放　苏国龙　蒋丹红
被采访人：张国新（男　83岁　属牛）

张国新

灾荒年是民国32年，没收麦子，没下雨，收的玉米棒子都吃了，逃荒的人到秋后才回来，有卖掉闺女的。

得霍乱转筋死了不少人，我家就死了两口人，扎针没扎过来，有扎过来的，也有扎不过来的，抽筋、肚子疼，跑茅厕。俺娘没扎过来，死了，俺娘那时候60多（岁）了，属马的。

我奶奶姓张，得霍乱死的，得病时70多（岁），民国32年八月死的，没下雨，在家死的，没扎过来，得病一会儿，扎不过来就死了，本来好好的，正说话，抽筋抽死的。我妹妹也是这样死的，当时她10岁了，也是八月，两天之内奶奶和妹妹都死了。我也是八月得的，先肚子疼，跑茅厕，就马上去找大夫，过来就好了，当时我19（岁）了。我父亲叫张唐，当时40（岁）多了，属猪。这病都连着得的，四周邻居都得，一个都没剩，扎好的多，死的是少数，都来不及埋，一得病就是一家。

霍乱死的人很多，都没人埋，能不传染吗？我们村没人不得的，家里有几个就病几个人，有全家都得的，有扎好的，也有没扎好的。我爹找了个先生把我扎好了，没有先生，一个也活不了，有十来个先生，有张秀生、齐茂生、李金勇，给我扎针的是张秀生，扎旱针，不出血，不知道怎么得的，湿气病就是霍乱转筋。

民国32年，有日本人，也有共产党。日本人在东村，西边的王村住的日本人不多，皇协军多。日本人抢东西，抓人要钱，不害人，皇协军抓人要钱，给钱就放人，不给钱就扣人，东村、王光庄有炮楼，没有老杂。

第二年民国33年才下雨，下了一天雨，麦子耩上了，从那就缓过劲了，有吃的了。我二十几（岁）时发过洪水，俺村没淹，俺村不靠河，道河（音）发过大水，庄稼地被淹了，六月二十几了，种了高粱，高粱都淹了。下雨了，雨也淹地了，洼地都淹了，这是灾荒年以后了，河水从临漳流过来的，有开口子的，水冲开的，开口子淹到我们村来的，挡还挡不住，还挖口子，我去挡了，那时我三十多（岁）了。1963年发的水大，民国33年没淹。

采访时间：2008年1月27日
采访地点：威县常庄乡东安上村
采访人：齐一放　苏国龙　蒋丹红
被采访人：张洪举（男　79岁　属马）

张洪举

灾荒年是民国32年，我12岁，地里旱，没有收，那时没井，靠天，不下雨种不上，农历的五月二十八才下雨，下的时间长，下了六七天，淹了洼地，有的淹，有的没淹，漏雨那是肯定的，家家都漏。

听别的老人说，那年是先旱，旱了一大段时间，然后下大雨，淹地，淹不到村，那时候没淹过，没开过口子。

逃荒的有，有上河南的，有上山东的，也有回来的，也有没回来的，有地的过了年就回来了。我没逃荒，我家算是富农，没有山药干，吃红高粱，掺着谷皮吃。

民国32年得霍乱的多，村村都死了很多人，病人抽筋、吐，我记不清楚了。扎旱针，都没药吃，有的人扎好了，也有的人没扎好，后来都说是传染病，传染得很快。有一家人都得了，一家有人得，邻居都不愿去，现在还有霍乱。不知道什么是湿气病，小孩有麻疹，春天，那病传染，小孩发热，眼发热，身上起小黑点，用地里的芦苇秆用开水煮煮，还有用扫帚籽煮着吃，效果还是可以的。

有一年有蚂蚱，树叶都被吃光了，庄稼那时没秧。

民国32年、民国33年日本鬼子来了，共产党、国民党三方都要粮食，日本人不给不行，国民党也要，共产党也要吃饭。

日本人来了还站队，住在侯贯，有一个炮楼，垂杨有炮楼。没做过很大的坏事，对小孩还挺好的，他要东西，你给，他们对你们就挺好的。贺家庄几十家被烧了，因为日本人要的东西没送上。皇协军跟共产党作对。

豆坊屯村

采访时间： 2008 年 1 月 27 日

采访地点： 威县常庄乡豆坊屯村

采访人： 李 琳 孔 昕 滕翠娟

被采访人： 孙德夫（男 78 岁 属羊）

民国32年，我十四五（岁）了。上过学，日本人来了以后上日本课，八路军的书埋底下，连教日本书带教八路军的书，上了三四年。

民国32年闹灾荒，先旱的，旱到七月，七月里下的大雨，河里就来的河水，清凉江上大水，没淹村，河堰挡住了，那年清河淹得可厉害了。七月里大水刚过去，八月里来的日本兵。

孙德夫

民国32年，光俺村里就死了五口子，一天就死了五口，吃不上，卖衣服换米，一顿饭也就吃三两。没病，都饿得，走道都走不动了，那道上不远一个死人。都逃荒去，上河南省，还有上山东圣林府（音）。那榆树光剩个树杈子，那榆树皮都刮刮成榆树面子吃，吃苜蓿。

有得病死的，得那病的不少，上吐下泻，吐绿汤，跑茅厕也是拉绿汤，吃地里那野菜，苜蓿、榆树皮都吃，吃不了多少粮食还能不得病？得这个病的可不少，也死人了。我也得过那病，上哕下泻，那会儿我年轻，才15（岁），挺过来了，四五月里得的，麦子刚黄梢，得那病是下雨以前。家里男的就剩了俺四个了，女的就剩俺嫂子自己，老人采那个艾叶、节节草，喝那个水。那会哪里有大夫？家里都得了，都过去了，吃糠吃得解手解不下来，就用钥匙上肛门里掏去，再喝那个节节草就下来了。俺父亲和俺那个老奶奶得这个死的，上哕下泻，死了。上边哕那个绿汤，下边拉也是绿汤，都得这个病，是吃菜吃的，闹肚子，叫霍乱，死的人可不少，死得快。

民国32年灾荒，跟日本人上地里整土去，不叫你回来你就来不了，俺都偷跑来的。我跟日本人做过活，当劳工，都给逮去，上窑地里，给人卖力气，挖土，挖壕。逮走的人可不少，用闷罐车一下拉走，给饭吃，麻菜窝窝，日本人吃大米，咱吃的还没猪吃的好。

见过飞机，上边有红月亮，飞得矮，扔炸弹了，炸得清河才厉害呢，那飞机没油了，落到清河了，后来又来一个飞机炸它，没炸死多少人，炸的房屋不少。

这里有个当八路的，抓到日本国去了，解放后回来了。八路军一个人这一天才半斤小米，发一排子弹，十个手榴弹。

后店村

采访时间：2008 年 1 月 27 日
采访地点：威县常庄乡后店村
采访人：王 浩 徐颖娟 刘文月
被采访人：潘长安（男 80 岁 属蛇）

潘长安

小时候兄弟自己，有七八亩地，是贫农，种高粱、玉米、小麦、棉花什么的，一亩地小麦收百十斤，不够吃。经常闹饥荒。

民国 32 年大灾荒，来过大水，有老蒋、日本人，不下雨，都种不上粮食，旱灾。不清楚什么时候下的雨，下了七天。灾荒前六七百口人，灾荒后 200 多口了，有饿死的，有日本人闹腾死的。

村里有一半逃荒的，我 11 岁去逃荒，在下大雨之前就逃了，逃到山东、河北，河北距这 140 里地，逃荒不到一年就回来了。

有霍乱转筋，下雨后得的，没人治，没药。霍乱就腿上抽筋，浑身不舒服。霍乱转筋治好的少，扎针，扎过来就好了，扎不过来的就死了，扎旱针，不出血，扎及时就治好了。得霍乱死得快，拖不过一天。民国 32 年时，不记得日本人戴不戴口罩。

下雨时在家里，下完雨后有很多蚂蚱，小黄蚂蚱，蚂蚱来时庄稼到膝高了，捉蚂蚱跟日本人换绿豆皮，我没换过，日本人把蚂蚱埋了，人们就挖沟，把蚂蚱赶到里面埋起来。

后屯村

采访时间： 2008 年 1 月 27 日

采访地点： 威县常庄乡后屯村

采访人： 张伟 董倩 王焱

被采访人： 范计存（男 76 岁 属猴）

范计存

我叫范计存，今年 76 岁了，属猴的，一直在这村住，不识字。

民国 32 年那年收成不好，天旱，没下雨，那时是靠天吃饭，啥时候下的雨我也闹不清，逃了好几回，逃荒到河南。村里出去逃荒的人多了，哪里去的人都不少。逃荒闹不清是几月份了，天暖和出去的，春秋记不清了，庄稼长什么样记不清了。我那时才十二岁，我逃出去了，到关外东北，我父亲、两个姐姐、两兄弟、母亲，一共七口人，一起出去逃荒了，出去是七口人，回来就不是了。

后来都回来了，天暖和了回来的，在外面待了不到一年，饿死的不少，连饿带病，没吃的没喝的，那时都得霍乱，霍乱转筋，都死了，说霍乱病死很快，那时都叫霍乱转筋。得病的见过是见过，但不知道是什么病，我闹不清，我也没在家，回来了听说的，这个霍乱转筋能扎，扎旱针，有扎过来的，扎得早了能挺过来，扎晚了就死了。

当时村里吃水，都吃井里水，也有喝凉的，也有喝热的，这都没法说。

麦口闹蚂蚱，哪一年我也闹不清，灾荒以后，这些年都连着，日本人在不在了，记不清了，咱这又没吃的，天旱都不收了，跑到北边的蓟县开的口，靠天，下雨丰收，不下雨就不收。那灾荒年没发水，还旱，西边有河，嗦啰河（音），那年没发水，（以后）发过三回水，哪年我记不得了，1956 年，1963 年发了三回水。

日本人大扫荡，炮楼上的人下来，都集中扫荡，来杀人放火，村里人害怕，都跑，一说日本人来扫荡都跑了，跟电视上一模一样，都戴高帽子，头盔，跟电视上一样。

灾荒年，有共产党、国民党、日本人，都要吃饭，那会儿日本人说抢就抢。抓劳工，在咱村没有抓去日本国的，在东村抓劳工，抓日本去了，给他做活去，日本一失败就放回来了。

采访时间：2008 年 1 月 27 日
采访地点：威县常庄乡后屯村
采访人：张 伟 董 倩 王 焱
被采访人：张长存（男　80 岁　属蛇）

张长存

我叫张长存，今年 80 岁，属蛇的，没有上过学，是党员，1946 年入党。

民国 32 年，咱记不清是哪时下的雨，收了点棒子，其他嘛也没收。那年天旱，没粮食，都饿得逃荒了，咱村就剩百十口人了，都逃河南去了，200 人后来死了一半多，我那会十五六岁，我家就我和我母亲，也逃荒去了，都上河南台儿庄去逃荒，有当年回来的，有间（隔）十年回来的，那多了去了。村里没人了，不记得是什么时候出去，是秋后回来的，多少见点粮食了。

民国 32 年春天，树叶子沾点青的时候出去的，秋后回来了。死的人不少，死了没人抬，饿得没劲了。霍乱，毛病太多了，饭又不吃，饿得等死了，见病就死了，饿得没有抵抗力了，得病了跑茅子，连哕带泻，发病快，没医生。闹不清传染不传染，闹不清有多少人得病，太多了，记不清了，也得一百多（人）了，得病的人不少。范明文的母亲得病死了，那会儿他母亲也得五六十岁了，我见过，埋她的时候我还去了。没法治，治不了，死太多人了。

那时吃砖井里的水，喝生水，上哪喝开水去。整天向外抬人，饿得抬不动，谁抬谁啊。

都闹蚂蚱，吃蚂蚱，吃死的人不少，都得浮肿了，闹蚂蚱也是灾荒年那一年，在墙底一撮一簸箕，闹蚂蚱时间还早，闹完蚂蚱以后逃的荒。没闹洪水，不记得啥时候下的雨。

民国 32 年那会儿日本人没走，日本人才来时不坏，后来坏了，又抢又砸，皇协军也抢也拿也砸，日本人跟着学坏了。

天旱，没收成，三方要（粮食），国民党的石军团、日本人、共产党。不给也不行，共产党那时人少，要得少，日本人来了连抢带砸。

抓劳工，要多少给多少，他不出去行啊？我也去了，挑大围子，修炮楼，走时天刚明，回来时别人已经吃过饭了，要自己拿东西，白干活，说骂就骂，说打就打，咱村没有抓到日本国干活的。有时候，他这一个不一定，转过来就来，不一定多少，日本人来一趟，来了抢东西的都是汉奸，说有共产党，不一定啥时候来，占着地方，咱村也有地下党。

孟官庄

采访时间：2007 年 7 月 20 日

采访地点：威县常庄乡东关村

采访人：李 斌

被采访人：孟庆洲（男 78 岁 属马）

我民国 32 年住在老家孟官庄，那年旱得厉害，没下雨时闹蚂蚱，过了蚂蚱，立秋了下的雨，下了七天七夜的雨，黍子割了，谷子没割。

霍乱转筋，死了一半的人。霍乱转筋，抽得浑身缩成一团，连吐带泻，大部分都是得那病死的。我有个姊子得霍乱转筋，扎好了，下雨时逃出去了。

民国32年我14岁，我那年结的婚，留在家没逃的人基本都得霍乱转筋，一会儿就死，一抽筋，一吐泻就死，到八九月那病就没了。俺父亲也得病了，家里的黍子能熬两碗粥，喝了，没死。转筋时还没下雨，一下雨这病更严重。

民国32年没洪水，这没河，没决口。

牛寨村

采访时间：2008年1月27日
采访地点：威县常庄乡牛寨村
采访人：李 琳 孔 昕 滕翠娟
被采访人：郭文武（男 74岁 属狗）

郭文武

那时候不下雨，旱，连旱三年，民国32年最厉害，地里不收，吃不上饭。

人都逃荒，逃到山东台儿庄那里，村里基本上百分之六七十的人都走了，我没逃荒，民国33年就基本恢复过来了。没记得淹，60多年了，记不清。

都得浮肿，霍乱转筋，那时候都没条件治，又没医生，都扎旱针，死的人多了！霍乱是一种传染病，人一抽筋就死，抽筋、拉肚子、跑茅子，死得快，两天就死了。俺村里有个医生会扎旱针，扎好了就好，扎不好就死，不出血。我没得那病，我母亲是饿死的。我死了好几个兄弟，饿死的。得病的人多了，怎么没见过？

日本人来了就抢，八路军有时候也来要公粮，八路要，有就给，没有就不给，反正日本来了就抢你的。我见过日本人，到村里来抢公粮，不交就逮走你，逮走给你要钱。抓到日本国的也有，俺这里不多，大城市的多，俺村里有个被抓到日本国又回来的。日本飞机都往大城市里扔炸弹，农村里还扔啊？那时候的炸弹也不往农村里扔。日本人在大街上打死五六个人，说你是八路，其实不是，都是老百姓。俺村里的都不敢说是牛寨的，一说牛寨的，他就认为是八路军窝，这里八路多，牛寨不给日本交公粮。日本人一来老百姓都跑了，他走了才敢回来，年轻人都不敢在家里睡，都去地里睡。

闹蚂蚱就是灾荒年以后了，都解放了，日本人走了以后闹的。日本人在时没闹。我记得解放以后领着打蚂蚱。

采访时间： 2008 年 1 月 27 日
采访地点： 咸县常庄乡牛寨村
采访人： 李　琳　孔　昕　滕翠娟
被采访人： 王学年（男　84 岁　属牛）

王学年

我年轻时上过学，那会儿跟这不一样，就在本村里上，上了四五年，1943 年参加革命，入的党。晚上在地里睡，怕被逮着，后来兴农学社，在社里当社长，一直在这个村，那年头不得闲，光受穷。

民国 32 年闹灾荒是因为旱，上地里找草籽吃，都往河南要饭去。死的人多了去了，有饿死的，有的得霍乱转筋，拉，吐，得那个病的多，是传染病，死得快。成天饿着能不得病么？我没得过霍乱，倒是看见过得病的。那会家家朝外抬死人，村里有中医，号号脉什么的。

都没粮食了，日本人来了就抢走了。日本人来，人们都跑了，家里都没人了，山东那边也是大灾荒。下着雨，也淹也旱。大水是外边来的，清凉江，那水盖地来，人去挡堰也挡不住，还连着阴天、下雨。闹过蚂蚱，记不清哪年。

村里有病他（日本人）照样来，人家没病。那会喝井水，各个村里有井，烧开了喝。日本人不吃咱的水吃什么？皇协军比日本人还孬哩！

当年干革命可是不容易，逮着好几个哩！晚上在地里，在坑里睡，我们几个党员也开会，布置工作，那会儿人少。

采访时间：2008 年 1 月 27 日
采访地点：威县常庄乡牛寨村
采访人：李 琳 滕翠娟 孔 昕
被采访人：杨风章（男 80 岁 属蛇）

杨风章

民国 32 年灾荒，闹大水，庄稼种不好，不收粮食，都捡草籽吃，人都逃荒要饭去了。七月里下了雨，下了七天七夜，河里又来水，西边那个河来的水，叫清凉江。逃出去的人多了！一个村剩了六七百人，闹荒前是 800 多口人，逃到山东德州。

得病的人乱转筋，跑茅子，拉汤，不吐，光拉，抬这个抬那个。不收粮食，都捡草籽吃，闹病是下雨前还是下雨后记不清了，人也穷，治也治不了。我没得那病，要是得那病我不死了？小孩没事，都是四五十（岁）五六十岁的人得。喝井水，没干柴火，那时候这里漏雨那里漏雨，哪里有干柴火？俺家里没有得的，传染不传染闹不清。

蚂蚱那顺着河道往南走，黑的黄的，到处是，人挖沟，用棍子赶。下雨以后，过了民国 32 年灾荒以后，麦苗刚返青。

还能没见过日本人？看你不顺眼就打你，也抓壮丁。

采访时间：2008 年 1 月 27 日

采访地点：威县常庄乡牛寨村

采访人：李 琳 孔 昕 滕翠娟

被采访人：杨凤鸣（男 78 岁 属马）

杨凤鸣

我上过两年学，不是党员。

民国 32 年，逃荒，逃荒都往河南、山东，我没逃荒。干旱持续时间不短，旱了有两年。后来下雨咋不大？七月份下的，发水了。这村西有河，叫清凉江。上大水有雨水也有河里的水。

蚂蚱从哪里来的不知道，来的蚂蚱把地都盖住了，过去蝗虫就有小蚂蚱，你在街上走，踩上去都咯嘣咯嘣响。

有霍乱转筋，那会儿也没药，就用针扎，往哪扎我不知道，没见过，不出血。

七月大水刚过去，八月来了日本兵。见过日本飞机，扔炸弹。

前屯村

采访时间：2008 年 1 月 27 日

采访地点：威县常庄乡前屯村

采访人：张 伟 董 倩 王 焱

被采访人：赵鸿杭（男 85 岁 属鼠）

我叫赵鸿杭，今年 85 岁，属鼠的。一直住在这个村，那时候一会儿上日本人的学，一会儿上八路军的学，上了七年没学成。

灾荒年，家里有十几口子，还没分家，有个小儿子。地里没收，闹天灾，也不下雨，天旱，嘛也没种，嘛也没收，下雨要到灾荒年以后，那年没下雨，旱得都没收成。第二年秋后下的雨，灾荒年以后七八月下的雨，头年大灾荒，没有庄稼，不下雨。

赵鸿杭

离灾荒年那年已经64年了。我在家没逃荒，村里千百口子人，死的死，逃荒的逃荒。四方要粮食，日本、八路、老杂、石军团，（老百姓）都上河南逃荒去了，台儿庄那，回来多也得过三年，一开始刚收都没回来，过三年才回来。

饿死的人挺多，到后来剩了200多口，六七月的时候死得多，每天都有死的人，都饿，饿的人都饿坏了，饿死了。都是饿死的，抽筋，很快，一会就没气了，得湿气病的人多，下雨之前就有这个病，没治，没钱。饿得走也走不动，咋治？死的人多了去了，苏鸿昌、苏德合、他娘、永康、永清，亲兄弟都饿死了，都是给饿死的，都是这个病，没别的病，不传染，饿得都有病了。

灾荒年，喝凉水，蚂蚱蹦，第二年，都看不见太阳，吃蚂蚱。七八月份，治不了，俺姐姐饿死了。

日本人来过，住了一宿。

桑园村

采访时间： 2008 年 1 月 27 日
采访地点： 威县常庄乡桑园村
采访人： 张 伟 董 倩 王 焱
被采访人： 付金凯（男 75 岁 属狗）
　　　　　　秦恩慈（男 81 岁 属兔）

我叫付金凯，今年 75（岁），属狗的，一直住在本村，上过小学。

我叫秦恩慈，今年 81（岁），属兔，一直住在本村，上过小学，那时的小学是第七高，上的时间不长。

付金凯

灾荒年人浮肿，吃野菜吃的，有的都逃荒了，逃荒逃到河南、台儿庄一带，我也去了，秋后出去的，记得家里收了点粮食，第二年回来的。

天不下雨。下雨的时候有日本人，六七月才下雨，下雨下得大，房子都漏了，下了好几天，我记得下了六七天，地上有存水，没法种地。饿死的人多了，一家死好几口子，俺家死了 11 口子，付林是他爷爷，连大人带孩子死了 11 口子。

村里人得浮肿病，旱以后一下大雨都得了，那时叫时气病，得了病以后走不动，肚子里又没食，赖，体格又差，得病后发病很快，扎得及时了治过来了，扎不过来就死

秦恩慈

了，扎什么地方不清楚，有治好的。村子里得霍乱病的不少，具体弄不清，街上全是草，没人走，他付家大部分得这个病，付林就是得这病死的，他那时就 50 多岁。扎好的不多，那时十来岁，灾荒年那年才十一二岁，那时闹不很清楚是不是传染，他那一家子大部分都得这个病，下雨以后才有的。

闹过蚂蚱，那以后了。皇协军在这里时闹过，那是民国三十几年，就是在灾荒年期间。日本人常来我们村扫荡，地里有粮食也给弄了去，家里也是，也杀过人，抓过劳工，付福金、董路河，都去日本了，早死了，再就闹不清谁了。

洪水没来过，过去吃土井，现在机井了。那时候有的喝开水了，有的喝凉的，都一样，老百姓这个没准，年轻的反正是喝凉的。

采访时间：2008 年 1 月 27 日

采访地点：威县常庄乡桑园村

采访人：张 伟·董 倩 王 焱

被采访人：张潮旱（男 82 岁 属兔）

张潮旱

我叫张潮旱，今年82（岁）了，属兔的，一直住在本村。没上过学，穷，上不起，在家种地。

灾荒年，旱灾，没什么粮食，日本人也要，饿死不少人，家里都没人了，出去逃荒了。雨下得不早，一直到六七月里，到后来下得大，下雨下得都晚了，下了八天，只剩草了，没人。俺家那时七八口子，逃南边去了，出去逃荒了，有的小，逃出去没回来。有回来的，没回来的多，我没出去，我在家了。

雨下得晚，饿死的不少，日本人要粮食。我们饿呀，有病死的，瘟疫，腿不管事了，吃不饱，饿得就得病了，没治的就死在家了。下雨后有了那个霍乱病，咱家死过人，抬不动，我小，看刨坑，没劲，都记得传染病，咱弄不清那些事。吃水吃砖井里的水，烧开了喝，有喝凉水的，都喝开水多。

闹蚂蚱是六七月，那是下雨以后，蚂蚱一来一大群，都逮蚂蚱吃。先下雨，下得晚，没收好。发没发大水闹不清了，那年没洪水。

日本人在东村这有炮楼，他带些人来，不光来我们村。有被抓过去当劳工的，有抓到日本国的，死了，叫张居敬。

团堤村

采访时间：2008 年 1 月 27 日

采访地点：威县常庄乡团堤村

采访人：张 伟 董 倩 王 焱

被采访人：董元方（男 75 岁 属鸡）

董元方

　　我叫董元方，是工作 40 多年的退休干部，今年 75 岁，属鸡，1933 年生，灾荒年时候我整 10 岁。我们这村原来是 100 多户，民国 32 年死了 600 多口人，过了灾荒年剩下有 400 多口人，我家里当时三口人，我在外祖母门上住，就在这个村，当时逃荒走的走，死的死，剩下的很少了。

　　中国当时是炮火连天，每天就是吃没吃，喝没喝，当时村东边有炮楼子，东边十里地一个，北边八里地一个，炮楼上的人下来抢啊、烧啊、杀啊。日本人也有皇协军，就是汉奸啊，我记得日本人扫荡，从北边垂杨县到这清江县，那个时候这里是清江县，鬼子到处扫荡，我跟着大人向南逃，逃到俺这村正西，枪一个劲的响，跑了有个六七里地时，看到我们村上头就冒起了熊熊的烈火，看上去冒着黑烟，那一天我跑得离我们村有十里地，那时小，我才十来岁，第二天回来一看，房子都被点了，当天没敢回来。

　　那时候的生活，地里没收成，旱得厉害，年轻的能逃荒的都走了，剩下老的小的，我那时到他家去了，他院子里的草有一米多深，只是屋门口剩一条小路，只剩一个老太太，70 多岁，闺女、女婿都没在家，光剩她自己，我去她家了，老太太蹲在她家门前，向嘴里塞草，这是我亲眼看到的，她没饭吃，饿的，就吃草，这是我亲眼见到的一幕。

　　再就是灾荒这么饿，鬼子还要劳工给他挖大壕，盖房。那天要了 15

个民工，我那时12岁了，家里贫穷，去的时候，要15个人，去了6个，我记得很清楚，我还在内，六个人里头只有一个大人，其余五个全是孩子，有十三四（岁）的，有十五六（岁）的。正路过那个何庄村，那里有个小庙，一个大人领着商量："今天日本人跟咱们要了15个人，去了6个人，不够，又是孩子，咱别去了"，"没咱村的民工，那他不来咱村扫荡啊，还是去吧，那咱村的责任，会来找咱的事儿"。维持会（音）管民工报到，说，"妈的浑蛋，要15个才来6个，还全是毛孩子！"看我们扛铁锹，夺过来，拍了几下子，那时是赤冬腊月天，大人穿的是袍子，民国时候穿袍子，大腰带在这掖着，刷刷地拍他，我们五个吓得打颤，吓坏了，那个头打的，一下子挂到袍子后边，他向后一扯，把他后脖子扯下来了，叫"回去叫去"，都扣着不叫走。他回来了，又对我们五个孩子说，"去！垒墙去！"搬砖到了下午，太阳将要息的时候，返工了。

吊桥里头、外面是壕沟，壕沟上头挖的鸽子寨，一院子都是那个，点点来了多少人，点一个村查查人数，点到团堤村，说怎么就你们五个，大人回去睡觉了。皇协军，他不是鬼子，上去把我两个肩头抓住，啪的把我扔在那，吓得我嗷的直叫一声，其中一个人认识我舅舅，叫侯中春，他是地下党员，他两边支应，把我提起来，说，"走走走！你们孩子不能干活，以后不要来了"，才逃过这个劫，这就是亲身经历的事情。

灾荒没收，又旱，不下雨，地里没收成，那时候，剩下的年轻人很少，老的小的跑不了，都在家等死。到秋后下雨了，我记得下雨后种的菜、晚秋作物荞麦，到了八九月了，阴历八九月。人逃到河南、东北关外，好多到关外还没有回来的，可能都死那了。

日本人抓劳工下煤窑给他挖煤，有抓劳工到日本国的，他那当兵的到这来，中国人运到日本去，我知道的光我们这村就有两三个，被抓到日本国去了，日本投降后才回来的，一个叫侯恒丑，他那时还年轻，有三十二三岁，回来后不久就去世了，1945年投降以后回来的，具体时间说不上来。还有一个叫侯书兴，他那时差不多的岁数，都30多岁，都是那个时候回来的，1950年这会吧，可能建国以后不久就去世了。

上东北逃荒的人多了，去河南逃荒的也多了，侯书同到如今都没回来。那年饿死不少人，我们这地都死光了，一家叫侯书文和侯书群是亲兄弟两个，一家七八口，侯书文下边得有一个姑娘一个儿子，跑到上河南，以后有这个信，大儿就死了，主要是饿的，没吃的，因为肚里没食饿的。

那时都说时气病，瘟疫，很快，躺那就不行了，很快，症状不知道。肚子疼，霍乱转筋这一类，抽筋，那时候因为没粮食吃，光上地里挖野菜，野苜蓿有毒，调的苦栗，沾上点糠面，都中毒了，他吃得多，没扎过来，死了。又泻又吐，那时没医生，有的熬过来了，他叫侯书春，那时认为霍乱转筋就是时气病，上吐下泻，腿肚子转筋，发病那很快，嗨嗨，那时也说不上传染，谁传染给谁呀，生活不行，饿的，没有抵抗力，那得这个病的死的可多了，死在这的书群，死在庙台上的，东头有个小庙，在庙台上很快就死了。

那时都说是霍乱转筋，死得也闹不清，得这病的大部分也是饿的，没吃的，体格又弱，没抵抗力，也没医生，治不行，没法，医生都不行了，那时找点草药，熬熬喝。也没什么药，好几村一个老医生，下雨之前就有了。

民国32年没有洪水，那时正大旱，秋后那雨下透了。那水是砖井水，地下水位高，现在水位低，砖井都没水了，烧开不烧都一样，水质好，那时没条件烧开喝，没工夫烧，都喝凉水。

民国32年我都十一二岁了，那时鬼子还来。闹蚂蚱也是灾荒年后了，从北往南，先是带翅膀的，会飞的，遮住太阳，朝南走了，多得很，后来的可能经过长途跋涉，吃东西。这一年地里后来种上庄稼了，不到秋收，谷子发黄时，正当是灾荒年没过，收的东西还不够吃的。应该是民国33年，鬼子还没走，地里被吃得只剩光秆，谷子有头没粒，高粱也是，没什么供啊，光听着咔嚓咔嚓响啊，小孩子饿得到地里打蚂蚱，把头揪了，在锅里拨，拨干了吃。我那时还吃过呢，把头揪了，里面的肠子也弄出来了，拨黄了吃，比吃菜还好。

八路军在这打过一仗，我记得那时八路军是七七一团，后来才知道，住上有六七天，东村楼上的和北边来的，从东北来的，当时七七一团住了好几天了，那里有站岗的说：鬼子来了！开打了，打那一仗，打后八路军牺牲了八名，这八个战士都埋在嗦啰河（音）那一带了。村东有个沟，拉到村里的老祖坟，拉到东北就埋了。

我那时上学，九岁时八路军来，住个一天两天，三天五天，八路军文工团教唱歌，有发的书，日本人来了，把八路军发的书藏在下面，走了都拿出来了。日本人的书，就是宣传"东亚共荣"，八路军发的书是油印的，有"人，中国人，我爱中国"，还有一课，我记得是"哒哒哒，哒哒哒，快上马，快上马，别看我是小娃娃，一样保国家"，唤起民族爱国心。那时就有地下党，都不知道。上到高小，那时叫抗高，我村西边有抗高，那时是流动性的，我上高小时，日本人都投降了，抗小改成了完小，"完"是完全的意思，跟小学在一起。

我入党时 19（岁），1951 年参加工作，高小毕业后在家没半年，上威县参加工作去了。

采访时间：2008 年 1 月 27 日
采访地点：威县常庄乡团堤村
采访人：张　伟　董　倩　王　焱
被采访人：侯振铎（男　86 岁　属狗）

侯振铎

我叫侯振铎，86（岁）了，属狗的。

民国 32 年，从春天开始一直旱，灾荒年收成不好，又闹日本。天旱，不下雨，没收东西，光刮风，麦苗都吹死了，秋后下的雨，又晚，那个时候有共产党了，政府给蔓菁、荞麦种，收了。到后来见天下（雨），十天二十天，晚上下白天停，不影响庄稼生长，下得不很大，下得勤。

当时村里有 600 口人，过后剩下 300 口，去了一半，有饿死的，有逃荒的，奉天、天津、沈阳，也有南下的，徐州、台儿庄，也有逃到山东的。有回来的，回来安家落户，在外面待了一年多，等雨水，天气正常了。

村里死的多了，到后来连下雨带饿，都饿得没劲去抬死人，埋死人。吃树皮，吃糠，没粮食，光皮不消化，饿死的多。闹日本，别的村叫日本人打死的不少，这个村没有。闹时气病，先是饿死的，秋粮食下来后，吃得多，死了。

闹瘟疫，哕泻、腿酸，治得不及时就死了，没医生，有的会扎两针，叫他来扎两针，得病几天就死了，有扎好的，我父亲就是扎好的，叫侯长彬。得瘟疫病，吐泻，浑身酸，不能吃东西，扎旱针，扎腿那时候也就是四十来岁，我二十来岁。民国 32 年，1943 年，死的有一部分，也有扎过来的。侯振为也是得这病的，当时三四十岁，也是得这病死的。

各村都有这病，可能传染，这就是霍乱病，你一说我想起来了，霍乱病就是时气病，得有一部分人，二三十人，死的多，活的少。那时没医生，下雨后得的病，一吃新粮食就得这病，没有全家得的，一家死两三口的，没有传染，有扎过来的，也有没扎过来的。

各村都有好几个井，都土井，水好，不烧开喝，喝凉水，没事儿。

那年下的雨不是很大，下得勤，没有发水，1956 年来大水了，那时没大水。闹蚂蚱是民国 32 年以前，也没什么吃的，俺爷爷饿得整天到地里抓蝗虫吃，吃得浑身肿，吃多了，没粮食吃，得浮肿病，死了。蝗虫很多，地里一层。六七月里谷子打高粱了，有蝗虫，可能晚一年，比民国 32 年晚一年，起蝗虫。

日本人光来，还有皇协军东边有寨，有日本人修的炮楼。中国人给日本人当兵叫皇协军，皇协军是中国人侍候日本人，要东西、鸡蛋、白面、钱，要工人，老百姓给他干活也不管饭，不管吃不管喝，见天来。侯恒丑是八路军，被抓到日本国当劳工，日本一投降给送回来了，交换回来的，他给共产党当兵，俘虏到日本国了，给他们干活。侯书兴叫日本人抓走当劳工，后来也回来了。

采访时间： 2007 年 7 月 22 日

采访地点： 威县城关公社黄街

采 访 人： 李　斌

被采访人： 侯振国（男　76 岁　属猴　常庄乡团堤村人）

　　民国 32 年没记得河里来水，河里来水还早，是民国 32 年以前。民国 32 年下了七天七夜（雨），旧历七月下的，下得房倒屋塌，家家房都漏。下了雨以后，霍乱转筋就来了，人说不行就不行了，挺过来的人很少。村里有人得（霍乱），也得有三分之一，都饿的，大概就这个。

　　我父亲得了这个病，扎回来了，上茅房回来，半天就吐了三次，手抽筋，赶紧找的先生扎旱针，扎回来了，我那时小，俺哥哥去找的先生。村里死的人得有百十个人，饿死的不少，得霍乱病的也有，主要还是饿死的，原先 600 多人，剩 300 多人。

　　民国 32 年过了旧历八月以后都逃荒去了。我父亲下雨是之后得病，以后又逃的荒，上了东北。

西安上村

采访时间： 2008 年 1 月 27 日

采访地点： 威县常庄乡西安上村

采 访 人： 齐一放　苏国龙　蒋丹红

被采访人： 齐立成（男　80 岁　属龙）

　　灾荒年是民国 32 年，天不下雨，没什么吃的。国民党要粮，日本人要粮，吃不上东西，河北以南都闹灾荒，都吃野菜、柳树叶。蚂蚱可多了，盖住了天，往北飞。

齐立成

灾荒年春天刮了大黑风，村里人光死，死了许多人，大部分人都逃荒了，逃到山东、台儿庄、河南地区，死的人不少。割麦子的时候，我逃荒到台儿庄，一个多月后回来的。民国31年是多少收一点，民国32年什么都没收，民国33年大丰收，刮大风，六月天发的洪水，構上麦子，十月份洪水退了。

民国33年得瘟疫，那时死的多了，见过得的，我啥没见过。那时就说是瘟疫，也没医生，也没药铺，都扎旱针，有扎好的，也有没扎好的，瘟疫就叫霍乱转筋。我那时也扎过针，扎过来了。我是夏天得的，两天就扎好了，在家得的，腿发软，抽筋，腿伸不开，光拉肚子，光跑茅子，没劲了。都拉肚子，死很多人，都硬扛，这跟天气不下雨有关系。这病传染，都一家一家的得霍乱。

那年得霍乱转筋的人很多，家家户户有，死的人不少，下雨之前也有，前后都有得病的，灶房里都是水，瓢子里都是雨水。得霍乱的时候，扎针的少，李金勇和张秀生是咱村的，给村里人扎针，李金勇儿子叫李震河，张秀生的儿子叫张广成、张广瑞。那时村里还有很多人撑死了，饿的，一有粮食就猛吃。

民国33年大丰收，下雨了，雨下得大，坑都埋了，房子都漏水，三天两头下雨，雨一下就下四五天，连着几天不放晴。那时来水，从南往北流，阴天，来了洪水，是民国33年发的洪水，都淹了，那年没淹的地，都是大丰收，前两年没丰收，地都晒透了。发洪水时，又下雨又来水，挖口子了，不知道谁放的水。听说县庄（音）那里有口子，那边来水，水往北走了，咱村淹不了，咱这地势高。

民国32年时，日本人进关了，在东北三省招兵。日本人想杀谁就杀谁，想打谁就打谁，我见过日本人，谁不跑？建炮楼了，在东家庙、侯贯镇，有两个炮楼，日本人平时在侯贯住着。齐路生的母亲在村西边干活，被日本人打死了，我亲眼见的。齐明乾是齐振玉的老爷爷，在地里干活，被日本人打死了，过几天后，一个砍草的人发现了尸体，他家里人被带到了王官庄，那是日本人的中心炮楼。

发大水时没见过日本人，灾荒年之前见过日本人。日本人不多，都在炮楼里，皇协军多，皇协军都是中国人，把老百姓都打死了。

鸭窝村

采访时间：2008 年 1 月 27 日
采访地点：威县常庄乡鸭窝村
采访人：王　浩　徐颖娟　刘文月
被采访人：潘禄寅（男　76 岁　属猴）

潘禄寅

我小时兄弟俩，家里三亩地，粮食不够，吃糠吃菜，经常闹灾荒。

民国 32 年，我 11 岁，天不下雨，日本（人）老是扫荡，石军团也要东西，日军修炮楼，也要东西。民国 32 年旱了一年，六七月下了七天七夜雨，雨下得小，下得屋漏，屋里没淹，平地淹了，没发大水。

没闹灾荒之前，村里有 400 多口，闹灾荒剩下 300 多口，闹灾荒饿死人，日本（人）在这里杀人。我出去逃荒了，民国 32 年十一月逃到台儿庄，坐火车去的台儿庄，把衣服都卖了买火车票去的，台儿庄比这好点，没有旱。我和母亲、兄弟去逃荒，在台儿庄给地主放牛挣钱，我给地主干了五六个月，挣了十几块钱，逃荒时在小棚子里住。第二年五月坐火车回来的，台儿庄到这儿的火车票四五块钱。

有很多得霍乱转筋死的，我爷爷潘士尊，那年 60 多岁，得霍乱死了，我不知道这病是不是传染，头天晚上还没事，第二天早上就死了，突然头疼、肚子疼。还有的肠里长虫子，都喝治虫子的药，能好。霍乱没有治好的，听人说扎旱针能治好，我村没这么治的。霍乱死得快，七八个小时，不想吃东西，然后就死了。

喝井里水。闹霍乱时日军来过，不戴口罩。皇协军住在炮楼上，没得霍乱的。那时很少有日军飞机，没见过有往下扔东西。

民国 33 年三月来的蚂蚱，小蚂蚱，有很多，一层层的。那年蚂蚱来时，吃麦子头，人们用袋子逮，也吃。日本人收蚂蚱，人们逮了换盐，老多蚂蚱换一斤盐，我家也换过。我也不知道日本人要蚂蚱干什么。有八路军，但是不多，因为是平原。

附近有炮楼，离这有四五里地，在这东南四五里方向，里面住着皇协军，来抢东西，衣服、被子都抢。皇协军来了，人们都跑，怕被杀。日军炮楼二里一个，炮楼都是我们老百姓修的，不干活就挨揍。在这东北角五里地的田村有（被）抓去东北干苦力的，我村没有。

采访时间：2008 年 1 月 27 日

采访地点：威县常庄乡鸭窝村

采访人：王　浩　徐颖娟　刘文月

被采访人：潘长贵（男　83 岁　属虎）

潘长贵

　　小时候兄弟三个，我（是）老大，那时家里有十多亩地，贫农，粮食不够吃的，经常闹饥荒。1942 年闹灾荒，1943 年逃荒，我去张店逃荒了，家里不收东西，腊月二十八步行去的，山东收成还好。闹灾荒以前有七八百口人，闹完之后不清楚有多少人啦。

不记得什么时候下雨啦，下了七天七夜，没发大水。下雨之后，霍乱转筋很厉害，因为这个死了很多人。我也得过，没治，不知道霍乱怎么治，自己就过来了，又吐又泻的。不知道皇协军有没有得过霍乱，闹霍乱的时候，见过穿白大褂的日本人来村里，不知道来干什么的。

民国32年那几年有蚂蚱，记不清哪年了，六七月来的，人们逮蚂蚱，日本人收蚂蚱，人们拿蚂蚱来换盐，我没换过，不知道日本人拿蚂蚱做什么。

我那时 17（岁），被鬼子逮走了，在那里待了 26 天，日军不给吃的，家里给送点，那时连日本人的刷锅水都吃。

我 1947 年参军了，在十四纵队，后来改成第七十一军了。

采访时间：2008 年 1 月 27 日
采访地点：威县常庄乡鸭窝村
采访人：王　浩　徐颖娟　刘文月
被采访人：杨墨全（男　81 岁　属兔）

杨墨全

小时候家里十多亩地，七八口人，生活也还行，不如这会好。民国 32 年我也十五六（岁）了，那时没下雨，下点雨，但也不大，没下雨就不收东西，就灾荒了。

灾年逃荒去了山东，我自己去的，待了几个月，那里收成好。大灾年人死的可不少，都饿死的，有得病死的，饿得都不行，我家里没人死，省吃俭用的。拾点小米糠磨着吃，没菜吃的，就饿死了。

蚂蚱来得特别多，头年来的大蚂蚱在这下的子，等第二年就一大些，成大蚂蚱了，来了把太阳、月亮遮住了。抓蚂蚱跟日本人换盐、给钱，日本人把蚂蚱埋在地里，除四害。日本人不出门抢东西，要自己到炮楼，拿着铁锹挖沟，是村里派的，不发粮钱，但可以减税，过了两三年就够了。

不记得下大雨了，见过霍乱，治不好，过不十分钟就得闹肚子，不知道会不会抽筋，治好的很少，用旱针扎，也能管事。我见过这个针，针很小，现在还有，这种针扎在有穴道的地方。我家里没得这个病的，治过来的少，不知道是不是有治过来，还活着的。

第什营乡

成志庄

采访时间： 2008 年 1 月 23 日

采访地点： 威县第什营乡董家庄村

采访人： 王　浩　徐颖娟　刘文月

　　　　　　吕元军　蒋丹红

被采访人： 董门郭氏（女　80 岁　属龙）

董门郭氏

　　我娘家是成志庄的，距这五里地，20 岁嫁过来的。现在弟弟哥哥都死了，还剩一个弟弟。

　　民国 32 年闹过饥荒，一直不下雨，后来下雨了，下了十多天，人都是饿死了，连饿带病都死了。我 17 岁逃荒去了。

　　日本人来时我 10 岁了，日本鬼子不抢东西。

第什营村

采访时间：2008 年 1 月 23 日

采访地点：威县第什营乡第什营村

采访人：张 伟 王 焱 董 倩
　　　　韩晓旭 苏国龙

被采访人：王守章（男 81 岁 属兔）

王守章

　　我叫王守章，81 岁，属兔，一直在这村里。我灾荒年出去的，民国 33 年出去，那会儿有日本人，1955 年才回来，在外边待了几年。

　　灾荒年，民国 32 年，我那会儿十五六（岁），地里收成不好，天旱，不收，庄稼都旱死了。粮食收过以后才下的雨，七月下的雨，下得不小，下了七八天，旱地用水多，加上半年不下雨，它干得快，水下去了，下晚了，没什么用。

　　皇协军要粮食，伪军也要粮食，没的吃，不得出去逃荒？咱村里头饿死了不少，有出去不回来的，妇女出去都改嫁了，年轻人出去的，做苦工，混口饭吃。我家里二哥也出去了，死在外边了。我大哥和母亲在家，我父亲早就不在了，家里共有五六口人，祖父、父母、哥哥两个，兄弟三个，我是老三，二哥他出去的比我早，不行了，混不住了，我也出去了。

　　我母亲得了浮肿病，不在了。民国 32 年有霍乱病，我没得病，我那会儿没在家，家里的事不知道，他们得霍乱病，我没在家。我在东北，在本溪铁工厂做工，本溪铁工厂，现在还有那工厂。1945 年当的兵，在东北参军，出去抗美援朝，到 1955 年回的家。三代人，现在活得不错，有政府照顾补贴。

采访时间：2008 年 1 月 23 日

采访地点：威县第什营乡第什营村

采 访 人：张 伟　王 焱　董 倩

　　　　　　韩晓旭　苏国龙

被采访人：王泽永（男　75 岁　属鸡）

王泽永

　　我叫王泽永，今年 75 岁，属鸡，一直在这村。

　　灾荒年有点印象，已经（过去）64 年了，不下雨天旱，旱得啥也没收，一直到六七月，阴历六月下雨，下了七天七夜。村里没水，坑里都有水，雨一直下，不是大雨，都渗到地里了。

　　饿死很多人，霍乱抽筋，得病的人不少，那会儿医生少，都是扎旱针。我见过得病的人，都是饿得没劲，抽筋转筋，有治过来的，说不清，有的没治过来，没听说过传染，下雨后有了这个病。有一家死了好几口，有一家五口都死的，王宝剑他家一个人也没了，他家里有他父亲、姐姐，还有一个妹妹，那一口想不起来了。他比我大，但记不清他多大岁数了，娶媳妇了，死了五口人，都是得霍乱病死的，民国 32 年，下雨之后，记不太清楚别的人了。

　　得霍乱死了不少人，咱那会儿小，也记不清，过了灾荒，只剩七百来口了。那会儿都逃荒出去了，逃往山西的、山东的，我没有逃荒，七天没啥吃的，吃糠吃菜，差点死了。逃荒的过了灾荒以后第二年回来的，有现在还没回来的。

　　过了民国 32 年以后，闹蚂蚱。

　　这儿有炮楼，咱不记得日本人干啥坏事，那会儿我还小。有抓去当劳工的，那我也想不起来了。

　　过了灾荒，解放后我上了学，当农民。

采访时间: 2008 年 1 月 23 日

采访地点: 威县第什营乡第什营村

采 访 人: 张 伟 韩晓旭 董 倩

王 焱 苏国龙

被采访人: 张成贵（男 86 岁 属狗）

张成贵

我叫张成贵，86 岁，属狗的，没上过学，一直在这个村子里，在这儿生的人。

灾荒年，我没了俺爹和俺娘，有个兄弟。我刚到城里那会儿，有个姐姐，不叫我走了，就留那了。

过了灾荒年，到 1944 年我又回来了，1944 年当兵，在县大队，到后来编到聂荣臻的队伍里，那是大元帅，一纵队二旅四团，我在那边待过。

灾荒年，我没饿死，过来了。灾荒年，不下雨，天旱，到后来，说下雨，下了七八天，也不晴天。七月里下雨，下雨之后，不能说不收，但小谷穗很小不够吃，饿死 100 多人。那会儿我很小，不是 21（岁）就是 19（岁），没饿死，在家跟着大人过。家里有老人，种地，没干过别的。挺苦，饿死的多了，饿死 100 多人，这村里剩下的不多了。得霍乱抽筋，跑茅子、拉痢、抽筋。

民国 32 年，七八月那会儿，都不知道谁死了，两人抬出去，拿席卷了。一下雨就有了霍乱，倒是见过，俺父亲就是那会儿死的，拉痢抽筋，没吃的，治不了，没条件，也不好治。父亲五六十（岁）了，都是一下雨得的病，连饿，就死了。农历七月得病，下雨后，很严重，人死多了。（霍乱）发病很快，长的两三天。

不知道是不是传染，得病，抽筋、拉痢，跑茅子，没条件没医生治，连饿带冻，就死了。有一家死好几口的，那我记不清楚是谁，猛一下想不起来，很多家死了好几口。一个叫张文德，一个叫张老拉，张文德有一儿子和我同岁，他儿子是 1943 年死的，他也死了，他民国 32 年死的，民国 32 年他家死俩人，闺女出门了。张文德和他媳妇民国 32 年死的，都是七八月死的。雨下得很大，淹到村里了，街上水都有二尺多深了。张老拉，他家四口人都死了，他爹、他娘、他、他媳妇，有几个人把他抬出去埋了。郭兴知，二儿子出去了，不知死了没，闺女出门了，他爹他娘死了，民国 32 年，死得没什么人了。

那时候村里不超过 1000 人，八九百人，年轻的妇女都嫁了，饿死的饿死。有了八路军又叫回来一部分人，过几年，又叫回来了（一些人）。

日本人住在北边的两个村，下官营、莫尔寨。咱村也修炮楼了，日本人常进村，三天两头来，能不祸害东西？逮鸡，逮猪。

东梨园村

采访时间： 2008 年 1 月 23 日

采访地点： 威县第什营乡东梨园村

采访人： 张　伟　韩晓旭　董　倩
　　　　　王　焱　苏国龙

被采访人： 朱清杰（男　72 岁　属牛）

朱清杰

我叫朱清杰，今年 72 岁，属牛，一直住在这儿。上过学，上的高小，解放以后在共产党的城里上的学，大概是 1950 年、1951 年毕业的，入过团。我家里人多，弟兄仨、父母、姐姐，我是老三，还有两个哥哥，都死了。

我那时五六岁，我记得日本人走，不记得日本人来，六七岁时记得日本人走。

1943 年大灾荒，我七岁，那年在家，逃荒走时不记得，1943 年大灾荒出去逃荒，在家人都饿死了。那时没下雨，收成不好，下雨下得晚，七月下雨，八月下霜，下雨特大。霍乱、灾荒、抽筋，医疗又不好，除非扎针，别的也没很好的办法，死的人不少。死了以后，这儿人没啥吃，就往外逃。我7岁逃的荒，跟人出去了，逃到了山东，聊城东昌府，逃到往平、博平。那一年地没种上，都逃了，一个村里剩一个人或两三个人，都逃走了，一片荒地，都是那一年的事。

收成不好那几年，1943年饿死的人不少，特别多。出去的落在外面了，出去的在外面成家，家里剩的人不能说都饿死了，反正死的不少。那1944年没死多少人，1943年死了不少人。不能光吃蚂蚱，吃一段，没粮食，吃树皮野菜，不够吃。讨饭吃，那我们知道有多少人出去啊？我记得，人可真不少。听人说，当时两个村有500多人，我也不记得。

下雨下了七天，你没听那个歌，"八月二十八老天阴老天，连阴不断下了七八天，大雨过后人人得霍乱"，人民政府教的，下的雨，下了七八天。下下停停，水多了，净是水，没河，有洼子，河水淹着，都是雨水，雨水成灾，高地还行，都流到洼地里了。

霍乱发生时没医生，有的村的人会扎旱针。霍乱，抽筋，筋攥到一块。闹瘟疫的人，抽筋抽死了。吃喝不到，身体不好，很快就死。啥时得病，具体情况不清楚。扎旱针，扎手臂的筋，都说是霍乱抽筋，那时候也不知是啥病，得这个病一会就死了，那会没有医生和民间偏方。村里有人也会点扎针，有百分之十五二十，在这个村里得了十来个，还能都得啊？人得这病很快就死了，推出去，两人埋了，没车，用架子往外抬。平时几个月，一年多死一个人，那时候抬了埋了，抬死人的架子都不够用了。谁得过这病，那咱不记得了，反正1943年死老些人了，咱那时才六七岁，才这么高，记不太清谁得过，弄不清谁治好了。

我见过日本人，和电视上的差不多。第什营有炮楼，日本人来，有计划地修炮楼，从邢台到这多远一个钉子，日本人住在炮楼里，县城里。记不清有没有土匪，但有皇协军，住在县城里。皇协军抢东西，不抢东西，吃啥喝啥烧啥？那能不苦么？你没见唱"民国32年，灾荒真可怜"。抓过劳工，在路上走就被抓走了，刘村杨金堂，抓到日本去了，日本人投降后，回来就死了。

第二年回来了，逃荒不能一直住着，收成好一点，你得回来种地，种不上地咋收成？第二年回来种的麦子生了蚂蚱，那时候共产党来了，打蚂蚱。日本人投降了，共产党来了，把炮楼点着了，着火老高了。

南林庄村

采访时间：2008 年 1 月 27 日

采访地点：威县光荣院

采访人：张文艳　李　娜　薛　伟

被采访人：马贵山（男　80 岁　属龙
　　　　　老家威县第什营南林庄）

马贵山

我原先在部队上，在云南、贵州，头先在山东阳谷，1943 年就离开这了，都上山东军区，后来调到云南，就在南方，朝鲜战争后 1956 年回来的。

秦李庄

采访时间：2008 年 1 月 23 日

采访地点：威县第什营乡秦李庄

采访人：王　浩　徐颖娟　刘文月　吕元军　蒋丹红

被采访人：李金梅（女　74 岁　属狗）

　　　　　秦凤德（男　85 岁　属猪）

李金梅：民国32年，闹过灾荒，我那时18岁或19岁，不下雨，八路军用小推车推来粮食。庄稼拔苗时下的雨，下雨后没发大水。八路军从河南运来了粮食，要不是八路军，死的人更多。

旱灾之后8月里下雨了，八天八夜，屋都漏了，没发大水，没淹。有抽筋的，人太

李金梅（左）、秦凤德

多，管不了，又没医院，抽到最后抽成一堆去了，不知道为什么抽筋，可能是饿的。死很多人，没有药，不知道得了什么病，一天抬出去30多个，人饿得都抬不动，不传染的都饿死了。

我没逃荒，我爹饿死了，我姑被日本鬼子挑死了。日本鬼子刚来时不好，后来就好了，他们说话我们听不懂，给他们吃喝，他们就老实了。

秦凤德：我叫秦凤德，我家里弟兄七个，有六亩地。日本鬼子来的时候，我十几岁了。这地方闹过灾荒，民国32年闹灾荒，那时我十八九（岁）了，那时不下雨，光旱，有十来亩地，收得不多，八路军来发了粮食。民国32年后来又下雨了。

闹灾荒的时候没有抽筋的，没记得抽筋，那年我出去逃荒了。

采访时间：2008年1月23日

采访地点：威县第什营乡秦李庄

采访人：王 浩 徐颖娟 刘文月 吕元军 蒋丹红

被采访人：秦凤举（男 80岁 属龙 原新四军战士）

我1946年参军，弟兄五个，在村里干工作。小时候闹过灾荒，民

国32年，光我家三天死了三口，那时我16岁。

秦凤举

民国32年干旱，不下雨，从民国31年就旱，一直没下雨，没什么收成，以后下了雨，下过七天七夜，收湿柴火烧。民国32年闹蝗灾，把蚂蚱炒了吃，没发大水，没饥荒的时候就300多口人，灾荒时就逃荒了。闹饥荒的时候八路军没发过粮食。

逃荒的时候我在河南濮阳当兵，当兵时16（岁），我家里人得霍乱死的，饿的得霍乱，没有药，只有等死。我奶奶，秦门陈氏，70多岁，母亲秦门张氏，我大哥秦凤善，都是那年死的。得病症状是饿得急性呕吐，上吐下泻。这病传染，得这病死了很多，我村有几十口得这病死了。

我村周围有炮楼，有三四个，皇协军都是本地人，没有土匪。霍乱的时候没见过日军，见过政府人员戴着口罩。

我当兵的时候，日军还没走，我是二纵队，跟国民党打，1949年在江苏，负伤去太原住院了，1949年负伤回家。我在新四军的时候跟着叶挺，后来编成八路军，打过济南，跟国民党七十四师打的，没参加过孟良崮战役。打济南时，走了一天，碰上七十四师，七十四师战斗力强，装备好。

头百户

采访时间：2008年1月23日

采访地点：威县第什营乡头百户

采访人：李秀红 范庆江 耿 艳 宋 健 刘 群

被采访人：陈国治（男 87岁 属鸡）

我叫陈国治，87（岁）了，属鸡的，没离开过头百户，就灾荒年当过两年兵。

过灾荒时我在家，没得吃，就当兵了。民国32年四五月当的兵，家里没收成啊。在威县、企之县，当了八路军，没回过家。家里没得吃，都饿着，死的死了，有逃出去的，在家待两天就待不下去了。饿死老些人，后街上有人吃人。

跟日本人打仗，城里有皇协军，有个日本头。日本人把我逮路上了，要枪毙，问你当过八路不，我说没当过，没当过也得枪毙你。

陈国治

当兵一天吃两顿饭，米饭、小米饭，吃不很饱，进了哪村，敛点粮食。

威县城里有日本人，擦黑就出来找八路军，也拿东西，抓年轻人，说是八路，在楼上把人打死了。（日本人）炮楼五六里一个，在楼上放哨，八路军敌搞工战，村里李向西，一个钟头就被枪毙了。

一九六几年发过洪水，上过大水，淹过村，下大雨，水冲咱村来了，不是民国32年。

采访时间：2008年1月23日

采访地点：威县第什营乡头百户

采 访 人：李秀红　范庆江　耿　艳
　　　　　宋　健　刘　群

被采访人：司金栋（男　85岁　属鼠）

我85岁了，属鼠的。

民国32年，1943年，大灾荒，没吃的，没下雨，天旱，吃不上东西，草都不收

司金栋

了，树叶都没了，那时候都吃光了。咱村没人了，都逃了，回来的没几个。咱村人吃人，死人没人埋。

那会儿我在家，被抓去东北挖煤了，几月被抓走的想不起来了，挖了两年，逃往东北当的兵，加入了抗日民主联军，当了八年兵，1952 年回来的。

（日本人）抓的人挺多，去东北下煤窑，都是青壮年，老的少的不要，给的吃的特别少，有高粱米、窝窝头。下煤窑，穿得很破，好煤块都运到日本去了。干活时日本人看着，打人，不干活就打你，我们看日本人来了就赶快干，干慢了就打。我们要是一得病，日本人知道传染，给治，打针，干不了，就被火烧了，没死的也一块烧，都烧了，中国人活活都烧了。

在那受不了了，有一个大洞，钻出去就跑了，俩人一起逃出来的，那个人现在死了。我在部队学了两个字，1949 年南下，打贵州，然后到青岛，当两年海军，1952 年回来的，回家后，国家给我房子，给我地。

日本人呐，哪有不杀人的，杀得才多呢。我被抓到东北抚顺，挖煤的都是中国人，山东人多，逃不出来都死里边了，杀死的少，光打人，不干活打你，用枪杆，谁敢反抗？你反抗就揍你。

东北那里有霍乱，咱村有没有不知道，我没在家。村里人饿死的，瘦干巴了，没有抽筋的。都没人了，（尸体）没人埋，被狗叼了。

王目村

采访时间：2008 年 1 月 24 日

采访地点：威县第什营乡王目村

采 访 人：王　浩　徐颖娟　刘文月

被采访人：李金生（男　84 岁　属鼠）

小时候家里七八亩地，不够吃的，做小买卖挣钱，我祖父和父亲干活挣粮食。日本人来时我13岁。日本人来之前，上过两三年学，日本人来了，就没学上了。

李金生

1943年闹饥荒，天灾，天不下雨，没收成，一直没下雨，到第二年七月下雨，一下子下了七天。房倒塌死了不少人，屋里没进水，房子都漏了。民国32年闹饥荒之前，村里有不到1000口人，饿死了很多人。很多人逃荒去了。

民国32年，又饿又下雨，很多人饿死了，也有的病死了，很多人得霍乱死了，转筋颤抖，腿伸不开，一般得病一两天就死了，没药没医，没有治好的。我兄弟小三，比我小三四岁，连饿带病就死了，也闹不清楚咋死了。

民国32年，那时有老杂、土匪，也抢地主的。七月下雨之后，就生了蚂蚱，蚂蚱非常多，把月亮都给遮挡了，人们抓回家炒着吃，蚂蚱都往北跑，过水面的时候，都抱成团从水面上过，蚂蚱过房顶，过墙，都往北跑。

八路军编了歌："民国32年，灾荒真可怜，提起那个灾荒的时候，非常的困难，田里不收粮食，人人难吃饭，男女老少都捉蚂蚱，回家当饭菜。"

民国32年，我被抓走了，因为日军向地主要人去当伪军，地主不出人，那时都穷啊，就给我两块钱，让我上日军在的饭馆里去吃饭，就被日本人逮去了，逮到邢台，到了邢台我逃了出来。回来之后，想加入八路军游击队，但是因为部队那里没有东西吃，不让我参加，就在家待了两个月，后来去参加了八路军，跟着刘邓大军，五师十五团，挂了两回彩，1948年退伍回来。

当时陈再道是司令员，黄公略是领导，我见过刘伯承，到过山东打仗。打国民党的时候跟着刘伯承，打过邯郸战役，敌人本来打算用两个礼拜的时间从安阳打到高邑，铁路都被八路军破坏了，我们从高邑出发，消灭敌人，消灭了三十军、四十军、三十二军、新八军，这都是国民党的军队，消灭了之后，给了我几个手榴弹。

不记得哪一年起义，邯郸战役胜利了，得到美国子弹，美国钱，然后到济南解放区过阳历年。敌人从东边攻击，那时下大雪，我军走了一天一夜，到了山东聊城，打聊城，给我的任务是打东关的敌人，我是机枪班，掩护战友，攻打炮楼。有很多炮楼，敌人在城前挖的有壕沟，我军竖上梯子，被敌人炸掉，我军战友就被翻到壕沟，死了不少人。敌人一旅，我们一团，干不过敌人，后来敌人从壕沟逃到城里去了。死了很多战友，连长领着我们几个人走，在这里的战役中死了一个营长。梯子破了我们修修再用，梯子被卡住，我拉梯子的时候，中了弹，腿上中的，当时都不知道，后来血都把棉裤染透了，这才看见，昏迷了，被战友抬走了。

连长娶了媳妇，再后来军队又搬到高邑，我军有一个旅跑到高邑。30里外住着国民党一个军，打过白色战役。我1948年入党，后来去邢台师范上学去了，上学之后当老师。

西古城

采访时间：2008年1月23日
采访地点：威县第什营乡西古城
采访人：李秀红　范庆江　耿　艳
　　　　宋　健　刘群
被采访人：刘海令（男　82岁　属虎）

我82岁，属虎的，上到初级小学，没上完，老毛子来了，老毛子就日本鬼子。

民国32年，荒、乱两方面。第什营乡

刘海令

有炮楼，城里老毛子出来抓人，该咋跑咋跑，"皇军"在炮楼。

那时候下雨，下了七八天，收了点，收得少。日本鬼子要（粮食）。

到了民国 32 年以后，民国 33 年、民国 34 年就收了。这发过大水，可不都淹了？我记不清哪年下的雨，多大岁数也闹不清，不能乱说。

逃荒那些事，都不吃粮食咪，一家过日子，有老的，有小的。那会逃荒，有去这的，有去那的，我没出去，那会我才十五六（岁），我有两个哥哥、仨弟弟，他们都在家，没出去。

打过仗，俺二哥出去打仗咪，在外边当兵，我没当兵打过仗。民国 32 年俺嫂子死的，俺哥西边路上死的。

采访时间：2008 年 1 月 23 日

采访地点：威县第什营乡西古城

采 访 人：李秀红　范庆江　耿　艳

　　　　　宋　健　刘　群

被采访人：刘子春（男　76 岁　属猴）

刘子春

我 76（岁）了，属猴的，一直住在西古城。

民国 32 年，灾荒，日子没法过，都饿死了，大家都逃出去了，村里没啥人了，有逃到这的，有逃那的，去河南、山东、（河北）无极县，都逃那里去了，后来又都找回来的，解放以后才回来。我没走。

民国 32 年大旱，没下雨，一直没下，（庄稼）没收，没沾粒。七月才下雨，八月二十三，连下了七八天，房倒屋塌，没有不涝的，还编成歌了。民国 33 年收些荞麦，吃榆树皮，压压，蘸面和和。

日本人在这待了八年，这不八年抗日。日本人（以前）待在东北，几里地一炮楼，日本人少，都是皇协军，中国人当狗腿子。日本人成天来，穿军装，带个日本狗。日本人不在咱村，炮楼离咱村一截，远点一个沟，再远点一个沟，八路军不敢露头。

村里人白天要修道，给日本人做工，修炮楼，天一黑就回来，我没去。日本人抢咱中国人的东西，八路军白天不敢露头，到黑家才出来。民国34年日本人走的。

大灾害时就抽筋，咱没见。说死，一会儿就死了，死得都没人埋了，人吃人。听人说，每家不止一个，没听说传不传染。抽筋的不少，下完雨后才抽筋，又饿，没医生，村里不会输液。有治好的，吃草药，没西医，没医生，医生都饿死了，或是逃走了。那时候熬汤药，不兴打针，不兴输液，治好的少，咱闹不清。咱没见，只是听人说，抽筋不少，死人不少，饿死的不少，没人埋，这是民国32年。

民国34年，人吃蚂蚱，说没一下子就没了，正咬谷头。

有一年蛇蚤（跳蚤）多，蛇蚤是蛇蚤，虫子是虫子，原先蛇蚤挺多，臭虫也挺多，虱子也多。民国32年下雨，那会没记得蛇蚤多，蝎子也多，蜇人，冬天没了，夏天有，每年都这样，热的时候有，冬天就没了。

1946年、1947年以后大伤寒。

采访时间：2008年1月23日
采访地点：威县第什营乡西古城
采 访 人：李秀红　范庆江　耿　艳
　　　　　宋　健　刘　群
被采访人：张庆贺（男　69岁　属兔）

俺一直在威县第什营乡，从没离开过。蝗灾时寸草不见。天灾，光晴天，干旱，没雨，那一年我也弄不清了，可能是七月二十五六下的雨，雨下得不大。

张庆贺

日本人没在这住，只是路过，我也听说，向东北走了。我多大，记不太清了。我还吃过日本人饼干，我那时还穿露裆裤，日本人只给小孩（东西），不给大人。日本人大洋狗都那高。扫荡，要这，要那，我没见，只是听说，时间不长。那时，俺奶奶领着我去小北屋开会，给共产党站岗，头上身上一层霜，天特别冷。他们没情况时开会，跟日本、国民党闹腾，商量这一套。给他们七八个站岗，房顶上一拍，屋里吹灯。地下党我不知道，共产党刚组织起来，也不敢公开，没人，组织不起来。

日本人走的时候，我岁数小，记不大清楚。

病闹不清，咱不能瞎说，没这个事，从小到大不说瞎话，那个时候我记不清。俺村没好过的，那一年10岁左右，都得了伤寒病，村上免费给我治病，吃药打针，杂伤寒，极个别，传染。吃饭（每人）使一个碗，一个勺啦。

西梨园村

采访时间：2008年1月23日

采访地点：威县第什营乡西梨园村

采访人：张　伟　韩晓旭　董　倩

　　　　王　焱　苏国龙

被采访人：李家生（男　84岁　属牛）

李家生

我叫李家生，84（岁）了，属牛的，一直住在这个村，没上过学。脱产以后，在宁津县当县长的时候，上的扫盲班。

民国32年大灾荒，我那时十几岁，在家种地，旱，八月二十八号下了大雨，连下了七八天大雨，雨大，地上有水，只一尺多深，不是很深，都流到大洼子里去了。大家饿得跑出去要饭了，山东、山西、河南，去哪的也有。民国32年的事，编成歌了，所以记得清。

得霍乱，死了一大部分，抽筋死了好多。全村四五百人，逃荒出去的，死的剩下也没100人。肚子疼，疼死了，没医生，抽筋和霍乱是一个病，得病就一两天，那会儿没医生。村里就一个扎针的，扎旱针，有扎过来的，大部分死了。

那会儿死了不少，架子都不拆了，死了就抬出去，连饿带病都死了，都有五六十个。传不传染不知道。我见过得这病的，贾子友，十多岁。马占海家死得多，他娘、他儿子，那会儿马占海五十多（岁），她娘得病时有六七十（岁）了，八月二十八号下雨后得病的。饿得没吃的，有两三口得的，有全家都死的，死了不少。咱们喝井水，那会儿喝生水，光图省事。

有日本人、八路军、老杂。日本人把高粱给砍了，高粱高，日本人怕藏八路军。

我1943年入共青团，1944年参加共产党。八路军在我村住，张梅林负责党的组织和敌工站。我们村主任在地里挖了个坑，我在坑里躲了一冬天。（日本人）把我母亲抓走了，让我投案才放回了我母亲，皇协军把我母亲偷放了出来，皇协军也是中国人，有孬的，也有好的。

我在家当村长，日本人抓了我，说我是共产党，抓走了，坐了26天牢，关在城里监狱里，用板打手打了400板子，放在竹凳上打，打了400板子，我没招，甩了40鞭子，我托着人了，把我放出来了。俺村有人和何梦九是把兄弟，他俩一块卖大烟，我村有个当汉奸的，他过来看我，我跟他说，李福东托人把我放出来，他托到单老多，把我放出来了，出来后，又把我抓了，问我是不是共产党，我说不知道党是什么，他让我每天向他报到。

那时是冀南军区企之（音）县，和现在的威县不一样，日本人把县长都带走了。汉奸县长何梦九，威县县长，打死了114个八路军。八路军想联合何梦九，被他告密了，都被打死了，都用一个坑埋了，没死的活埋了。

日本人抓我，我出去逃荒了，1943年12月27日出去逃荒的，兄弟和母亲在我出去之后出去逃荒了。我当苦力，修火车道。1944年回来的。

炮楼就在旁边，第什营有一个，新立村、南琵琶张、油堡都有炮楼，有交通沟，不叫八路军过去。南边是八路军，保安团、日本人在北边。白天给日本人挖，夜里八路军让填平，我们这儿夜里都住八路军，冀南军区就在这儿，各村都有。从邢台到临清的交通沟，都是我们挖的。日本人、皇协军、汉奸，见啥拿啥，猪啊、羊啊，见什么都拿，吃鸡、吃牛，抓劳工抓到伪满洲国抓东北去了，抓走四个，跑回来三个。

那年我村几百人只剩下40多个，走的走，跑的跑，当兵的当兵，死的死，都没人了。

采访时间：2008年1月27日

采访地点：威县光荣院

采访人：张文艳 李 娜 薛 伟

被采访人：马保山（男 86岁 属狗
老家第什营乡西梨园村）

马保山

民国32年天气都跟现在一样啊，雨水靠天，雨不多，没水浇地。1943年是灾荒年，不下雨，从1941年那会不下雨，到1942年六月下了点雨，草也没点。

民国32年下了七八天雨，那能不大呀，都淹了，饿死一大半人，水不小，屋子倒了不少，窑里尽是水，那都流出来了，那大洼子有一人深。卫河、临清这，也淹了，咱这也开口了，西边到曲周，那下雨的时候，那一弯都淹了，淹的块不小，第什营往北没淹，也没收。

生活大多是吃小米，磨小米，老百姓不行，穷，吃红高粱，那会儿光种高粱，种麦子收得少。没大些本，肥料少，种的也少，麦子一年收一季。

人都出去了，去的河南北边，石家庄南边，人那里有水浇地，咱这光靠天吃饭，俺家都去北边了。有第二年、第三年回来的。没有人了，都饿死了。没听过霍乱，但也有别的病，吃不了饭。也有蚂蚱，灾荒第二年，闹蚂蚱。

第什营有炮楼，两三杆步枪都不敢跟鬼子打。那会儿济南票少，买不起粮食。那会光跟皇协军打，他们只有步枪，跟日本不一样。俺这一块有治安军，不敢打日本了，是国民党投过来的，武器不强，制新枪，打几枪就拉不开栓了。

那会住炮楼，老远才有日本人，好几十里的，咱那会不敢跟日本军见面，他能不在村里抢呀，皇协军也抓咱，就在这街上有炮楼，他也出来找八路。

俺 1941 年当的兵，就在区里，1943 年就待区里，黑天转移好几回，怕被捂住。在城南有个企之县，后来都分开了。那时三四十人，都有枪，买皇协军的，他偷出来的，俺尽使好枪了，枪法也行了，没大些子弹，日本一投降，子弹多了。日本投降了，改编了二〇五旅，那会逮住日本人叫回家，光留下武器。

1946 年以后我在南边打内战，在重机枪排，一个营才两个重机枪，1947 年去的大别山，在大别山待了五六年，得空就学。

采访时间： 2008 年 1 月 23 日

采访地点： 威县第什营乡西梨园村

采 访 人： 张　伟　韩晓旭　董　倩　王　焱　苏国龙

被采访人： 马富兴（男　89 岁　属猴）

　　　　　　李凤恪（男　77 岁　属猴）

马富兴：我叫马富兴，今年89岁，属猴。

李凤恪：我叫李凤恪，今年77岁，属猴。

马富兴：我一直住在这个村，1937年7月7日，卢沟桥事变，1938年10月日本人来的这个村，灾荒年是1943年，日本人在这待了六年。

马富兴（后排左）、李凤恪（后排右）

灾荒年，天旱没下雨，日本人来了，饿死人。那时500人，剩下40多人，死的死，出去的出去，小孩都送人了。浇不上地，没得吃，饿死的不少。头一年收得不行，老要粮，不管你吃没吃，十斤粮食全要走，头两年收不好。

七月初五下雨，雨下了七天七夜，房倒屋塌。人都是抽筋死的，上哕下泻，我当时在村里，弟兄两个，一个去延安了。下雨时还在家，七月下雨，到十月出去当兵，水多得不能出门，西边的地里都是水，村里没事。雨后不能种东西，太晚。当兵回来了，村里没剩下多少人，死得没啥人了，500口人剩下40多人。

灾荒年，我24（岁）了，当了兵，要是不当兵，早饿死了。我那时在济南军区十一团，告假回来没回去，没死就不孬了。在山东聊城，光游击战，在军队里待了十个月，回来了就没回去，灾荒年出去当兵，25岁回来的。

第二年八路军从南边来，1944年过了灾荒，要种地，村里没几个人，八路军从南边调粮，我们分着吃，不然的话，连粮食也没有吃。

李凤恪：我逃荒是九月里，七月下雨，九月出去逃荒要饭，家里有我父亲，一个哥哥和我母亲，还有一个小兄弟给人养了，都出去了，光向东南走了，郓城那边。开始逃荒都是九月，更晚的十月出去。家里五口人就剩我了，没人了。俺弟兄俩当兵走了，俩老人都死了。

下雨时，这死了，那死了，那时谁死了都不知道，找不到人埋，各人顾各家。下过两天雨，一边下雨，一边死人，病都是上哕下泻，抽筋霍乱，都是这个病，慢的一天，快的一上午，可快了。没得吃，饿死了，体质不同，吃菜也没有。下了几天雨，死了80多个人。那边那个村子，南里庄，死人多，要啥没啥，还下雨，咋出去？找人治治不了，有东西的，让日本人抢了，有东西的饿死，没东西的也饿死了，没穷没富了。天一晴就好点了，在地上转悠转悠，在地上找一把野菜吃。

记不清谁得病，一家子死两个人，真惨。那会儿，三百九十来口人，南陵庄那最紧张的时候，就剩九个人，过年时村里就九个人，死的死，小的给人的给人。都往西东南逃，过了聊城就行了，逃出去就行了。第二年春天逃荒的人回来种地，我第二年回来，头年十月出去，在外边待了10个月。我回来了，人家都种上地了。

灾荒年那会儿，日本人不断来扫荡找八路，抢东西，皇协军多。日本人跟咱中国人，猛看一样，说话咱听不懂，绿军装，戴个小帽，杀的人不多，南京大屠杀杀的人多，哪个村都得死两个。

要干活，不去就抄你的家，挖交通沟，围着八路军挖一个大沟，人过不去，要检查你，从邢台朝东不知通哪了。二里地一个炮楼，有十个八个日本人在炮楼上，从炮楼口挖一个大沟，跟挖河一样，沟老长了，一丈深，把土耙在一边，八路军过不去。当时有曲周、冀南军区，南边是八路军根据地。离他（日本人）近的，都得给他拿东西，日本人住在第什营村。

我兄弟1948年在自卫战（解放战争）死了，跟胡宗南打，死在延安那边，那时日本人已经走了。

马富兴：没得吃，摸不着东西吃就死了，得了抽筋的病，都死了，各村都有这种病，哪村也有，现在也就有治了，那时没法治。下雨那会儿得的病，七月初五下的雨，下了七天一夜，没停住，出不去。不下雨时，直巴巴饿死的，一下雨，雨后潮湿就得这个病。

我见过这病，我有个叔伯兄弟得了，筋抽得一团团的，连疼带啥的，就死人。没治好的扎针，我叔叔扎了，到后来有扎好的。（这病）也传染，过了灾荒也没那个病了，说不清了。马福堂比我小两岁，属虎的，没治好，死了，咱年轻都不记得了，他家里就他自己，他当时22（岁）了，在家做活种地，八九月得病，没多少天就死了。俺村数马保正家死得厉害，马保正他爹、他娘跟他媳妇，还有他闺女，下了两天雨死了四口。家里还剩俩小子，他家原来有他爹、他娘、他两口子，还有三个小孩，一个姑娘两个小子。七口人，得病死了四口，那会儿他闺女11（岁）了，大的参加八路军当兵走了，我记不很清他父母多大了。大小子都17（岁）了，当兵走了。下雨以后，那我不知道谁先得的病，光知道那一两天，他媳妇多大，俺说不清楚，没了，他大小子比我大五岁。治没治那我就不知道，不在了，他大小子延安打仗时牺牲了。小儿子给人了，没法养，送到曲周了，俺也记不起来了，那时节，我跟他二小子成天一块玩。闺女比二小子大，我跟他二小子玩，就知道他家的情况。我家没有得病的，我家没老人，我一看不行，过了下雨后晴天，九月初我就走了，没得吃了。

李凤恪：日本人来了，搜查八路军，搜查不到，见好东西就抢走，谁敢要回来？再说人都跑了，家里就女人小孩，年轻人都跑了，再不都抓走做苦力。有抓去日本的，南陵庄的杨金堂被抓走了，他在日本挖煤。日本投降后，1949年，把他放回来的。

下雨后没那个病了，我俩出去玩，野地里，找豆角吃，洼地里有水，高地没有。

下雨之后，日本人还来，没见过穿白大褂的。

咱喝井水，那时都喝冷水，没的烧啊！那会儿你说饿得没办法，找野菜吃，饿得煮野菜吃，那时我还没有回来。闹蚂蚱是过了灾荒，1944年高粱开花时，蝗灾可厉害了，蝗虫过去庄稼都没了。

咱这儿，不受河害。我上了两年小学，过了灾荒，1946年冬天大秋收后上的学。1947年上了一年，1948年上了一年，春天就不上了，一直在村里种地。

牙水寨

采访时间： 2008 年 1 月 23 日

采访地点： 威县第什营乡牙水寨

采 访 人： 王　浩　徐颖娟　刘文月

　　　　　　吕元军　蒋丹红

被采访人： 魏良贵（男　81 岁　属兔）

魏良贵

　　我 16 岁当的兵，民国 31 年当的，1944 年退伍，国家现在给党员费。我有个哥哥也抗战，跟着陈毅，死了 30 多年了。

　　大灾荒是后来，那时候我在部队上。我在这儿打过仗，也在山东梁山打过，打仗时腿脚都受伤了，是跟日本人打的，跟日本人打得多，跟皇协军打得少，国民党也跟我们打。我打仗的地方民国 32 年没有灾荒，这里有，闹灾荒的时候我没有回来过，我在部队上，去过郝庄。

　　到处是炮楼，这个村里都有炮楼。百姓拥护八路，八路敲门，让八路进来，不敢点灯，都是煤油灯，要不然鬼子来查。我们十多人一伙，最多 100 人，后来到山东去了，部队就多了，一个团两个团的一伙。

　　民国 32 年没下雨，年轻人都当民兵跟鬼子打，我领着民兵，打跑了鬼子，就当了支书，当了 18 年正的，30 年副的（哭）。我跟王县长组织部队，蒋介石的兵到河北了，我们就组织民兵跟他打，打游击战，在德州打过，在清平打过。

　　那时候我跟着邢台司令员雷孝坎（音）到大军区去开会，闫秀峰（音）是济南军区司令员，跟着刘伯承。我们在山东和国民党打的多，国民党占地占一片我们就打。也有日本鬼子，跟日本人打仗都用枪，两方都使枪，不使大炮。日本人都盖炮楼，上面的大炮能打 20 多里，炮楼就在这附近二里地。我们一般是先埋伏好，等着鬼子从这里过，有胜也有败，在北边寺庄打的时候，挖壕沟，埋伏着。

采访时间：2008 年 1 月 23 日

采访地点：威县第什营乡牙水寨

采 访 人：王　浩　徐颖娟　刘文月
　　　　　　吕元军　蒋丹红

被采访人：魏西探（男　81 岁　属兔）

魏西探

我兄弟两个，大哥死了，我一直在家种地，没有做过生意。我哥哥死在县里，有 20 多年了。我没上过学，日本人来的时候，连个学校都没有，我这一代，识字的人很少很少。

民国 32 年，闹大饥荒，我十五六岁了。民国 31 年雨少一些，收了一些豆尖，民国 32 年没下雨，七月下了雨，八月下霜，下了七天七夜，没有发大水，下的雨不大，水也不是很深，没淹，下雨后没有种庄稼。

下雨后死的人可多了，村里有 360 口人，灾荒之后只剩下 80 口人，都饿死了，得病死的很少。有得霍乱病的，没有人看，也没有医生给看，得霍乱治不好，有抽筋的。那时谁知道那是什么病，死了都不知道是得什么病死的，掘个坑，就埋了。死得多了，一天不知道死了多少个。

有逃荒的，到山东、河南、石家庄，哪的都有。我也逃荒了，下完雨后逃的荒，逃了几个月，那年 16 岁逃到山东齐河。第二年，麦子结穗的时候回来的，在那边向人家要吃的。逃荒回来的时候生蚂蚱了，我们吃蚂蚱。

我 11 岁的时候，日本人来的，离这儿东北方向三里地，日本人住在那儿。日本人和皇协军经常来抢东西，我这里距离日本人的居住地近，就两里地，他们经常来，日本人和皇协军都抢，他们也饿，什么都抢。八路军来发粮食了，晚上来，白天不来，八路军给犁地，八路军的粮食是从陕西运来的，这村里有不少当八路军的，还有两个活着的。

采访时间：2008 年 1 月 23 日

采访地点：威县第什营乡牙水寨

采 访 人：王　浩　徐颖娟　刘文月

　　　　　　吕元军　蒋丹红

被采访人：魏学峰（男　82 岁　属虎）

魏学峰

我 18 岁当兵，民国 32 年当的兵，我弟兄两个。民国 32 年死了不少人。

民国 32 年，下了七八天大雨，村里没有发大水，没有吃的，闹霍乱，有得病死的，死的人多没有人埋，两三个人一个坑。得霍乱的人跑茅子，上吐下泻，有抽筋的，治霍乱就是扎针，有治好的，现在还活着，还在这个村子里，他叫魏西武，比我大三岁。下完雨我参加了八路军，八路军里没有得霍乱死的。

我 11（岁）或者 12 岁的时候日本人来的，日本人来抢东西。我们跟日本人打游击战，也跟皇协军打，村里有当皇协军的，也有当八路军的。灾荒的时候，八路军来发救济了。我是当兵的，家里有人，八路军给粮食。我们在本县、山东、河南跟日本人打。我在一二九师，刘伯承是司令员，一个团分好几家，一个连一个单位，小单位活动，一百来口人。打游击战，有时伤得多，有时伤得少，有一次死了全连，还死了一个团长。我没有见过日本人放毒气弹。

解放战争时，我在吕团长的十一团，司令员雷孝坎（音）。解放石家庄的时候，我回来的，打四川的时候我负伤了，子弹打在头上，穿透了耳朵。现在国家一年给我不到 3000 块钱，看病国家不给报销。

张王目村

采访时间: 2008 年 1 月 24 日

采访地点: 威县第什营乡张王目村

采访人: 王　浩　徐颖娟　刘文月

被采访人: 李夫英(男　86 岁　属猪)

李夫英

　　我有一个妹妹,我十五六岁时鬼子来了,八九月份来的。

　　民国 32 年闹的灾荒,老天爷不下雨,干旱了不短时间,没东西吃。闹饥荒前有七八百口,闹灾荒后,村里剩了几十口人。都逃荒了,去哪的都有,我没有逃荒,没逃荒吃点粮食,吃蝗虫、山药末、花药子,天天磨,磨后蘸盐吃。

　　民国 32 年没下雨,干旱得也没有下霜,没有收成。民国 32 年,灾荒真可怜。第二年有了蚂蚱,特别多,都跑到村里来了,有蚂蚱的时候,吃蚂蚱。

　　那时候就靠着天吃饭,得病死的人很多,一家子一家子地死,那年都抽筋。我父亲李荣凯,是得霍乱病死的,70 多(岁)了,症状不清楚。民国 32 年都饿死了,有得霍乱病死的,医生少,没得治。

　　村子里的人也有很多当八路军的。这村子周围没有炮楼,日本人来村子抓人干活,给一把饼干吃,不给饭。日本人不打小孩,给小孩发饼干吃,说:"小孩,密西密西。"我见过日本人,东北三省多,这里日本人不多。皇协军来村子里不要别的东西,不吃旁的,皇协军来就抢鸡,抢鸡蛋吃。

采访时间：2008 年 1 月 24 日

采访地点：威县第什营乡张王目村

采访人：王 浩 徐颖娟 刘文月

被采访人：张从明（男 78 岁 属马）

张从明

我兄弟俩，小时候家里种地，日本人来
的时候还小，知道日本人来了就跑。小时家
里两亩地吃不饱，给人打工。我那时一个妹
妹，两个弟弟，一个哥哥，不够吃的。

民国 32 年闹大饥荒，我母亲在那一年
饿死了。那年日本人来了，人没吃的，很多人饿死了。民国 32 年一直没
下雨，干旱，八月时才下雨，下了七天七夜，雨不大，但是不停地下，下
完之后没有发大水。没柴火做饭，一天也做不了一顿饭，因为没东西可
做。那时闹过蝗虫，有很多蝗虫，都吃蚂蚱，不知道是不是有吃蚂蚱得
病的。

闹饥荒前有 400 多口，闹完后还剩 100 多。民国 32 年，死的人有饿
死的，也有得病死的，不知道得什么病。民国 33 年我就不在家了，逃荒
了，下完雨后就去了，逃到石家庄待了几年又回来的，石家庄那没闹饥
荒，在那给人打工吃饭，给人盖房。

皇协军、日本人经常到村子里来抢东西，什么都抢。

采访时间：2008 年 1 月 24 日

采访地点：威县第什营乡张王目村

采访人：王 浩 徐颖娟 刘文月

被采访人：张士奎

我小时家里是中农，有 50 多亩地。民国 32 年闹灾荒，我都饿昏了，那时候天不下雨。

民国 32 年中间到民国 33 年初，闹灾荒，民国 32 年七月下的雨，下了七天七夜，雨不大，天天下，地都下透了，蝗虫来了，又下的大雨。

张士奎

民国 32 年没发多大水。没闹饥荒前村里有不到 500 口人，灾荒后有 170 口人，灾荒后加上逃荒回来的有二百来口人，不吃粮食，只吃蚂蚱。

民国 32 年没有抽筋死的，听老人说，民国九年有抽筋死的，一跑茅子就死了，都拉稀屎死的，我也不知道那是什么病。这村里都是拉稀屎死的，我家都没有跑茅子的，不知道跑茅子的病传不传染。有人几天不见，到他家一看，就已经死了，两人一抬，就埋了。（当时）都不挖坑，就用犁，犁的那么深的小沟，把人往里面一放，用土掩埋就算了。

民国 32 年，我没出去逃荒，吃麦糊，什么东西都吃，没有死，我过来了，没死了。

村里有一些人当八路军了。不知道八路军来没来发粮食，反正没发给过我。

方家营乡

北方家营

采访时间：2008 年 1 月 23 日

采访地点：威县方家营乡北方家营

采访人：张文艳　李　娜　薛　伟
　　　　何　科　胡　月

被采访人：纪书林（男　75 岁　属鸡）

纪书林

民国 32 年，八月二十八号下的雨，下了七八天，家家户户没塑料，没石灰，房子漏了，那没法，小雨不停，黑天下白天下。没糁上地，地里都荒了，下雨都晚了，荞麦收了。那会儿吃什么？呵，我这一天吃什么？没吃的，都逃了，开始还有吃的，后来没了，都死家里了。

得霍乱抽筋就是下雨后，受潮，就是抽筋，不像这现在有医生，得了就扎扎，扎旱针，头不得劲就扎头，腿不得劲就扎腿，不出血，针灸，治不好的多，死的多。下雨后都抬不及，俩人抬一个，不给俩钱不给抬。我家里受点苦，没得这病的。病都是饿的，没啥吃，又受潮湿，得那病。

有炮楼，村南公路上，明着说是日本人，都是皇协军，中国人，不抢村。日本（人）来过，没在这住。

采访时间： 2008 年 1 月 23 日

采访地点： 威县方家营乡北方家营

采访人： 张文艳　李　娜　薛　伟
何　科　胡　月

被采访人： 李宝柱（男　70 岁　属虎）

李宝柱

俺从小就待在这个地方。

民国 32 年下了雨，估计也得阴历的六七月，雨大，家家户户都漏了，没地站，街里水都满了，淹不到这来，村里来不了水。那时有庄稼，不能种，人都死不停。那时村里人没这些，估计一个大村一千来人，死的多了，这个胡同家家户户都死人，没吃没喝的，光脚丫子，受潮湿，夜里没地方睡。

那时候老医生光会扎扎针，霍乱转筋，一下雨才得那病，潮了，雨水光滴答。老人都说是霍乱转筋，那都是饿的，老中医扎扎针就好了，不好也没办法，都是旱针，治好的没大些。都逃荒出去了。我民国 32 年还在家，民国 33 年出去了。家里老的死了好几个，俺爹出去了，都不知道死哪了。

东西公路，村南头有炮楼，相隔远，一截一个，日本人都在城里住，皇协军都在炮楼里，进村要东西。日人本待见小孩，给馍馍，没毒。日本人来了人都藏起来了，大人都（被）逮走了，小孩没事。

日本人没给打针。

采访时间： 2008 年 1 月 28 日

采访地点： 威县方家营乡西徐固寨

采访人： 何　科　徐颖娟

被采访人： 路改成（女　80 岁　属蛇　娘家威县方家营乡方家营村）

民国32年我十四五（岁）了，那时在娘家，连着三年大灾荒，大旱，接着下了八天大雨，八月二十八开始昼夜不停下了八天，那雨滴滴答答地下着。等麦子长出来了，蚂蚱把麦头给吃了，庄稼都被吃了。

人饿得都走不动了，都饿死了，雨大，得了潮湿，人人得霍乱，以前唱那个歌还掉眼泪。都下雨了抽的筋，我家都抽筋，看好了，我两个妹妹一个叫路恭玉（音），一个叫路恭芸（音），一个在方营，一个在三营，

路改成

都抽筋看好了，有人给扎旱针扎好的。得霍乱有干哕，有跑茅子，这病传染的，死得都没人了。有两个老人拉尸体的，埋树坑里，没劲刨坑。旁边那位大爷几个兄弟都饿死了，他舅舅到外头找树皮吃，把他给养活了。人饿得走不动了，后来把房子拆了，卖了，去换东西吃。

蚂蚱打东南来的，面积不小，都食指那么长，有翅子，一过去庄稼就都光了。炒蚂蚱吃，得那个病都是吃蚂蚱吃的。我逃出去不远，又回来了，别人逃山东、山西的，那多了。把家里东西都卖光了，被子、衣服都卖了。

民国32年没发大水，1961年发大水到门口。

日本人和皇协军白天来，八路军晚上来。炮楼方营一个，南边白伏一个，郭寨一个。日本人不是抢东西就是抢鸡，谁见了日本人都跑，吓得妇女都往脸上抹灰，咱又不懂他说的啥，抓着我头发，我哭着喊我娘，他说"小孩别怕，咪西咪西"，给糖吃，我们怕日本人药死我们，都不敢吃。

威县的何梦九投了日本人，来村里把锅都掀了。在第什营那有土匪。

采访时间：2008年1月23日
采访地点：威县方家营乡北方家营

采 访 人：张文艳 李 娜 薛 伟
何 科 胡 月

被采访人：邢步云（男 84岁 属牛）

邢步云

我民国30年当的兵，日本人一来，老百姓出去了。1945年跟林彪上东北，在东北待了四年，民国32年我在德州，民国31年在下堡寺、临西、清河、南宫、衡水。这边都是炮楼，公路那都是炮楼，有八九个钉子。

民国32年下过雨，这城有鬼子，你出来就打你。下大雨了，下得不小，都蹚水，步兵都蹚水。

南方有得浮肿病、霍乱抽筋的，医生一扎就活过来了，打旱针治过来不少，一得病就死。

日本人待哈尔滨，谁过来就扎针，怕传染，大夫也是日本人，日本人给咱打针。民国32年都吃蒜，受潮的，医生治，死的多，治好的少，光抖嗦，不知得啥病，吐白沫子，有传染的，死了不少，吃蒜，吃茴香。老百姓没吃的，打预防针，中国医生打的，打个针，给个本，怕传染。有治不好死在医院的，咱不知道咋治好的，下雨后都得这病。

我家里有得这病的，俺娘和俺的一个妹妹就得霍乱转筋这病死的，没人治。

那会儿政府给粮，二三十斤，连饿带病的，我那会儿正跟敌人打呢。

采访时间：2008年1月23日
采访地点：威县方家营乡北方家营
采 访 人：张文艳 李 娜 薛 伟 何 科 胡 月
被采访人：于肖行（男 83岁 属虎）

民国 32 年，下了八天雨，都沤了，到后来种啥都晚了，耩啥都不行，没收点。那会儿又没好饭，军队也吃不饱。东边有老沙河，没水，民国 32 年有水，下雨大，村外边尽水，水来旱下去了。民国 32 年也喝井水。

有饿死的，有病死的，死了不少。死的死，逃的逃。那会这村大，有几千口子，死了三分之一，逃出去很多，没剩几个人了。都没家，我 15（岁）就出去了，在南边打游击。

于肖行

有病，霍乱转筋，那会儿死的多了，连饿带病的。抽筋，肿，说到底都是饿的。都逃出去了，那会没井没啥的，不逃出去的都饿死了。俺在邱县当兵，都得那病，主要是饿的。

村里光炮楼，拔了八九个钉子，日本人来了，跟老百姓要东西。

东方家营

采访时间： 2008 年 1 月 23 日
采访地点： 威县方家营乡东方家营
采 访 人： 张文艳 李 娜 薛 伟
　　　　　何 科 胡 月
被采访人： 姚兴甲（男　80 岁　属龙）

姚兴甲

我本家就是这里的，民国 32 年家里有点地，下雨下到八月二十八，下八天，不小，没淹，没收。这小村 160 口，死了 80 多口。

有得霍乱转筋死的，都是下雨后得的，饿得动弹不得。我那时还埋过死人，谁埋个人，给俩窝窝。我父亲得过这病，饿得受不了了，跳井了。得那病一下子就死，有的十来个钟头就死。没吃头，南院死了七口，那时候我 15（岁）了，没出去。村里有砖井。

这南边有钉子，离这不远，一里来地。日本人那会儿不来，一来老百姓就跑，日本人不抢东西。见过日本的飞机，不扔东西，不抢不炸，就是占地方。

东边有老沙河，没发过水，河里水干净。

采访时间：2008 年 1 月 23 日

采访地点：威县方家营乡东方家营

采访人：张文艳　李　娜　薛　伟
　　　　　何　科　胡　月

被采访人：张长柱（男　80 岁　属龙）

张长柱

民国 32 年我没出去，下了一点雨，八月下的，前些天下了一点，俩钟头，后来下得不大，地里没水，八月二十一开始下的，八月二十八停的，"民国 32 年，灾荒一块连"。

连着三年，民国 31 年、民国 32 年、民国 33 年，尽死人。得霍乱，一家子一家子地死，吃糠吃菜，病死饿死，都是民国 32 年，死得没人了。

我家就死了个老人，一天就死了，不知道得啥病。我得过那病，浮肿的多，抽筋，不知道怎么挺过来的。

日本人回回见，日本人下边有皇协军，有钉子，一截一个炮楼，离俺十几里都抢，扔大炮弹。

东堂村

采访时间： 2008 年 1 月 23 日

采访地点： 威县方家营乡东堂村

采 访 人： 李 琳 孔 昕 牟剑锋

滕翠娟 张 茜

被采访人： 许耀州（男 82 岁 属龙）

许耀州

我上了一年学，八岁上的，九岁时日本人就来了。我没入党。

那会儿没吃的，光下雨，阴天，下了七八天，民国 32 年 8 月份，下雨之前旱，旱了两年。下得那房都漏，下雨不深，路上水也不多，就是光这么一天天地下，地里陷，但是没水。

下雨以前没这个霍乱，下雨后厉害，拉肚，哕泻，不传染，连饿，加上天潮。我没得这个病，我家里我父亲、母亲、爷爷、奶奶、姐姐，死了六七口，十几口子就剩我自己。怎么死的？连跑肚子带饿，跑肚子还没得吃，不是很快？那会儿没药吃，喝土汤药不管用。下了八天雨，到处都是病人，饿两天没法，就死了。都是饿的，要不饿，人死不了。跑茅子，拉肚子，没吃的，受潮，就死了。

我没见过扎针的，那时候谁顾着看？没人，街里院里都是草。没旱以前 1200 口，过了灾荒年，还剩三百来口，有死的，有逃荒没回来的。（我家）就剩我自己了，到后来，我 16 岁跑到宣化，民国 33 年正月初一，给日本人打工，不是抓的，是我自己跑过去的，那里管吃，虽然领不着钱，但能吃饱。

蚂蚱多了！看不见太阳，那是民国 32 年，民国 33 年我回来了，还打蚂蚱嘞。民国 32 年也有蚂蚱，饿得人都吃蚂蚱，弄一布袋往锅里一扔，底下就生火，有的人吃完脸浮肿的。

见过日本人，和电影上演的一样，就穿那样，也不抢也不夺，到村里就要青菜。村里断不了有八路，八路都藏家里，日本人见了就逮。

那会儿给日本做工，有被逮到日本国的，去了两个，俺村里一个，前边村里一个，后来回来了。

东徐固寨

采访时间：2008 年 1 月 28 日

采访地点：威县方家营乡东徐固寨

采访人：何　科　徐颖娟

被采访人：王淑相（女　81 岁　属龙）

王淑相

　　民国 32 年我那时嫁过来了，我没出去逃荒，村里有上山西的，也有上山东的。那年老天爷不下雨，天旱，麦子都没收，干死了。到七八月才下的雨，棒子光长了棒子叶。雨下了七天七夜，屋都漏了，村里没水，地里湿了，可结不上庄稼。咱这没大河，那年没发大水。

　　一天死八个，抽筋抽的，腿疼，有饿死的，下雨下的没干柴火，没法做饭。得霍乱转筋，最多一天死 18 个，我也病了，下雨后得的病，也没治，喝两壶冷水就喝好了，打一大壶水回来喝了，一口气喝了，喝了两大壶就好了。

　　得那病光腿疼，腿肚子抽筋，那时候没人看病，没医生，找人扎针也找不到。人都死了，都乱了，那病不知道传不传染。我嫂子得病死了，才娶回来一年就死了。当时也不吃，光拉，得了十来天死的，没人看。人都不出门，自个儿都顾不过来。

蚂蚱也来了，灾荒第二年，麦子快熟的时候被蚂蚱吃了，人都轰蚂蚱，到地里拾麦穗。

日本人上村里来了，人都跑了，我没见过。咱村没炮楼，方营那边翟庄那头有。日本人做过什么不知道，咱没见。

采访时间： 2008年1月23日

采访地点： 威县方家营乡薛高寨

采 访 人： 李莎莎 张 艳 齐一放

郭亚宁 王 瑞

被采访人： 张美秀（女 84岁 属牛）

张美秀

我叫张美秀，今年84（岁），属牛的，上过小学。我是党员，我娘家在东徐固寨。

我咋不记得灾荒年？灾荒年那是民国32年，光下雨下了七八天，饿的啊，没啥吃，当时俺爹死了，光剩俺娘俩了。八月里下的雨，全是水，那地里都给淹了，那房子都漏。

霍乱那是连哕带泻，俺家里死了好几口子，俺婶、嫂子都是得霍乱死的，都跑茅子，没起来都死了。那时候都出不去街，都找那水冲出去的，不能抬。

得这病是饿的，请先生来，请来扎个旱针。我咋没见扎针？扎旱针的就一个劲地扎着，那时请个先生也不好请。死的人多了，俺那村里360户，一家都有死好几个的，有家还剩下三口，有个闺女。俺家里人不很多，三个嫂子一个婶子都是得那病死的。我那时小，记不清嫂子叫啥，得病从早上起来，不到黑，12点那时候死的，连哕带泻，都没别的肉了，哕得光剩皮了，一个劲地哕，一个劲地拉，有那病的，都是一天一夜啊。俺不敢出去，出去就死在外边了，村里十几人去35里外的一个地方逃荒。

日本人来时我 13（岁）吧，日本人来了，（老百姓）都跑了。我没见过日本人，俺爹是个党员，我爹死时我都 17（岁）了。日本人干啥？日本人来村里抢鸡，都给拾掇干净了。

俺爹是个党员还不敢待在家里，日本人天黑来屋里，天刚黑就来了，俺娘就藏她那个北屋里，俺爹藏那个东屋里，人家问几口啊，他俩都说串了，打那抓走。俺家是开油坊的，俺哥哥打油的，都被抓走了，正月初三死的，都使那刺刀刺死的，杀了他俩，俺哥哥、爹都死在威县城里了。俺现在一看那打仗的，心里就不行。那时候有宪兵队，还没有皇协军，翟庄才盖楼，他们被抓走的时候还没楼。

（村支书：她当时没在村里，七八岁就走了，对村里情况了解不多。）

采访时间： 2008 年 1 月 28 日
采访地点： 威县方家营乡东徐固寨
采 访 人： 何　科　徐颖娟
被采访人： 张殿军（男　77 岁　属猴）
　　　　　　 张子来（男　87 岁　属鸡）

张殿军

张殿军：我记得民国 32 年，大贱年，你没听说"民国 32 年灾荒真可怜？"提起那个灾荒的时候非常困难，大灾荒，又旱，七月下雨，雨下得大，下了七天没停，房子都漏了，村里倒没进水，坑里满了，坑大，那水都把坑弄满了。柴米也没有，柴火都湿了。七月是种那荞麦的时候，棒子结了一点点，就上了冻了。

那会儿家里人多，过了民国 32 年剩了七百来口，原来多少人倒是不清楚，剩下七百来口。抽筋的抽筋、死的死，死了一半，一天死好几个。饿得走不动了，出也出不去了，下了七天雨，了不得。起先旱，光旱，不下雨，一下雨就光下，就受潮了，一受潮就得了霍乱转筋。我倒是见过得这个病的，什么都不吃了，哎呀，那死的人（多）。要扎一下就扎过来了，能扎过来，死的人多，抬着去埋，都没人去，抬都没劲，也没力气哭了。

人连牲口吃的东西都吃了，都没钱，有钱也没吃的。我兄弟叫张子臣，得了霍乱转筋，用旱针扎过来了，他抽筋，抽得轻，扎一下就扎回来了。那时也没药。那死的快，饿死的人多，1960年饿死的人也不少。得这个病的死的多，记不得有谁了，太多了。光我二哥张殿选、三哥张殿春、爹张连元、娘张门丰氏，都是民国32年死的，都得霍乱转筋死的。都抽筋，抽成一团了，一天都顶不过去，说死就死了，一会儿就死，饿得都瘦得不行了，你要吃饱了就没事。霍乱不传染的，连门都不出，都死在家里，受潮得的。有个人死了，在家搁了两三天才埋的，饿得抬不动，没人抬。

麦子快收时来的蚂蚱，在地里挖个沟，把蚂蚱轰到里面去。那蚂蚱说走就走了，一会儿就不见了，有逮蚂蚱吃的，男女老少都到地里捉蚂蚱当饭。

张子来：那时日本人已经来了，日本人是民国26年来中国的，七七事变。民国32年有日本人，没在村里住，在威县城里住，公路上都修炮楼，这个村没修，方营那有。炮楼里没日本人，都是皇协军。我见过日本人，跟中国人一样，黄种人，他要不说话，你就认不出来。日本兵富，都穿一身黄呢子，没穿白衣的。日本人叫小孩过去，给你个红山药，让你给蒸熟了，他吃，他再给你个饼干，你吃一个再给一个。

日本人来了以后没抢东西，他不要东西，光逮小鸡，用火烧着吃。在村里日本人也不杀人，你没错误，有良民证，就不杀。

张子来

那会儿没八路军，地下党有也不知道。三八六旅六八九团打的威县，那是四月，记不大清哪一年了，那兵都是四川人，死了 100 多人，立了碑。

逃荒有啊，我出去了，去石家庄北，给日本人做了一回工，也没给钱，只给吃的。吃饭随便吃，吃的黄粱米，日本人给钱了，当头的中国人就把钱独吞了。我民国 32 年出去的，下完雨没收成，出去的，逃荒的都去石家庄以北、保定以南这一块。

南方家营

采访时间：2008 年 1 月 23 日

采访地点：威县方家营乡南方家营

采访人：张文艳 李 娜 薛 伟
　　　　何 科 胡 月

被采访人：王瑞林（男 69 岁 属兔）

王瑞林

民国 32 年正过麦，我逃出去了。这有蝗虫，把麦头都咬了，不管坑，不管井，蚂蚱堆到处都是。

阴历八月二十八下的雨，下了七八天，受潮了，得霍乱抽筋。在腿弯扎针，放血，放出黑血。听老人说得这病死的多了，那时候都没吃的，听谁死了，就埋去，没劲埋，埋完后，回来又死一个。

我家逃荒出去了，没人得这病，得这病主要是没吃的喝的（造成的）。

王高寨

王有聘

采访时间: 2008年1月23日

采访地点: 威县方家营乡王高寨

采访人: 李莎莎 张 艳 齐一放

　　　　　郭亚宁 王 瑞

被采访人: 王有聘(男 82岁 属虎)

　　民国32年,我17岁,民国32年后,七月七日下了七天七夜的雨,房倒屋塌。

　　下雨后有人得病,一天抬好几个,饿死得多,霍乱转筋也死得多,当时村里只剩不到100人。有人逃到山西、石家庄、北京、太原,俺家都去邢台逃难了。

　　民国32年,咱这没井,旱,庄里没种上地,后来种上又叫蚂蚱咬了,蚂蚱一片一片的,吃过黑蚂蚱。

　　当时有日本鬼子了,民国25年就有了。我见过日本鬼子,那时我才12岁,鬼子向村里要东西,当时在这里没有杀人。白天是日本鬼子来,晚上土匪来。

西方家营

采访时间: 2008年1月23日

采访地点: 威县方家营乡西方家营

采访人: 张文艳 李 娜 薛 伟 何 科 胡 月

被采访人: 张禄增(男 91岁 属马)

民国32年下雨，那头一遭老天爷不下雨，8月里都种不上了，除了荞麦能种上点，雨紧一阵慢一阵，反正不停。屋里都漏了，没吃的，都饿死了。

张禄增

那死的人，都是（得了）霍乱转筋，说死就死，埋不及。一跑茅子就完，上吐下泻。去一小伙子，回来就死，那病传染，只能扎旱针，下雨前没得这病的。俺参得那病死的，死的时候四五十（岁）了。治这病没好法，有吃有喝的，医生扎扎，能过来。

一天到晚地下雨，没吃的，没烧的，饿着。有点粮食也不中，地里收得少。这没上水，使水车运水，八月一下雨以后，有水了。

炮楼多了，好几趟子，日本人在里面，外面有八路。

西堂村

采访时间： 2008年1月23日

采访地点： 威县方家营乡西堂村

采 访 人： 李　琳　孔　昕　滕翠娟
　　　　　　牟剑锋　张　茜

被采访人： 王化忠（男　84岁　属牛）

王化忠

我一直在这个村里住着，那时候日本人在这，我没学上，给人做工。

灾荒年那记得，民国32年没上水，就是旱，旱灾就是民国32年那会，连旱三年，就因为三年不下雨，那人都饿死，都逃出去了，都往张口，还有往山东的，我没逃，南边有个井，开了菜园，种上了点菜，没死喽。

都饿，饿死这么些人，整天朝外逃，年轻的都出去给人做工去了。日本人在这，有牛连人家牛牵走，有羊连人家羊牵走，那都不敢种地了，谁敢在家哎？都跑张官寨东北地里。

日本人在这，让人天天给他挖沟去，那会我 16（岁）了。种麦子，收几十斤，国民党收粮食，村里有个老头，他把锣一敲，各人就去，那会兴铜子，你拿着粮就去，换钱来，人家就收了。那会还不孬，有的户上死了人了，或者是娶媳妇了，到那里去了，按上手印就到过年再讨。

有生病的！有老多人得霍乱转筋，饿得那人都走不动，那会儿社会真不行，那妇女裹的脚，都这么一点点，裹脚的时候能走啊？都倚着墙。我见过得霍乱的，抽筋，抽成一点点，没治，都抽死了，死老些人。跑茅子，还有发疟子的，说热就热，把衣服都脱了也是热，说冷，盖被子盖多厚也是冷。那时候人挨饿，也有病，他要吃饱了，身体壮了，还有病？

我没得过霍乱，那会儿有菜吃着，肚里有食就不得那病，我家里也没有得的。不记得死多少人，灾荒年前有 400 多口人，到后来剩了没多少人，都逃出去了，也有死的。见天朝外抬人埋，人家白埋？得给人家两个干粮，人家才给你埋。不下雨，就因为那干劲儿，才得霍乱。那能不传染哩？得霍乱谁敢到他家去哎？死了就没事了，不死吧，他怕这个气传过去。

见日本人的次数还少啊？那会儿给他做工去，挖沟，当间是个楼，他怕咱打他，砍那枣树枝，扔沟里。你种多少地，到后来得按地亩，给人做工去，十天半月里跟人去一趟，来的时候点名，在那站着队，拿个竿朝你头上敲，那会我小、矮，他就慢慢地敲一下子。（日本人）对小孩好，穿皇协军装，呢子衣，不穿白大褂，没给咱打过针。

俺这村被逮走 15 个人，净党员，那时村里有个头，他卖国了，跑日本那去，把这些人都给报了，日本人来了，把这几个村一围，把这几个人都抓走了，抓城里走了，抓走 15 个，回来了俩。

我一个叔伯大爷，是党员，他是个头头，那会儿没八路，也不知道谁是党员。我有个哥哥，一个侄子，都是党员，晚上开会，都看不见脸，挡住脸就这么说，怎么怎么着，怕暴露，那会儿谁敢说是党员？挡住脸，谁也看不见谁。

有皇协军，那会儿日本人倒不孬，就是皇协军孬。俺这里城里有个姓何的何县长，叫何梦九，给日本人当县长，那时一说何县长出来了，人都吓得跑，跑老远。到后来他假装跟八路合作，把城门打开，让八路进去，进去以后把城门一关，八路都死了，114 个人全部牺牲了，现在在威县城东有个 114 烈士陵园，当时埋了个肉丘坟。

解放以后在威县，各个村里都去人，把他摞到台子上，这个人也诉苦，那个人也诉苦，在台子上打他五天，把他打死了，打死以后往下一扔，那人吧就这个也吃，那个也吃，吃得光剩骨头了。俺村里有个人的兄弟被何梦九害死了，到那里一脚，把何梦九的头踹下来，那都恨的那个劲，把他肉都吃了。

采访时间：2008 年 1 月 23 日

采访地点：威县方家营乡西堂村

采访人：李　琳　孔　昕　滕翠娟
　　　　　张　茜　牟剑锋

被采访人：王玉坤（男　78 岁　属羊）

王玉坤

我以前也住这个村，是本村生人，没上过学。

灾荒年，记得是民国 32 年。那会儿反正是靠天种地，民国 31 年就是半收，民国 32 年就没收点，它不下雨就没收好。村里没井，吃水都非常困难，那时候吃井水。

从民国 31 年开始旱的，民国 31 年贱点，民国 32 年就一点没有收，下雨下得晚，阴历七月，那雨下得人都出不了村。下了七天七夜，后来那水到腰间，房倒屋塌。那会儿也不是用水泥盖房，就是这个土房顶，顶上三天两天没事，下多了就漏。连饿加上屋里漏，没柴火，你想想那人能不出灾哎？

有霍乱转筋，要不怎么天天朝外抬好几个？民国32年以前俺村里是360口，过了民国32年剩160口，外逃的连带死的，得有一多半。得霍乱的那还少？有的到冬天都冻死了，饿得把衣裳，把被子，都卖了换吃的，到冬天没衣裳穿都冻死。那霍乱病得了连一天也挺不了，那会儿我小，谁死了人也不叫我去，都是听大人说的。

得霍乱病有的一家子一个人都不剩，那会儿治病也治不起，就是治好了，没饭吃饿上几天，也是死哎。我也得霍乱了，就是民国32年八月十五清早起来，我在俺姐姐家，在葛寨住着，在老沙河河东，她那儿种上东西了，我在那混饭吃，八月十五早晨起来我就解手，那就起不来了，连哕带泻，肚子疼，怕死人家里，就连忙把我送回来了。喝点水，碗摞不下就得哕，扎针，起这个脚上，到头上，扎了好几百个针，都扎遍了。有个老中医，给号号脉，喝点草药，才不哕才不泻的，过了晚上12点就好了，扎针扎上就完，不放血。

我父亲也不知道得啥病，就那时候死的，我那时还在葛寨住着，到死了也没叫我来。那边葛寨也好几个孩子得了，别人没见有得的。那会儿谁顾得跟谁玩？谁跟谁也不联系，别人怎么样，咱不知道。

没河水，河没开口子，光下的雨。人又没吃的，饿着，才得病。那会儿反正死人不少，谁也顾不上给谁治了，西医也少，光中医。国民党还治病了？他管你那？他光管你要东西。

一下大雨，家家户户都是草，地里都是草，下雨晚是晚了点，那草没少长。种麦子都买不及种子，没法种。逃荒向四面八方都有，哪儿好就上哪儿去。那会儿消息没这灵通，一说30里地以外的情况，都不知道。那会儿东西贵的就很贵，贱的就很贱，他也销售不出去，人也购买不回来。那会儿有日本人，你也不能行动。

皇协军给你要吃的，你没有？想办法，没有就拆房子。给日本人压过汽车道，挖过围子圈，那会儿我才13岁。还给钱？他不打我就是好事。

民国31年日本人到二区，把那共产党员都抓走了。咱这个村就属老二区，老二区那会儿也得有二三十个村。那共产党一到白天就不见面，一到晚上就出来做工作。

怎么没见过日本人？日本人抓人给他做工去，穿那呢子大衣，大皮靴子。见过日本飞机，没见扔东西。炮楼，咱村里没有，东边孙家陵村里有，西边还有一个炮楼，几里地一个。起威县往北，高庄那里有个，王庄那里有个，小陈固那里有个，贺钊那里有个，过这一遍，就50多个炮楼，宋庄、葛寨那都有炮楼。皇协军住到楼上，有在城里的，有在楼上的，有的楼是只有皇协军，西边这个楼上就有几个日本人，大葛寨那个楼上有日本人，贺钊那个楼上也有日本人，皇协军多。

有被抓到日本国去的，孙庄有个人叫庞贵一（音），被抓到日本去，解放后又回来了，王庄也有个。

日本人刚进中国那会儿光土匪，都在大庙里头住着，赵三丰就是土匪司令。

西徐固寨

采访时间：2008 年 1 月 28 日

采访地点：威县方家营乡西徐固寨

采访人：何　科　徐颖娟

被采访人：杨世芹（男　74 岁　属狗）

杨世芹

闹大灾荒的时候，天气旱，都饿，没得吃，我才九岁。天不下雨，七月才下的雨，下雨时我在王目，下雨后回到村子里了。雨下了不是七天七夜，就是八天八夜。

家里有抽筋的，死了十多个人，我小啊，我才八九岁，没见过得病的。饿死的多，抽筋的也很多，得霍乱转筋一会儿就死，不知道啥样，我小，我家没得病的。

村里得病死的多，不知道死了多少人，原来有3000多人，死了就剩下几百个了。没医生看病，不知道有没有人扎针。

蚂蚱有大的，有小的，大蚂蚱都带翅。

我逃荒去了河南，有去别的地方的，多了，还有没回来的，留在外头了。

日本人见是见过，穿黄衣服，来抢东西、杀人，给小孩糖、饼干。我村里没炮楼，日本人住城里。

徐固寨

采访时间： 2008年1月24日
采访地点： 威县方家营乡徐固寨（娘家）
采 访 人： 王　浩　徐颖娟　刘文月
被采访人： 张杰秀（女　84岁　属鼠）

张杰秀

小时家里六个兄弟姐妹，有50亩地，下中农，平时粮食不够吃，光吃糠。

民国32年闹饥荒，老天爷的事，天不下雨，一直不下雨，七月才下雨。民国31年旱，民国32年一点也不收了，七月初十或初八下的雨，下了好几天雨，下得不大，但不停地下，下完雨后，村里没发过大水。

闹灾荒死了很多人，我弟妹拉稀拉死的，老多人都是这么死的，听老人说那是霍乱，村里闹霍乱死的人多，我那时上厕所拉稀，筋疼，酸疼，但身体比较壮实，挺过来了，有些人就死了。没有医生治，我兄弟媳妇就抽筋死了，八月十六回娘家得病，十七被抬回来，说得病了跑茅子，当天就死了。

我没有出去逃荒，在家吃糠。灾荒时闹过蚂蚱，吃了蚂蚱有得病的，就跑茅子死了。八路白天不敢出来，晚上出来打鬼子。

薛高寨

采访时间：2008 年 1 月 23 日

采访地点：威县方家营乡薛高寨

采 访 人：李莎莎　张　艳　齐一放

　　　　　郭亚宁　王　瑞

被采访人：薛振兴（男　73 岁　属鼠）

薛振兴

我小时候没上过学。民国 31 年半收，灾荒年是民国 32 年，地里没收，旱，村里人很多都去石家庄了，大部分都落外面了。民国 32 年种地时，连着下七天雨，大部分都涝了，房子都漏了，七八月下的雨。

下雨时都饿死了，有抽筋的，村里 600 口子只剩百十口子。有人会扎旱针，有的人扎针扎好了，扎死了也不管，霍乱死的人数闹不清，死的抬不过来。咱村死的人都抬不动了，多，那时天旱，连病带饿死了很多，天气不好。俺大娘住的那个地方乔庄有（得霍乱的）。

我见过日本人，来过俺村，俺叔叔是党员，来时他被抓走了，村里人还有叔叔家的人，到了村口，被乡亲劝下了。后来又抓了叔叔，叔叔死在场里了。

咱这块有不少皇协军，皇协军在村里要钱，要东西。咱村里没有土匪，是别村来的。

张官寨村

采访时间：2008 年 1 月 23 日

采访地点：威县方家营乡张官寨村

采访人：李 琳 孔 昕 滕翠娟

张 茜 牟剑锋

被采访人：潘高明（男 88 岁 属鸡）

潘高明

我一直住这个村，从这里出生的。

那年都挨饿，没吃的，没收成，好几年
没怎么收，数那年厉害，没下雨。到后来下
雨了，那时候穿夹衣，下得不小，下了一天
多，房都漏了，没水灾。

闹蚂蚱那会儿就有了日本人，灾荒年以后闹的蚂蚱。那时候我不怎么
在家，白天出去做买卖。有逃荒的，逃到山东，出去的那还少？村里现在
有 2000 多口。我见过日本人，到村里来还少了？我做买卖去，到山东武
城卖衣服，挑着担子走着去的。

日本人不说啥就抓人，日本人啥东西也不要，皇协军孬，逮过我哥
哥，不是日本人逮的，是皇协军逮的，要钱。

采访时间：2008 年 1 月 23 日

采访地点：威县方家营乡张官寨村

采访人：李 琳 孔 昕 滕翠娟 牟剑锋 张 茜

被采访人：潘洪山（男 81 岁 属兔）

我上过两天学，那会儿日子不好过，没怎么上。一直吃不饱，后来挖河，也不叫吃饱，饭不够吃的。

民国 32 年没收成，刮大风，伸手看不见人，刮黑风，俺侄子在地里做活，一刮刮电线杆上了，不记得哪一年了，反正不小了，有三四十岁。有一年没下雨，刮风，就是 30 多岁。

潘洪山

我说不清哪年闹蝗虫，民国 32 年我逃荒了，到昌乐。我得过一回病，光跑茅子，提不起裤子来，连着啰，娶媳妇以后得的那病，三四十岁了。

日本人来时，我还小，他没扇过我。

采访时间：2008 年 1 月 23 日

采访地点：威县方家营乡张官寨村

采访人：李　琳　孔　昕　滕翠娟
　　　　牟剑锋　张　茜

被采访人：石方庆（女　78 岁　属猴）

石方庆

我 19（岁）出嫁的，娘家也在这个村。

民国 32 年那年没吃的，没喝的，人都出去逃荒了，走一趟街不见一个人，一家家的都没人了，三年没收，旱，庄稼不长。

后来下的雨，不记得什么时候，也不记得哪一年，下了七天七夜，人躲到屋里缩着，光那么坐着，也摸不到吃，也摸不到喝的，也没水。下了七天七夜都不晴天，不能出屋，雨停了出去拾那个枣，都变黑了。

我不知道得病的事，不知道霍乱病，那时候小，都忘了。吃树叶，吃草种，吃蒺藜，吃得那脸都肿。逃荒的可多了，我没逃，我没娘，有爹，爹老了，逃不出去，有人说："出去吧，把这个小妹妹领出去吧，要不就饿死了"，我爹说："我老了，送她去"，所以没出去，硬在家饿着，把蒺藜拐成面，吃那个。

灾荒年以后有蚂蚱，多，地上也有，天上也有，吓得都不敢走，大人也害怕。灾荒年挨饿记得。

我那时候小，不记得日本人，不知道皇协军。

采访时间： 2008 年 1 月 23 日

采访地点： 威县方家营乡张官寨村

采 访 人： 李　琳　孔　昕　滕翠娟

　　　　　　张　茜　牟剑锋

被采访人： 石桂春（男　88 岁　属鸡）

石桂春

一说民国 32 年的事，心里就难受，那年我家 12 口子人剩了 4 口，民国 32 年，灾荒真可怜，男女老少死了一大半。我爹娘、叔、婶子都死了，没病死的，都饿死的。

民国 32 年没下雨，大旱，没来水，没地种，种了也收不了。都是连饿带有病，不知道啥病，也有霍乱转筋，不是很多，反正饿死的多。吃囫囵粮食就拉囫囵粮食，没抽筋那样的病。

民国 32 年以后，我地也卖了，跑到山东茌平了。

那时打死老些人，土匪、皇协军打死人，皇协军抢、砸。日本人打人，逮住年轻人就打，看你的手，（判断）是不是八路。

张家陵

采访时间：2008 年 1 月 23 日

采访地点：威县方家营乡张家陵

采访人：李莎莎　张　艳　齐一放　郭亚宁　王　瑞

被采访人：刘增银（男　83 岁　属虎）

潘桂芹（女　66 岁　属羊）

刘增银：我没上过学，一直在村子里。我参加过游击队，和日本人打过几次仗，次数忘了，在威县打过，黑天摸着炮楼。这的日本人数不清楚，或多或少，皇协军是咱这的人，皇协军人不少，日本人少。当时打仗中国人死的不少，得病死的有，打仗死的也多。

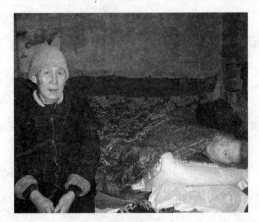

刘增银（右）、潘桂芹

潘桂芹：他 18 岁入的党，只不过家里人不知道。他给日本人打工、担水。当时他在村里当村干部，现在老党员都没了。那时候南里村有炮楼，庞苏庄也有炮楼。

霍乱转筋我也记得，不记得哪一年了，饿得转筋，得这病的不少，那时没有医生。扎针扎腿，扎好就好，扎不好就死了，这是俺娘家张官寨的情况，有扎过来的。我亲戚、邻居没有得这病的，张官寨有得这个病的。日本人在这时，没记得下雨。

刘增银：我们这个村也有这个病，灾荒年这个村里有霍乱转筋病，我父亲刘申就是得这个病死的，什么年纪不记得了，别的人记不清了。

潘桂芹：得这病扎不过来就死了，得这病都是饿的。

采访时间： 2008 年 1 月 23 日

采访地点： 威县方家营乡张家陵

采 访 人： 李莎莎　张　艳　齐一放

　　　　　　郭亚宁　王　瑞

被采访人： 王玉莲（女　83 岁　属虎）

王玉莲

　　我娘家是南里村的，17 岁结的婚，嫁过来的。

　　那时日本人已经来了，有炮楼了，在里村正西。我没见过日本人，见过皇协军来村里，不知来干什么。那时还没结婚，不出门。灾荒年我 17（岁）了，那年没有好收成，没井，天旱，第二年没收时有蚂蚱。

　　我不知道有没有得病的，出去逃荒的人多。

采访时间： 2008 年 1 月 23 日

采访地点： 威县方家营乡张家陵

采 访 人： 李莎莎　张　艳　齐一放

　　　　　　郭亚宁　王　瑞

被采访人： 薛武申（男　72 岁　属鼠）

薛武申

　　我上过小学，上过三四年，七八岁上的，那时日本人走了。

　　我记得日本人在这，雇我搬砖、扫院子、烧火、做饭。日本人不在村里，也下过村。雇我不给钱，白干活，不去就打你，小孩干活不累，不管吃，干完就回家。

　　（日本人）见大人就说你是八路，就抓大人，打人。日本人杀过人，那会儿我小，见过一个日本人，一会儿用刀杀了七个人，都是老百姓，没说他们是八路。

灾荒年，天旱，没收一点东西，后来七八月份有大黑蚂蚱，很多，一脚就踩死很多，后来蚂蚱就变大了。民国33年、民国34年下雨，民国32年没下雨。民国32年村里有200多人，后来逃荒到山东、山西。

没有听说过霍乱转筋，那会儿我小，我奶奶叔叔都饿死了，没有听说有得病死的。

我见过皇协军，他们伺候日本人，人不少，跟日本人说，谁是共产党，谁是八路。游击队、共产党不敢露头。我父亲是游击队、八路，死在山上了。

土匪偷东西。

没听说过卫河，听说山东、河北发过大水，是在建国后，连着下雨带来的洪水。

采访时间：2008年1月23日

采访地点：威县方家营乡张家陵

采 访 人：李莎莎　张　艳　齐一放

　　　　　　郭亚宁　王　瑞

被采访人：张朝瑞（男　76岁　属鸡）

张朝瑞

我没上过学，不识字，日本人来的时候我8岁了。

日本人戴着钢盔，不大来村里，里村西头有炮楼，来村里不要东西，抓人就打，没打死，又放回来了。皇协军是咱这儿的人，领着日本人来村里，给日本人送水，打杂。共产党员光藏着，因为怕日本人抓。我媳妇二哥是游击队的。

我听说还有土匪，没见过。

灾荒年我 10 岁了，民国 32 年，那时候光靠天吃饭，天旱，不下雨，民国 31 年、民国 32 年没收成，逃荒去哪儿的都有，有逃到山东、山西、哈尔滨的。

民国 32 年七月十五下了七天七夜雨，房子都漏了，倒了。民国 32 年村里没来大水，河没开口。下雨下得村里水很多，村里人有很多人得霍乱病，在雨后才得的，抽筋，因为天旱后光下雨。俺大爷就是得那个病死的，他是连旱七天，大雨后死的，在家没得，走到那里卖烟时，不到一天就死了，在狼窝村那里，没得病时也拉肚子，也抽筋，不到一天就死了。村里得病的听说有扎针扎好了，不知是谁。

这病传染，得病时日本人也来村里，但他们不管村里人的死活，不怕这病。

村里不知得病死了多少，我那会儿小，俺一个姑来说，俺大爷死了，就去找人抬了，就用被子裹裹，挖个坑埋了，俺没见过。

采访时间：2008 年 1 月 23 日
采访地点：威县方家营乡张家陵
采访人：李莎莎　张　艳　齐一放
　　　　郭亚宁　王　瑞
被采访人：张青海（男　84 岁　属牛）

张青海

我上过私塾，上过两年，见过日本人，当时十几岁，他跟咱一样，日本人不孬，来咱村抓八路，不抓村里老百姓，当时抓错了就抓老百姓，又放回来了，可以保出来，不抢东西，皇协军孬，抢东西。

民国 32 年，灾荒年，一年没收，人都饿死了，每天村子里饿死三个。

我见过，有生病的，没治就死了。那年5月初我出去了，1944年到1948年我去北京了。

前几年收成好，收成好也没用，皇协军、日本人都要钱，生活不好。1943年我在家，没下雨，七月初九下雨了，高粱、谷子、棒子没收，雨大，下了三天三夜，房子都漏了，没发大水。

得病情况忘了，那时不懂霍乱是什么，听说有人得霍乱，这么些年了，我忘了得霍乱是什么样了。

那会村里九十来口人，饿死的多，逃荒的多，我父亲、我娘都逃荒了，死在外面了。我母亲、兄弟在家没吃的，逃去石家庄了，又去邢台了，饿死在那里了。我1944年正月初一拿着萝卜和糠拍的两个饼子出去的，我在外面待了11年，从广州回来参加过抗美援朝。

当时村里有土匪，但是忘了土匪头叫什么名字，土匪和皇协军一样，来村里抢东西。

我见过日本鬼子来村里，有时来一个，有时来两三个，他来转转，玩会儿。威县有县长叫何梦九，来抓八路，有皇协军陪着。我跟日本人说过话，日本人还给我治过伤，我头上的伤疤就是他给治好的。

日本人来村里没干什么坏事，朝鲜人孬。日本鬼子在村子里站岗，把村里人都撵出去开会，没有给我们发过东西吃。日本人他不住村里，在咱村北面一里多地有炮楼，大概住着一个班的日本人和一个排的皇协军，炮楼叫苏庞庄炮楼。

高公庄乡

北蒋家庄

采访时间：2008 年 1 月 25 日
采访地点：威县高公庄乡北蒋家庄
采 访 人：韩晓旭　郭亚宁　吕元军
被采访人：李庆法（男　76 岁　属猴）

李庆法

　　民国 32 年，大灾荒，旱灾，旱了几个月，到秋后就下雨了，下了好几天，连阴 40 多天，都淹了。

　　死的人才多咧，死的死，逃的逃，就剩了 108 口。饿死的，皮包着骨头，没肉了。抽筋的说不上来。俺村村子不大，有的逃荒到河南，有的出去做了买卖，有的媳妇嫁了，有得病死的，说是霍乱转筋，肚子疼，没吃的，浮肿。霍乱转筋是传染的，这也是传言，外村多，这里不多。俺有个叔伯嫂子，头一天还拿柴火，第二天得病就死了，头一天说肚子疼，第二天早上吃饭的时候就埋了，怕传染。

　　民国 33 年闹过蚂蚱。蚂蚱吃谷子，吃高粱，不吃豇豆、绿豆。一开始是带翅的蚂蚱，后来跟牛粪似的，一窝一窝的，后来没翅，高粱棒槌穗子都被咬了。提起历史就是 20 年一个大灾荒，听老人说，光绪二十六年一个，民国9年（一个），民国32年一个，后来1961年是低指标。

日本鬼子住在南宫县、北面的七级镇、河岔股、威县，日本人烧杀，打人。他们来了，老百姓就跑，吃过饭，到路上听动静，晚上还在睡觉，日本人就把村里围起来，抓八路军。就剩下老人在家看门，别的人都牵着牲口到地里睡。

汉奸为了发财出卖共产党，报情报。皇协军跟日本人扫荡，七级（镇）有一个专门的皇协军、治安军的组织。俺村里有一个村长蒋登三（音），说谁也不能投敌，但没几天就被日本人抓走了。投降的日本人从别的地方带来五个人，说是八路，挑死了，其中一个是南宫县的赵乔，埋在我们这，后来南宫县来取棺。日本人把猪、鸡逮去吃了。

我小时候没河，打砖井，民国32年喝的是井水，烧开了喝也行，夏天喝凉的多，那时没有暖瓶。

采访时间：2008年1月25日

采访地点：威县高公庄乡北蒋家庄

采 访 人：韩晓旭 郭亚宁 吕元军

被采访人：赵玉琴（女 82岁 属兔）

蒋印争（男 71岁 属虎）

赵玉琴

日本人来时，俺这都跑光了，看到汽车就窜。（我）见日本鬼子了，我藏家里，日本人来抢鸡，不抢粮食，没杀过人，没砸东西，还给我糖吃，转悠转悠就走了。我娘家在薛堂赵牛村。

我见日本鬼子的时候还没嫁过来。我没见过汉奸，不记得有没有土匪，我有个妹妹得病死了。那时候家里有俺娘、俺奶奶、爷爷、叔叔，那会儿收成不太好。

那时有自卫队，白天给日本人修路，架电线，晚上受共产党指导，把电线杆扯掉。日本人有一个炮楼做据点，方圆一丈多远的地方挖壕沟，沟上架吊桥，日本人不过桥的时候，就将吊桥架起来，把枪架在炮楼上，把走过来的老百姓当靶子。日本人来家里时，还得给日本人准备吃的喝的。

现在家里越干净越好，以前是越脏越好。手不长茧，年轻的，干净的都被当作八路。皇协军跟日本人干，是狗腿子，听说日本人

蒋印争

来了，百姓就跑到树行子里过夜，牛是主要的劳动工具，也要带到林子里。

有抢人的，有的被放回来，有的死了，咱这是老革命根据地，也是双方拉锯的地方。皇协军听说这有共产党活动，"铁壁合围"，就是日本人、皇协军从远处 100 多公里开始夹击，最后缩小成一个包围圈，进行一次大屠杀，杀了七八百人。

民国 32 年大灾荒，民国 32 年以后闹过蝗虫，寸草不收。春天没下雨，一直到秋后都没收，蝗虫太多，到后来越赶长得越大，最后长翅成飞蝗，把庄稼都吃了。

民国 32 年没下雨，别的粮食不收。就种荞麦，种菜，这两样可以收。村里逃荒的多，小孩都送人了。现在有一个团长，68 岁了，他就是小时候被送人了。人们逃到山西、保定、河南，河南有水浇地。我没逃过，我父亲逃过荒，去了要饭吃，给别人干活。

闹过霍乱，我还扎针咧。一个人不敢报孝，你送信去，说不定死在路上，那时村里有 500 多人，得病后就剩 100 多人。他们都吃枣树叶子，吃不能吃的野菜。得霍乱时浑身抽筋，不能走路，肚子疼的受不了，转腿肚子，发病一会儿就死了，他们说这个病也传染。生活不好，人也害怕得这个病。当时喝的是井水，烧开了再喝。

得病的时候不知道是怎么回事，后来听别人说是霍乱，是夏天突然爆

发，都扎旱针治好的。村里有一个96（岁）的蒋可欣，男的，得病时30多（岁），在家里得的病，一天扎过来就没事了，肚子疼，转筋，扎过旱针，活过来了，现在已经去世了。当时人营养不足，浑身浮肿、脸肿、腿肿，站不住。霍乱是突然大面积暴发的，不是从外村传染的。

八月下过大雨，记得扎过我的手，可能是霍乱，光转筋，浑身不得劲，他们说是转筋。下了几天不记得了，下雨后扎的，下雨房子漏。除了我之外，家里没人得这个病，我是在家里突然得的，没跟外人接触，可能是下雨后得的。

得了霍乱之后，不见日本人，一听说日本人来了，就跑了。

我们村有党员，都是暗藏的。有一个党员投敌，区里共产党把他枪毙了。有人做皇协军，有的是死心塌地的为日本人办事，有的是被抓到日本了，但在半路上逃跑或被杀害。有一个李老相（音），当时也是民兵，同蒋登三（音）一起被抓到日本软禁起来了，被虐待，但中国解放之后，日本人不敢加害俘虏，释放回来了。李老相（音）和蒋登三（音）是在去日本的路上认识的，这两个人可能是被投敌的共产党供出来的。

北孙家庄

采访时间：2008 年 1 月 25 日

采访地点：威县高公庄乡北孙家庄

采访人：韩晓旭 郭亚宁 吕元军

被采访人：杨世勋（男 81 岁 属兔）

杨世勋

民国 32 年大灾荒，旱灾，阴历七月七，六月底下雨了，下透了，黑夜下雨白天晴，一直下了七八天。没淹，房子都漏了，下雨时，没收粮食。

那时村里有 300 多口，日本人要人，加上饿死的，剩 280 多口，死的人不少，净饿死的。死了最少七八十口。

霍乱转筋，我记不很清，听说死的很快。那时喝的都是井水，平常就是喝凉水。

那蚂蚱一窝一窝的，一会儿就吃光了庄稼，我记不准哪一年了，是民国 32 年以前或以后，反正就是把庄稼吃光了。

有逃荒出去的，有上关外的，挖煤，有上赵县的，那边有水浇地。

我还给日本人做过活，到炮楼那里干活。日本人抢、杀、烧房子，看见东西就给点了。在这里没杀过人，别的地方杀过人，皇协军更孬。咱这儿住过八路军、游击队，日本人和皇协军"围剿"过，有两个八路冲出去了，其余被抓了。这先是八路军管，是根据地，后来（八路军）被日本人赶走了，日本人把八路军抓到红桃园杀害了。

采访时间：2008 年 1 月 28 日
采访地点：威县高公庄乡北孙家村
采 访 人：韩晓旭　吕元军　郭亚宁
被采访人：杨世章（男　77 岁　属羊）

杨世章

这里民国 32 年闹过灾荒，旱灾，从开春到七月。七月立秋开始下雨。下了三四天，地都下透了。那时候，村里 300 多口人，最后剩 280 多口人，村里都没人了，村长后来又进行了人口统计。逃荒的有，有到东北去挖煤的，去赵县做活的。

七月下雨，连阴天，没柴烧，导致有湿气，别人说是霍乱，村里得病的人多，就是抽筋，不记得有没有拉肚子。这病传染，这个人死了还没埋，那个就死了。孙朋，40 多岁，和妻子、孩子，得霍乱死的，另一个儿子当了八路。那时没治过，孙朋和兄弟会扎旱针，但没来得及。这是下雨后得的病，死得很快，多的时候一天死过两个人。

约民国 33 年，日本人没走的时候闹过蝗灾，不知从哪儿飞过来的。地上盖了一层蚂蚱，它吃光了谷子、高粱，不吃绿豆。日本人没收过蚂蚱，得霍乱后，日本人也没来过。

大李庄

采访时间： 2008 年 1 月 25 日
采访地点： 威县高公庄乡大李庄
采访人： 韩晓旭　郭亚宁　吕元军
被采访人： 李永柱（男　88 岁　属鸡）

李永柱

民国 32 年闹过大饥荒，我家里有父母和三个妹妹。日本人把东西都要走了。日本人都集合在这里，住了一宿。民国 32 年旱了一年，地里没收，没东西吃。

我民国 32 年七月初四走的，逃荒，走的时候大旱还没结束，逃到沈阳市抚顺县龙凤坎，给日本人挖煤。在抚顺时，得霍乱转筋死的不少。在抚顺市流行一种传染病，日本人扯上电网，将得这种传染病的人围在一起，防止传染给其他人。有医生检查，去家里喷上消毒剂、白灰，日本人检验粪便，放在瓶里，瓶上贴了被检验人的名字。我们同村的李继汉检验后被带走了，带到了隔离所，不给药，只给饭吃，好了就带回去了，也有死的。我没走之前村里有 400 多口。

李家屯

采访时间： 2008 年 1 月 25 日

采访地点： 威县高公庄乡宋安村

采访人： 韩晓旭　郭亚宁　吕元军

被采访人： 李秀珍（女　78 岁　属羊）

李秀珍

日本人把学校烧了，我没上学。（日本人）去俺村里扫荡过，打人，盖那个炮楼，就是老百姓给盖的。日本人没在俺村里住过，在河岔股的那个炮楼上住。有皇协军，（老百姓）见了他们就跑，咱那时候小，也不见他们，也不知道他们干啥。

大灾荒年民国 32 年我还记得点，没得吃，嘛也不收，旱，不下雨，都不收了，不能吃饭了。俺不知道李家屯有多少人。民国 32 年俺没见过下大雨，李家屯离这里东面 12 里路。那时候有蚂蚱，多。

那年饿死的人多了，一病一饿能不死吗？也有病死的，得什么病咱不知道，有霍乱转筋呢，俺爹李福华还得过霍乱转筋，后来好了，肚子疼呢，没有先生治，没拉肚子。高公庄有人在地里看瓜，直哼哼，然后就死了。民国 32 年我住在姥娘家高公庄，十几岁回的李家屯，高公庄有户人家死了五六口。

逃荒出去的，有向南的，其他逃到哪里不清楚。

俺家一个兄弟，三个妹妹，那时候有父母，奶奶饿死了，俺爹得病的时候俺没跑过（茅子）。俺家里一直种地，没出去做过买卖。

采访时间： 2008 年 1 月 25 日

采访地点： 威县高公庄乡中高公庄

采访人： 李秀红　范庆江　耿　艳

被采访人： 李玉芳（女　80 岁　属龙）

李玉芳

　　我 80 岁，属大龙的，结婚前住李家屯，16 岁嫁到这里。

　　民国 32 年，没吃的，吃洋槐花，得浮肿病，像气蛤蟆似的。过秋才下雨，下了 44 天。俺大爷叫李会振，得霍乱转筋，抽的脖子根向后。是下雨那几天得的，不跑茅子，一个受潮一个饿的，俺大爷那时 60 多（岁）得病，得病两天就死了，那时我七八岁，没医生，不扎旱针，听人家说传染人，都不敢去看，我们庄就他自个，别个庄没有在家里得病的。不知道村里得这个病，那时死人不少，但不知是怎么死的。别的村也有霍乱转筋的，得这病的人多。

　　以前在高公庄西边有条河，叫朱家河，日本来时就没了，平成地了，到底什么时候有闹不清，河岔股原先是两河交界。那边有逃荒的人，多。谷子掉穗的时候蚂蚱多，谷子、高粱都生芽了，八月那时候我在娘家。

　　我见日本鬼子了，吓我，我害怕，（日本人）抓人，抓八路军，抓人去日本挖煤，后来又放回来了，俺村抓了两人。

前高庄

采访时间： 2008 年 1 月 25 日

采访地点： 威县高公庄乡前高庄

采访人： 李秀红　范庆江　耿　艳

被采访人： 郭林贵（男　76 岁　属狗）

我今年76（岁），属狗的，没上过学，不识字，以前这就叫高公庄。

民国32年有大旱，没收，不下雨，没井，大旱三年没下雨。没生蚂蚱。这村周围没河，洼地水浑，都打旱井，喝凉水。

郭林贵

我冬天逃出去了，自个跑去了，去了山西寿阳县，逃那人不多，有逃北京的，去哪的都有，逃出去的时候还穿棉袄，在陕西待了两年。

我见过鬼子，给他们做过活，给（他们）掘沟，跟村里一起被叫去的。日本人不打小孩，不打老人，干活的时候不打。

民国32年有霍乱转筋，没医生，没医院，死的人可多了。摔个跟头就死了，打滚、抽筋。得霍乱的不哕，吐，抽筋，抽不长时间就死了。当时老人说叫霍乱转筋，不传人，都是饿的，没有全家人都抽筋死了的。忘了谁得病死的，大伙一块抬。

发疟子的有，我就发过，饿的，也凉也热，热得出大汗，慢慢的没吃药就好了，20多（岁）得的，很多人得。霍乱转筋没治好的，也没治的，有扎旱针扎好的，不记得扎针后什么样，会扎旱针的人也死了，逃到山西之后死的。

采访时间： 2008年1月25日

采访地点： 威县高公庄乡前高庄

采 访 人： 李秀红 范庆江 耿 艳

被采访人： 王德兴（男 77岁 属猴）

我今年77（岁）了，属猴，是前高公庄的，民国32年去河岔股了。

民国 32 年那时候没河，大旱，一直没下雨。到民国 33 年耩上地了，又有蝗虫了，庄稼连着谷子都吃了，高粱穗都是那蚂蚱吃的。三年不下雨，民国 32 年春天开始逃的，民国 31 年还好点。

民国 32 年没有得霍乱转筋的，没听说过，发生霍乱转筋那是民国九年，人去埋去了，回来就不行了。有得浮肿的，死了不少人，村里之前有四百来口子，逃了很多，没一半。

我 12 岁的时候跟着叔叔去河岔股干活了。挖沟，要挖两道沟，九尺宽，九尺深，村里让去的。八路都来了，人不多，八路来了光要小米。日本人抓壮丁去当兵，五里地一炮楼。

采访时间： 2008 年 1 月 25 日

采访地点： 威县高公庄乡前高庄

采访人： 李秀红　范庆江　耿　艳

被采访人： 王明针（男　78 岁　属马）

我叫王明针，今年 78 岁，属马的，没上过学。

民国 32 年我才 13（岁），民国 32 年没下雨，碌碡不翻身，地都种不上。

宋安村

采访时间： 2008 年 1 月 25 日

采访地点： 威县高公庄乡前高庄

采访人： 李秀红　范庆江　耿　艳

被采访人： 吕大琴（女　74 岁　属狗）

我叫吕大琴，74 岁，属狗的，娘家在宋安村，这里以前也属于高公庄乡。上学上了三年两年的，老人不让上了。

吕大琴

民国 32 年我当时在宋安村，没逃出来，村里逃出去的人很多，往东北、石家庄、西北。只记得俺饿，都逃出去了，俺娘不让出去，出去就回不来了。旱，七月二十几下的雨，不记得下了多少天。过了民国 32 年，生蚂蚱。不记得是哪年下的大雨，下多大？下透了，能种了，但晚了，不能种。

民国 32 年，俺大爷大娘得了霍乱，霍乱传人，光往外抬死人。俺大爷叫吕举成，七十来岁的人，不记得属什么，大娘听大人说，先抽，肚子疼，挺快，下雨之后得的，下得地潮。村庄那时候没河，没井水，我光在地里干活，吃地里的水，西边的水苦。那年各村都死人，传染人，把死人抬出去回来就不行了。没钱治，也没医生，兴扎旱针，病来得快，来不及扎针。

人都一个饿的，一个旱的，一下雨，霍乱转筋，不知道怎么得的霍乱，像鸡似的，一扑拉就死。我大爷大娘不是一块死的，大娘肠里有病，大爷光在地里干活，种点瓜，看瓜，不得劲，肚子疼，抽筋，一会就死了。大爷死在大娘前面，大爷死时是村里人埋的。这不知道是不是传染，村里下完雨之后，才换八路军来，那时候没医生，请也请不到。

我见过日本人，在地里打仗，日本人去哪村，（老百姓）知道了就跑到另一个村。要东西？没有，日本人打大人不打孩子，日本人不很多。日本人哄小孩玩，给糖吃。都说是日本人，其实是皇协军，皇协军孬，老百姓就跑到另一个村躲着。共产党也不露头，听动静，人不多，一个村几个。

中高公庄

采访时间： 2008 年 1 月 25 日

采访地点： 威县高公庄乡中高公庄

采访人： 李秀红　范庆江　耿　艳

被采访人： 刘维善（男　84 岁　属牛）

刘维善

我今年 84 岁，属牛的。灾荒年时，我十八九（岁）了。

卢沟桥事变时，下了 44 天的雨，谷子生芽。

民国 32 年受灾了，（雨）下得少，快六月才下，一点没收，一亩地收几斤谷子，不到 100 斤。那时候我 20 岁左右。有逃出去的，逃关外东北，我没去逃荒。

民国 33 年雨下大了，有吃的，也吃不好，吃不饱。

民国 34 年不旱，蚂蚱把太阳都遮住了。

民国 32 年，都饿死了，死的一家人只剩一个，以后得的这病。这村周围没河，吃井水，喝烧开的水，几百年前有个朱家河。

不是民国 32 年就是民国 33 年得霍乱转筋的，没医生，光中药，不管事，死很多人，这是民国 32 年、民国 33 年的事。闹不清霍乱传不传人，人没抵抗力了，得病肚子疼，扭起来一样，有跑茅子的，有不跑的，没治的，没先生，扎旱针的也少。

日本人向村里要粮食。日本人抓过人，抓去当兵，当皇协军。日本人进村抢东西。还有土匪、黄沙会、六里会、大刀会，抢好衣裳，抢好东西。

采访时间： 2008 年 1 月 25 日

采访地点： 威县高公庄乡中高公庄

采 访 人： 李秀红　范庆江　耿　艳

被采访人： 吕巧玲（女　74 岁　属狗）

　　民国 32 年大旱年，一年都没下雨，种不上，不收，我没出去。民国 33 年，收了豆子，春天种的，谷子也收了点。

　　有逃荒出去的，逃东边去了，那收成好点。

　　那年死人不少，一家都死了，那就是霍乱转筋，一个个死的，几个人抬出去，回来另外人又死了，不少，不记得那是民国三十几年了。

固　献　乡

白一村

采访时间： 2008 年 1 月 28 日

采访地点： 威县固献乡白一村

采 访 人： 齐一放　苏国龙　蒋丹红

被采访人： 董保玉（男　94 岁　属兔）

董保玉

灾荒年吃棉花了，没（种）上多少庄稼，没东西上，我没地，（粮食）不到百十斤。蚂蚱来了好多，把庄稼都吃了，剩个茎。

有得霍乱转筋的，我不记得这病啥样了。得霍乱时，死的人很多，死人都没人埋，扎针，没人治，抽筋，跑茅子。说不清传不传染，一会儿就死了，不记得得霍乱转筋时有没有下雨。

不知道灾荒年有没有发洪水，我逃荒去了，往南一个村，离这二三百里，有去河南的。这边有日本人，光揍人。

采访时间：2008 年 1 月 28 日
采访地点：威县固献乡白一村
采访人：齐一放　苏国龙　蒋丹红
被采访人：吕山堂（男　83 岁　属虎）

吕山堂

　　灾荒年是 1943 年，没收庄稼，都逃荒去了。我逃荒去了，逃到山东没回来，上部队去了，是十一纵队九十七团一营二连机枪排排长。我民国 32 年二三月份到齐河，与家里通信知道的那些事。

　　民国 32 年没下雨，没井，在家喝老砖井的水，喝生水，后来下了雨，下了七天七夜的雨，没有发洪水，水过不来，不记得几月份下的雨，饿死了 1000 多人，剩了 700 多人。灾荒年没有蚂蚱，民国 33 年也没有。

　　有得霍乱转筋的，都抬不及，治不过来，抽筋、跑茅子、上吐下泻。没吃的，啃树皮，死得快，挺不了两天。没有湿气病，不知道什么是湿气病。下一年，收得好，有吃的了。

　　鬼子来回要粮食，国民党已经走了，有老杂，抢东西，有皇协军，也抢东西，当狗腿子。那会儿治安军也来了，治安军是汪精卫的部队，也有老蒋的石军和一个兵团。村里人没办法，才当的皇协军。日本人有时好，有时坏，在大寨修了炮楼，离这三里地。麦子乌营，离这五里地，也有炮楼。潘店在东北 12 里。五六里外有一个炮楼，炮楼里住着皇协军，日本有一个小排，三十来人。都是皇协军、治安军挑拨老百姓的。石军是一个兵团，被八路军一打，后来就调走了。

白二村

采访时间： 2008 年 1 月 28 日

采访地点： 威县固献乡白二村

采 访 人： 齐一放　苏国龙　蒋丹红

被采访人： 司松昌（男　75 岁　属鸡）

司松昌

灾荒年，我能不记得吗？大旱旱到七月份，头天旱，后来下雨，下了七天七夜。收成不好。

庄稼都收不大好，有蝗虫、蚂蚱，那年可多了，蚂蚱秋后七八月份来的，飞来的，那家伙一片一片的，都炸蚂蚱吃，来蚂蚱后下的雨。灾荒年刮大风了，记不清了，那风你说大也不算大，说小也不算小，俺这灾荒年没有洪水。

人都差不多时候出去的，都跑往济南。我没出去，我老爷爷拽着我，不让我出去。逃出去两三个月，逃荒的到秋后回来的，要回来种地，逃荒后剩了 500 多口人，现在 2000 多口人。

得霍乱转筋，那时没医生，得病就得死。有一天死了 30 个人，年轻人、老年人都有。上吐下泻，那会儿啥也不讲究，不知道传不传人。都饿的没饭吃，那几天光下雨，下了七天七夜，房屋都漏雨，有房倒塌。民国 32 年，灾荒年，出门都是水，水到腰深。

霍乱病是突然得的，死了不少。我怎么没见过，一会就死。都听说是霍乱转筋，那会儿不知道传不传染，正下着雨，得的霍乱。咱父亲得这病了，其他人没得，后来治好了，有个老先生给他治好了，他叫孙树堂，他那村叫富兴庄，咱这个乡的，先扎旱针，喝汤药。

喝老砖井水，都喝开水。

日本人建了炮楼，在麦子乌营、陈庄，离这五里地。我那会儿上日本小学，教中国书，用中国人教，上学用村子里的钱。

日本人杀过人。有皇协军，皇协军那家伙不干好事。日本人和皇协军在炮楼里住，在村南边盖了个炮楼，有两三个日本人。

白三村

采访时间： 2008年1月28日

采访地点： 威县固献乡白三村

采 访 人： 齐一放　苏国龙　蒋丹红

被采访人： 刘明金（男　84岁　属牛）

刘明金

我当八路当了八年，还管吃，给钱。我在山东齐河当兵，在独立团一个班30个人。国家主席、军委主席胡锦涛，给我发了一个金牌，给了3000块钱。

日本人占了东三省，在那待了八年。日本人投降63年了，给我发了这个牌。我是自卫战争（解放战争）十五纵队的。

灾荒年是民国32年，有日本人，那时我小，没在家，鬼子进过村。

灾荒那年有霍乱转筋，死的人可多了，一天都抬不及，光下雨，得一天死一个，得病都抽筋，跑茅子，一天两天就死了。到后来，知道怎么救了，扎旱针，出血，那时村里有医生，叫张汉杰。听别人说的霍乱这病传人，那时有一家这个人还没抬走，下一个人又死了。我那会不在家，那会我在当八路。

那年，七月以前没下雨，没刮风。后来光下雨，收的谷子都生芽了，雨也不大，光下，下了八天，水倒不很深，庄稼多少都收一点，不少人都饿死了。有逃荒的，我父亲、母亲都逃了，到茌平、博平，逃的人多，一个村只剩了 600 口，以前都有 1800 多口，都出去了，到后来，八路军出政策才回来的。

民国 32 年，光村里（的水）就半人深，是河水，南边来的，冲开的口子。南边有个岳城水库，离这二百五十来里地，那水库现在还在，15 丈高，放的水多了，你再不放，水就漫出来了，咱这自己放的水，淹的地方都不让过。八路军失败的时候，用来放水，这个水库修了三年，准备战争用的。那年河水也有，下雨也有。

灾荒第二年，高粱都有穗了，有蚂蚱，一团一团的，六月底来的，东西都被吃光了，过河来的，光向北走。地上爬的全是小的，没有飞的，蚂蚱下了子，第二年向外拱，记不清是哪年了。

白四村

采访时间：2008 年 1 月 28 日
采访地点：威县固献乡白四村
采 访 人：齐一放　苏国龙　蒋丹红
被采访人：车心成（男　76 岁　属鸡）

车心成

灾荒年是民国 32 年，收成不行，七月下雨了，下了七天七夜，收成不好，日本人要，共产党也要。

下雨下得房倒屋塌，没发大水。老百姓都逃荒去了，到山东齐河、河南，1000 多口剩了七百来口。第二年收成好一点。

吃不饱，得霍乱转筋，抽筋、闹肠炎、跑茅子、吐、脱水。得霍乱的，有治好的，有没治好的，村里有仨扎针的，叫张汉杰、司玉兰、吕德聚，他们仨会扎旱针。那会儿哪有预防的。下雨之后得的霍乱，得霍乱不传染，俺娘得这病死了，俺爹和俺都没事，家里没有其他人得。有近门的一个哥哥，一家子中有两个得病死的，一会儿就死了，他父亲和他奶奶也得病死的，一天死了两口。

灾荒第二年有蚂蚱，多，头一年有小蚂蚱，第二年有飞的，一坑蚂蚱，谁吃那蚂蚱？

西北角离这五里地的麦子乌营和大寨有炮楼，有日本鬼子、皇协军、治安军，都住在炮楼里。皇协军、治安军都听日本人的话。

采访时间：2008 年 1 月 28 日
采访地点：威县固献乡白四村
采 访 人：齐一放　苏国龙　蒋丹红
被采访人：周春荣（男　80 岁　属龙）

周春荣

我民国 32 年逃荒到山东荏平，在那住了两年，给别人看小孩。以前这村有 1300 口，有饿死的、逃荒的。

七月下的大雨，下了七天七夜雨，没耩上，土房子都塌了，屋子漏，房子里有水，庄稼地也有水。人都饿死了，我爹和我娘就是饿得全身浮肿。饿死了 300 多口，饿死了没人埋。后来共产党出了政策，叫逃荒的人回家。

第二年二月我回家了，都生蚂蚱了，蚂蚱都像中毒一样，又回山东。割麦子的时候，蚂蚱把麦子咬在嘴里。"蚂蚱神，蚂蚱神，吃麦子救穷人，穷人都说好，过年再来咬。"这是村里老人编的歌。

霍乱转筋，老人都说传人，吃好了就没那病，都是饿的，得浮肿病。我得过霍乱转筋，七月份，光打哆嗦，抽筋。邻居东边死了四口，都是浮肿饿死了，我哥回来，说我得的是霍乱转筋，叫了一个医生叫吕德聚给我扎针，扎不好，又换了一个医生张汉杰，给我扎好的。

我娘饿死了，我哥当兵被人打死了。

日本鬼子在大寨有个炮楼，陈庄乡麦子乌营有炮楼，光皇协军，这些人是饿的没法，当皇协军混口饭吃。治安军刚来，还是皇协军多。日本人刚来的时候，我才八岁，日本人给小孩糖，老人说有把小孩杀了吃了的。

灾荒年都抢粮食、棉花、布匹，哪打仗就烧哪房。（日本人）抢人给他们做工，修火车道。很多炮楼围成一个网，一个炮楼就是一个据点。

固一村

采访时间：2008 年 1 月 28 日

采访地点：威县固献乡固一村

采访人：牟剑锋 张茜 刘群

被采访人：马树标（男 72 岁 属鼠）

马树标

灾荒年，俺这饿死的特别多，得霍乱转筋，那时候天天死人。我有个二爷爷，不是我亲爷爷，不知道症状，赶方家营的会，没来到家，刚进村，就死了。俺村死得真多，反正死的挺快。那时候是砖井，喝井水，喝啥水的都有。死的人抬都没法往外抬。

民国 43 年旱，贱年，不收，收成少，人就挨饿，下了雨很大，是不是这一年不好说，第二年也死人，都是贱年，也闹过虫子，闹过蚂蚱。

逃荒的多，大多都逃了，我没逃，我都不知道逃哪去，清河东边、聊城、平原一带吧。

都是皇协军，都把东西闹腾了。日本人比中国人矮，可能是穿的军装。我九岁到炮楼上出工去，干活去，家里有几亩地，按地出工，不出工不行。抓共产党，不抓人干活。

俺村里有人到东北，马名远被抓到东北去了，抓了很多人，有抓到日本去的，日本投降以后就回来了。反正是在工厂，干的什么活，我不知道。没见过穿白大褂的日本人。

采访时间：2008年1月28日
采访地点：威县固献乡固一村
采 访 人：牟剑锋　张　茜　刘　群
被采访人：杨兴堂（男　90岁　属猴）

杨兴堂

民国32年那年收成啊，别提了，旱，庄稼都死了。我都上了石家庄，在那儿给人家修公路，人家也不给钱。

民国32年庄稼旱的，不下雨，一刮风到农历六月才下雨，那时候下得大。将就收了点棒子、核桃。八月才下的雨，七天七夜。屋里的水都半米深，光小雨哗哗的，街上也没多大水，不是河水，老天爷下的。

一天死19个人，都饿死了，饿得都逃到山东茌平、高唐、夏津、河南、山西，都逃命去了，家里没人了，之前这村有2400口人，9000亩地，400头牛，灾荒之后闹不清了。那年我母亲死了，我和我妹夫埋的。

也有病死的，得霍乱转筋，本来好好的，到那一躺，抽抽成一点点了，我舅家兄弟抽筋，旁人咱闹不清了，咱村得的也不少。死得很快，一眨眼就完，扎旱针的也没了，这一趟街都没人了。那会儿喝小砖井（的水），勤的人喝热水，懒的人喝凉水。

我在家光吃蚂蚱，民国32年，刚长上庄稼就闹蚂蚱了，那蚂蚱长得黄歪歪的，民国33年没闹过蚂蚱。

日本人穿黄呢子，皇协军穿中国的黄粗布，没见穿大褂的日本人。离这6里地有一个大炮楼，（日本人）光找八路，一来，村里人都跑，皇协军刘队长说俺不是八路，活下来了。跟这个村要人做劳工，不给就拿火烧。抓走的多了，抓到日本去的，抓到东三省煤窑子里。日本投降回来了一部分，赵正、王庆安回来了。俺对门的他爹，抓到东北煤窑里，回不来也完了。

固二村

采访时间： 2008 年 1 月 28 日
采访地点： 威县固献乡固二村
采访人： 牟剑锋　张　茜　刘　群
被采访人： 衣明株（男　75 岁　属狗）

衣明株

　　这头一年，民国 31 年长的蝗虫，六七月闹的蚂蚱，旱两年，那几年都不行，都没下过好雨，光刮黄风，刮的麦子就剩下麦头。后来，谷子黄头的时候，六七月下了点雨，不透，收不好，那雨不大。光这一个胡同就死了六七十口，饿死的，都没人管，年轻人逃荒逃走了。

　　民国 32 年后半年下了七天七夜的雨，人没地住，街上有水，没多深，10 厘米深，都上坑里去了，那是天下的雨，没上河水。

　　有霍乱转筋，我见过，光抽筋，抬不及，连拉带泻，一会儿就死了。我母亲得了，后来挺过来了。都在下雨那两天得了这病，村里得霍乱转筋的多去了，向外抬人都没法抬，一个人往外背。传染，医生说的。那会儿喝砖井的水，喝生水。

　　民国 33 年收成也不很好，地都荒了。民国 33 年闹蚂蚱，开春二三月，不会飞，光扑腾，三四月，那小蚂蚱都上来了，那都没麦子了。

　　南边光是炮楼，日本人每天来扫荡，抓共产党。天黑共产党叫咱挖沟去，白天给日本人修道去，黑天白夜不安生那会儿。日本人穿一身黄呢子衣服，戴着铁盔，没见过穿白大褂的日本人，都是武装来的。

固三村

采访时间：2008 年 1 月 28 日
采访地点：威县固献乡固三村
采 访 人：牟剑锋　张　茜　刘　群
被采访人：马长利（男　76 岁　属猴）

马长利

民国 32 年收成是不赖，日本人得要吃喝，土匪晚上也抢。俺这胡同，死了 70 多口，有饿死的，有得霍乱转筋的，转拉转拉就转死了。我家里没人得霍乱转筋，都是饿死的。

我那会儿 10 岁，饿得受不了了，走到河南、山西去要饭。民国 32 年出去的，在外待了一年，民国 33 年秋后，收成了，有吃的，就回来了。

我逃荒以前，人饿得都跑了，不出去在家就得活活饿死。灾荒年前这村有 2000 多口，不到 3000 口，灾荒后人不多了。

民国 32 年那会儿，就是下雨才出的霍乱，这病症状也闹不清，饿得没啥吃，谁也不串谁的门，霍乱转筋死了都没人埋，老人说这病传染。没人治，就算有人治，咱也不知道那老医生咋治，没啥吃，饿得不能动弹，根本就叫不了人。

之前就是干干干，到后来雨连着下了七天七夜，下雨一湿，就出的这毛病。水很多，出不了村，水到腰，平地到脚脖，洼地就没准了，路上都是雨水，我是雨后走的。民国 32 年灾荒过后，收成好了，就回家了，这个病也就没了。那时候喝井水，都家里打砖井，喝生水，那时候没柴火烧。

民国 32 年秋后，有粮食吃了，饿得光知道吃，看到东西就直往嘴里塞，不知道饱，那时撑死一部分人。秋后晚作物庄稼收的谷子、高粱、棒子、玉米，荞麦 60 天就成粮食了，就能吃。那会小，记得不多，反正旱得不短。

民国 32 年正月，我逃到济南，秋后回来的，之后不知道哪一年闹过蝗虫。

我见过小日本，穿军装戴铁帽子，没见过穿白大褂的，没见过抓得霍乱病的人。我民国 32 年三四月份逃的，秋后回来的，民国 33 年收得不赖，都让两边抢了，灾荒以后闹过蝗虫，具体不记得了。

这里有炮楼，日本人经常来扫荡，烧杀抢掠，说句不好听的，净咱中国人帮着日本人，中国人爱财，大部分是皇协军。日本人一开始并不怎么闹，以后才开始闹。日本人抓人干活，光俺村就有仨，朱九存、赵桂禄、王老生被抓到日本国去了，做苦力，不做就挨打。

采访时间：2008 年 1 月 28 日
采访地点：威县固献乡固三村
采访人：牟剑锋　张　茜　刘　群
被采访人：吴兰达（男　77 岁　属猴）

吴兰达

民国 32 年收成啊，都没收，饿死那么多人，天没下雨，就依靠老天爷。天景好时，一亩地收六七十斤，比如说高粱和棒子一样的价钱，吃高粱，比较经饿，挺的时间长。

旱了两年多，从民国 30 年开始旱，一直到民国 32 年，民国 32 年连饿带抽筋，抽来抽去就抽死了。那时候也没医院，也没啥，就扎旱针，好就好，不好就死。浑身那筋都抽成一团，动弹不得了，最后就抽死了，不哕，跑茅子。俺这三大队就一个扎旱针的，请不及，就请不过来。我家也没人，我也得过那病，得的比较轻，就光扎了几针扎过来了，这先生叫刘老彩。下了七天七夜雨，房倒屋塌。刘一虎他娘，得那病，一会儿死了，就找人下着大雨埋了。这病说得就得，刘金娥一家 12 个人死了 11 个，就剩她一个。原先这村有 3000 多人就剩 800 口。

民国 32 年七月下的雨，下了七天七夜，就哗哗哗，雨说大不大说小不小，地上水不少，坑里满着咪，平地里一洼一洼的水，高的地方没水，是雨水，河里没过来水。抽筋就下雨那会儿得的多，埋都埋不及，那么多。我也是下雨时候得的，那 11 个人也是那几天，也不知那雨里有什么病毒啊，也不知道怎么着，都那几天死的。

下雨就得霍乱转筋，以前没这样，以前有发疟子。刘老震家里死得剩两人，刘起周家有七八口子，死得只剩下三个人。

你说日本人穿白褂，我见过，来了之后，村长支应他的，提两壶茶叶水，嗯，他穿的和医生一样，不看病，他们不抓得病的人。

逃荒的有的是，邱振清逃荒到信阳，嫁给别人了，后来又回来。我也出去逃荒了，去莘县、朝城、范县，都是民国 32 年得霍乱以后，那是秋天，一看家里什么东西不剩了，在外待了一年多，民国 33 年情况不了解了。其他人逃荒逃到东边这儿，临清、临沂，主要去山东高唐、夏津。

刘起海、赵老正、朱九存、王老生都让日本人裹走了，到煤窑去了，去造那硫磺弹，刘起海被带到东北煤窑去了，一天一毛钱，刘起海得了个啥病，自己拉了自己吃。煤窑死的人多着呢，弄那大铲车（把尸体）往坑里一扔。

有一次，我背着篮子拾柴火去了，一听枪响了，我知道日本人来了，我就回来了，日本人戴着大钢帽，日本人一扫我，我摔地下了。

在八角楼庙上，有一个钱排长，日本一战败，（政府）就来调查那个钱排长，没有说他好的。咱村没有皇协军。

采访时间：2008 年 1 月 28 日

采访地点：威县固献乡固三村

采访人：牟剑锋　张　茜　刘　群

被采访人：萧金钊（男　76 岁　属猴）

萧金钊

　　民国 32 年收成是不行，光刮大黄风，春天刮大黄风，种不上，那时候没井浇地，光旱，麦子收不了。雨下了七八天，房子漏的漏，倒的倒。

　　民国 32 年那时候我不在家，逃荒到石家庄，下雨之前逃走的，我待了三年回来了。我逃到了山西、河南、茌平，灾荒前这村有 3000 多口人。

　　那时候，那边死个人，这边人都不知道，死的人可多了，又病又饿，没法治。啥病？有点病就死了，谁知道啥病呀？东边胡同死个人，两三个人用个门架出去抬着，刨个坑就埋了。这边有个砖井，吃那水的还少，吃那坑水的多，做饭使。

　　下雨死了一部分，下了点雨，种点庄稼，一吃新粮食，撑死了一部分，反正怎么死的都有，日本人祸害死一部分，皇协军也来。见过日本人，我给他们做活去了。

　　下了雨，地上水多，坑里、地上都是水。下雨，河堤也来水，河水不是年年来，几年来一回，那时候都是平地，清凉江 1963 年上了一回水。

韩 庄

采访时间： 2008 年 1 月 28 日

采访地点： 威县固献乡韩庄

采访人： 宋 剑 胡 月

被采访人： 韩春生（男 79 岁 属马）

韩春生

民国 32 年那人都饿死了，俺村里剩了两个人了，俺逃荒出去了，家里光剩两个人。灾荒年以前是 70 多口，之前也没超过 100 口，那都老人说，俺村里没超过 100 口啊，那是 1940 年，俺村里才 92 口。

1943 年的灾荒可严重了，下了七天七夜的雨。旱了几年？那天光旱，要不它能灾荒啊，它光不下雨，后来倒是下了，到谷子收的那会儿下了，谷子也收不好，都逃荒了。

俺这里，俺村里（人）都上了东边山东的博平县了，有上茌平的，有上高唐的，都上北面了。那会儿不是上水，都是下雨下的，房都漏了，倒了，没多少人了，都挪出去了，反正那会日本人在这，人没得吃。

得病的？都死了，饿死的，那还不多！村里有的是，那还抬不及，啥病都是饿的，净饿死的，埋也埋不深。霍乱转筋，那早，大清朝那会儿（就有）霍乱转筋，民国 9 年（就）是霍乱转筋。1943 年霍乱转筋，这个没听说，这个净饿的，净饿死的。那会我不记得，人都说刨坟也不见湿土了，那会儿也是旱，俺这边净旱多。北边一个大河，那没水，不通，离这四五里地，你再往北是清凉江。

没听说抽筋，那时还记得清？还有不跑茅子啥的？人好不了都死了，饿的，反正那里边没东西，这才是跑茅子啥的，他才死的，有得什么的，都给扎针的。谁也不跟谁说话了，自己光饿着，还顾着说话了？都坐着一蹲，这个死那个死的，那没人知道啊，谁都饿，还自己往地里寻点菜，或是捋个树叶的，还有心说说，没说的了。谁往他家去啊，咱又没人问。

日本人不在这住，俺村里没什么杀人放火，他路过俺村，那是路过。

俺上昌定（音）了，山东的，俺这往东几里就都是山东了，逃了240里地，那时我都十来岁了，我跟着俺爹推着小车去的，我没在那住，反正到那卖东西，卖完再回来，把家里那东西，方桌、椅子都卖了，再换粮食吃。

采访时间：2008 年 1 月 28 日
采访地点：威县固献乡韩庄
采访人：宋　剑　胡　月
被采访人：孙章中（男　78 岁　属羊）

孙章中

民国 32 年，那时我六七岁。上过学，念到十来岁，念了初小，又在完小念了几年。那会儿的高小都跟这会儿初中一样，念了高小也有三四个月。那会儿日子又不好过，现在都买车子，买个洋车子，那会儿自行车都买不起啊，得来回跑。我不是党员，我没入党。

民国 32 年，灾荒年，那一会儿吧，遭了虫子，头一年遭了蚂蚱了，到了第二年大蚂蚱下了子了，又出了小蚂蚱，多的一飞就盖了天了，地里庄稼都给吃光了，连这坑里苇子都给吃了，也是没得吃，那个蚂蚱都饿得那个劲，人呢，也是没吃的，有的种点庄稼，完了种点小菜，都糁点那个，到后来，到后半年了都糁点。庄稼吃光了，都糁点小菜，都吃那小菜。我那会儿小，我都吃蚂蚱，把那个头揪了，光吃头那一点，那会儿炒炒也没油，苦啊。

人都逃出去了，俺一逃，上山东，山东荏平县，离俺这 200 多里地，在东边，这个王店，马家坊，那个坊就是一个土字边一个方的这个坊，都是出名的大村吧，俺这小村，远了都不知道，是吧？在那边，我当乞丐要饭去了，那时还小咧，十一二（岁），有俺妈妈，还有一个妹妹，俺仨在那要饭，俺哥哥跟俺爸爸，都来回捣鼓点东西，在那赚回点高粱，剥了上边，都回来弄碾子轧轧，轧点高粱，熬点稀粥喝喝，反正饿不死啊，是吧。他倒腾这个木器家具，方桌、椅子、柜子，推去在那卖了，在那赚两个钱，在咱这来买，买了推到那去，赚点利钱。

那一年雨下得才大咧，七天七夜，没停，紧一阵慢一阵的，不是那个哗哗地下，真是没晴天，地下都渗透了，都喝饱了。

人得病，俺父亲那一年也是，拉痢疾。房都漏了，都漏遍了，用席跟那个花布包、布袋搭到席上边，当暗屋。解手的时候，地上铺的沙土，解手拉到沙土上，他是拉痢，都是光稀的那糊样，拉的是淡淡的，它是泛白的，这个痢有白痢有红痢，你要是红痢，解手的是泛红色的。

那会儿人又苦又穷，你要钱也没钱，跟现在不一样，你想治病，医生那会儿都给病人喝点草药，给扎个旱针。这年头有西药，那会儿没西药，光中药，到了后来了，我母亲回到这就有地了，买了半个本地西瓜，那会儿买一个都买不起，没钱。买了半个西瓜，又回来吃吃，好了。那些本地西瓜都治痢疾的，你吃一点吧，它就都好了，不拉了，它都把肠子里（的东西）给刷下去了，不抽筋。

这里没河，村西边有，这个小沙河是挖的，这里面是刮风刮的土，这沙土吹跑了，挖点这还能存点水。我那时小啊，有七八岁吧，一刮风，俺那都是沙地，一刮风看不着人了，沙土刮起来了，地里光剩那砖头瓦块的。这个大风都吹到大西洋，1943 年那也有大风，这也有。

俺这都吃这个井里的水，以前那有井，在西边，村西，那水还比较甜，这水位都下降了，这不现在是用机子浇的么，咱这浇地用地下水咧，浇得水位下降了。在地里做活了，或是上山渴了，渴了就回来喝凉水，我喝这个冷水喝的还少，喝多了就在肚子里长虫子。

霍乱转筋是 1943 年以前的事，霍乱转筋这个事啊，我还记不清咧，那时我还小咧，在被窝里抱着。我听说这死一个，埋一个，回来了又死一个，就那么快。1943年下雨以后没有得这个病的，民国9年得这个病。1943年我听说那死的人还是不少，1943年这一年都是饿的，吃不饱，咱那会也小咧，没有见过他们死的时候。闹灾荒以前，有几十口子人吧，死人以后就七八十口子。

民国32年，日本人也来，扎的都是大寨，麦子乌营、枣园、葛寨这一趟线都是炮楼，也修道，汽车道。有大寨，离咱这三里地，西面是麦子乌营，麦就是麦子的这个麦，麦子，乌这个乌，乌鸦的乌，乌营，一个草字头，这俩口。枣园东边有炮楼，离咱这十五里地吧。麦子乌营十来里地，向西南看，能看见麦子乌营。

有日本人那会儿，也有中国人，都修的炮楼。日本人也来扫荡过，他反正是跟你要东西，要鸡蛋，送活鸡。那会儿在炮楼上也有干部，也得有支应他的，他也叫你来，来了好找人了，是吧，他光找老百姓，他得有头目，有头目给他送么。头目各村都有，那人都死了，那都忘了，都多少年了，60多年了，那会儿当这个头目，他得有30岁吧，小孩还能干那个？你看这都60多年了，那时我还是个小孩咧，十来岁，现在这都快七八十（岁）了。

日本人来俺这的还少，俺这毕竟是小村，没有杀人，俺这还没有，没有糟蹋妇女。

后葛寨村

采访时间： 2008年1月28日
采访地点： 威县固献乡后葛寨村
采 访 人： 韩晓旭　吕元军　刘文月
被采访人： 郭树春（男　82岁　属虎）

民国 32 年，我家有四五口人，父母、我妻子和一个孩子，家里三十来亩地，收成很差。

天旱，到六月才下雨，干旱的时候不下雨光刮风，六七级，刮了很多土，隔两天院子里能扫一车。田地里的土有一拃深，刮得（堆成）一个大岗子一个大岗子的。

六月下了雨，下了六七天，地下透了，房子没有倒的，我不清楚村里闹灾荒前有多

郭树春

少人，有 400 多口人。灾荒死了三分之一，都饿死的，有得病死的，下雨之后人们得肠炎，拉稀，三分之一的人是得这个病死的。拉肚子、吐、泻，没抽筋的。没医院，治不起，就喝点药。肠炎死得快，半个月就死人，多的时候，一天死两三个，没听说过有得霍乱转筋的。

人们吃井水，这西边有赵王河，就是清凉江，平时没水，下大雨之后才有水。

村里有很多逃荒的，往山东、高唐、夏津、阳谷、聊城，我没去逃荒，我家里有些陈粮。

灾荒以后闹过蚂蚱，闹了两年，下雨那年来的蚂蚱，下了卵，第二年有了小蚂蚱，小蚂蚱很多，闹了 20 多天，粮食作物都吃光了。村里没听说过有抓蚂蚱吃的，有蚂蚱的时候就有粮食了。日本人没让人们逮过蚂蚱。

日本人在这儿，住县城里，他们也到村里来，不杀人，就在村里走走，在村里抓劳工去修公路，修炮楼。郭长柱是八路，被日本人抓住充军去日本了，日本投降后就回来了。村里有十多人去当八路，都牺牲了。

日本人在前葛村烧过房子，没在这村烧，不杀人，也不抢东西，顶多抓个小鸡吃。

采访时间： 2008 年 1 月 28 日

采访地点： 威县固献乡后葛寨村

采访人： 韩晓旭　吕元军　刘文月

被采访人： 刘学江（男　79 岁　属马）

刘学江

　　民国 32 年闹灾荒，那时春天刮大风，刮来大土，压得麦子都不露头，灾荒年后再没有刮过这样的大风，风把一米多高的树都刮倒了。我和妹妹、母亲在家，二哥去当兵了，那时我才十四五岁，家里有 14 亩半地。干旱，不下雨，偶尔下点小雨，收成很差，我们这村一天死五六个，埋人的时候挖个一米多长的坑。地里收得少，日本人要，老百姓很困难。

　　夏天热的时候下了七天七夜雨，这时已经过了灾荒年。热的时候招的蚂蚱，把麦头都咬掉了，咬掉了一地，蚂蚱很多，人们在地上拾麦穗。人们在地周围挖个大约 60 厘米的坑，蚂蚱能把坑填满了。

　　灾荒年，我出去逃荒时 14 岁了，日本人还在这儿。村里逃荒的有不少，去东南方向，黄河边上的范县离这有 200 多里，我村出去了好几十口子。

　　逃荒的有百十口子，逃出去的都活了，灾荒后剩了 400 多口，灾荒前不清楚有多少人。

　　死了很多人，都是饿死的，没有病死的。都没东西吃，吃什么的都有，吃叶子，不吃枣叶、臭椿树叶，别的叶子都吃。还有枕头里面的秕子、草籽。没有跑茅子、上哕下泻、抽筋的，那时候是饿死的。

　　下七天七夜雨那年有霍乱，那年我才十一二（岁）。我母亲得过霍乱，扎针扎过来了，她霍乱转筋，不跑茅子，不上哕下泻，下雨后得的，她扎旱针活过来了。得霍乱死得快，没两天就死了，扎过来的有不少。会扎针的是这个村的郭玉学，还有郭凤祥的父亲郭树林也会扎。死的不少，活过来的也不少。我母亲得病之后，我去逃的荒，二三月去的，第二年八九月回来的。

下七天七夜雨那年，有日本人，都在前葛村，在前葛村盖了两个炮楼，东头一个，西头一个。我给日本人遛过马，（日本人）给糖吃。日本人到村里来晃悠，在前葛村烧过房子，在这村没烧过。日本人在村里经常打人，我也挨过打。

我哥 16 岁去当兵了，因为给日本人干苦工总是挨打，受不了就去当八路了。

刘河北寨

采访时间：2008 年 1 月 28 日
采访地点：威县枣园乡枣园村
采访人：李莎莎　张　艳　王　瑞
被采访人：刘桂荣（女　78 岁　属马）

我没上过学，从小命不好，我娘家在西边的刘河北寨。我 15 岁就嫁过来了，灾荒年时我还没嫁过来，灾荒年时我 13（岁）了。

民国 32 年是灾荒年，日本人要粮食，八路军也要粮食，其实那年还收点粮食，都要穷了，还有蒋那边要公粮。

民国 32 年，灾荒年，下了七天七夜的雨，八月里下的，滴滴答答地下，死了好多人，天也不晴，一天死好几个人。俺那小村，人吃不好，过麦时，麦头都叫蚂蚱给咬了，麦子快熟的时候，没有收好，男女老少都捉蚂蚱，带回家当饭吃。过秋时，也没收好，日本人也要粮食，都要穷了，庄里没吃头，光吃点菜，吃点糠，也吃不好。也是有麻烦，就得霍乱转筋了，当时水大受潮，人人都得霍乱，其他村咱不知道，反正俺村里尽得的，他们都是下雨后得的，也有下雨之前得的，反正吃不好，那十来岁的小孩，都得病了。

我没见过得霍乱转筋的，俺那时小，记不得了，光听说，不知道传染不传染。俺村饿死的不少，反正俺那小村一天抬五六个（死人），有饿死的，也有霍乱转筋死的。

马河北村

采访时间： 2008 年 1 月 28 日

采访地点： 威县固献乡马河北村

采 访 人： 宋 剑 胡 月

被采访人： 马成名（男 83 岁 属虎）

马成名

（我）没上过学，都干活，没有当过兵。

民国 32 年闹灾荒的时候，我十六七（岁）了，那年，我下河南了。一开始来蚂蚱了，飞来的蚂蚱，头秋里，民国 32 年头年吃了，第二年出来，把子下到地里，又吃了一年，连着过了两年灾荒。我不是 16（岁）就是 17（岁）了，都下河南了。逃荒去哪儿的都有，有上东北的，也有上西北的，也有上茌平的，也有上南方河南的。旱那年，（庄稼）都让蚂蚱吃了，那俺记得。

出去逃荒的人都活了，在家里的人都死了，光俺家里死了 20 多口子。俺这一个院里，俺爷爷这一辈的，我记着来回走着，来回跑，拉三趟磨，石头磨，磨粮食的，拉去河南了。

下雨，咱这不缺雨，头一年下了七天七夜。灾荒年死的多，民国 32年。灾荒年以前得的霍乱。民国 32 年都是饿的，饿死了，都饿的没粮食吃，死的那都饿得不像人了，都饿得干巴的。

民国 32 年以前也没多少人得霍乱的。俺娘得了，我还不见吗，那腿伸不开，光抽的，没跑茅子，后来都好了。得（霍乱）的时候我小，都叫扎针，姓赵的，没名，都叫小陈（音），他给治好的。

这西边有河，民国 32 年吃这井里的水，砖井，煮开了（喝）也有，喝凉的也有。

日本人来了，咋没捣乱？光给他做工咧，去葛寨做工，红桃园、梨园屯，哪也去。有炮楼，葛寨、大寨这有两栋楼，葛寨一个，方营一个，这都做过工。

那还没怎么抢过（粮食），就抢了一拨，拾掇了一拨，这不是日本人拾掇的，这皇协军拾掇的，皇协军抢的，灾荒时来的。他拾掇他不要，他叫你去送，那时我小咪。

没杀过人，那还不打人？威县的皇协军头叫何梦九。

前葛二村

采访时间：2008 年 1 月 28 日
采访地点：威县固献乡前葛二村
采访人：韩晓旭　吕元军　刘文月
被采访人：王恒兴（男　89 岁　属猴）

王恒兴

我没念过书，1943 年灾荒年，我家里有十多口人，哥哥、嫂子、兄弟、弟媳、父母、我和两个妹妹。小时候家里没多少地，做小买卖，粮食不够吃，都挨饿。1943 年，蝗虫吃光了粮食，日本人要粮食，皇协军来抢，日子没法过。

旱灾很严重，到了秋天下了十多天雨，七八月下的，家家户户都漏雨，死了很多人。闹灾荒前村里有千数人，灾荒后有七八百人。连下雨带没吃的，主要是饿的，人都死了，也有得病死的，但挨饿是主要的。也有得霍乱的，不知道有多少人。人们挨饿，再就是下雨，走不动了，就死了。有很多跑茅子的，上吐下泻。都挨饿，顾不得别人，也都不知道怎么死的。民国32年有抽筋的，不多，扎旱针来治，那时候没医没药，形势太乱，要啥没啥，主要就是没吃的，挨饿。

民国32年没淹，没发过河水，都是雨水，那时吃井水。

那时候我家往河南贩卖东西，把家里家具、柜子、箱子、衣服卖了，买点粮食吃。那时有日本人，有炮楼，要当心让日本人、皇协军抢去了，可不容易了。逃荒出去的有很多人，三四百人逃到哪的都有，关外、河南、山东，十几岁的姑娘随到那，没回来。

1943年闹过蚂蚱，大约是秋天，七八月，大的飞蝗飞来的，把庄稼都吃光了，闹得很凶，多的盖住地。人们吃母蚂蚱，里面有子。日本人让人逮蚂蚱，跟他们换粮食，粮食也是日本人剥削人民的。

日本人住在县城，在村西南角，西头都有炮楼，这村附近共有三个炮楼，住着日本人、皇协军、治安军。日本人有时也到村里转悠。

日本人来的第二年，民国32年以前，这城外还没有炮楼，日本人从这经过，八路军在这埋伏，杀了日本人，八路军退了之后，日本人在这儿放火了，烧了800多间房子。

日本人天天抓人去做劳工，什么也给日本人做，日本人在这边抓走一个到日本做劳工，叫王培海，日本投降之后，他就回来了。

采访时间：2008年1月28日
采访地点：威县固献乡前葛二村
采 访 人：韩晓旭　吕元军　刘文月
被采访人：王明芹（男　73岁　属鼠）

我一直住在前葛二村，小时候家里有五口人，25亩地。那时我上日本人开的学校，教中国教科书，叫《国语》《修身》，村里雇人上学，谁上学给谁米。我没入党。

民国 32 年不收粮食，春天干旱，有大
风，年年这村都刮大风，有很多土。

民国 32 年秋后下雨，后来招蝗虫。灾
荒闹了两年，前一年蚂蚱来了，生下卵，第
二年小蚂蚱出现了，把农作物全都吃光了。
秋天下的雨，整整七天七夜没停，按阳历可
能是 8 月，阴历估计是七月下旬，下得房倒
屋塌，房子都漏了。我跑到别人家不漏的屋
子里住，整个后街就一家没漏。中街都成河

王明芹

了，西边有河，水都往西边流，是老沙河，中街有四五尺水，屋里没积
水，都逃出去了，都是雨水成灾，没河水。

那年死人很多，前葛一、二村一共有 1103 人，灾荒后剩了 600 多口。
有死的，有逃出去的，逃到北关和山东荏平的，好几个留在那儿，没回
来。还有逃到郓城、保定的。我没去逃荒，有三四百人逃荒了。还有去河
南（逃荒）的，那比这收成好，这闹灾荒，日本人要粮食，还有老唐天天
要粮，粮食都被要光了。老唐是原来国民党一个连，后来投降日本人了。

那年总共死了 200 多口人，饿死的，天潮湿没人管。也有得病死的，
老人死的多，年轻的在地里挖野菜、草籽，活下来了，老人行动不了，找
不到吃的，死了谁也不顾了，好好的一个人很快就死了，两人一抬就埋
了。民国 9 年有霍乱转筋，民国 32 年不知道有得霍乱转筋的，得病大部
分是因为受潮湿，没听说有抽筋的。那时我才八九岁，记不太清了。

一天死多少人谁也不知道，死了叫两人一抬，就埋了。几天不见人，
一问，就说埋了好几天了。下雨的时候死得最多，没听说有上嗯下泻的，
记不清了。下雨前能逃的都出去了，动不了的就饿死了。那时候都喝井
水，不喝老沙河的水，河里干旱没水。

民国 32 年下半年，蚂蚱从东边飞来的，第二年小蚂蚱成灾了，把麦
子穗都咬下来了，里面的粒也没大有。民国 33 年蝗虫来了，一平方米有

五六个，人们拿蝗虫跟日本人换粮食，一斤粮食换一斤蝗虫，换得早的能换来，换得晚了就没有了。人们挖沟把蝗虫赶到里面，赶满了就埋了，沟有 50 厘米深。

汪精卫的部队叫治安军，炮楼里住日本人、皇协军、治安军，日本人少。黑处长管着催粮食，孬，是二把手，老唐是一把手。日本人也到村里去，组织青年成立自卫团，练操，自卫团里的人都是被逼的，不去不行，不去就来抓你劳改。炮楼挖有一圈深沟，日本人看谁不积极，就让人在沟边单腿站着，一会儿就把人踹下去。日本人在这村里烧房烧了 800 多间，因为八路军在这儿打过伏击战，打中三辆日本车，死了八九十个日本人。日本人来烧房杀人，但人都跑了，没杀多少人。

这村有被抓去日本当劳工的，抓的都不是八路，后来又放回来了，这村里就这一个。还有一个叫赵老锋的，也被抓去了，是固献村的，他没死在那，日本人投降，他回来了。这儿的炮楼都是日本人抓人去修的，日本人投降后，还在村里抓了 30 多人做皇协军，带他们向北去，很多人都半路逃跑了，被抓回来的，给新兵练靶子。

没听说日本人糟蹋妇女，皇协军糟蹋妇女。威县日本鬼子的县长叫何梦九，后来被枪毙了，就是他下令收蚂蚱。

采访时间：2008 年 1 月 28 日
采访地点：威县固献乡前葛二村
采 访 人：韩晓旭　吕元军　刘文月
被采访人：王全兴（男　83 岁　属牛）

灾荒年时我十六七（岁），民国 32 年，天旱，秋天收粮食很少，秋后蝗虫就来了，还没割谷子，蝗虫把庄稼全吃了，人们抓蚂蚱来吃。七八月来的蚂蚱，是大蚂蚱，飞蝗

王全兴

很多，闹得很凶，过了年小蚂蚱就出现了，人们逮蚂蚱装口袋里，交村里，再运到威县，不清楚运到威县去做什么。

民国32年旱了一年，种了庄稼，刮大风，刮到地里很多土，收得少，春天刮大风，在地里竖墙挡大风。七月二十八开始阴天下雨，雨下了七天七夜，下了七八天，不停地下雨，河里都有水了。沙河以前没水，下雨大了才有水，下的雨很大，水一个劲儿地往西边河里流，就是清凉江。

村里没闹灾荒前有1173口人，灾后剩了七百来口，挨饿、下雨、受潮、没粮食，有上哕下泻的，人们说是霍乱，人们饿得不行，哕、拉，就死了，死得很快，几天就死了。得霍乱的不抽筋，我没见过得霍乱的。得霍乱的人很多，不知道有多少人，都不串门，一下雨才得这个病的，也不知道是不是传染。村里有两个会治的，用旱针扎，没听说有治过来的。下雨那六七天，死人很多，一天七八个。下雨时日本人没来过村里。

民国32年逃荒的有很多人，不清楚具体有多少人，我也逃荒去了。有去河南、山西、关外的，我春天去的茌平，在那待了六七天，卖完东西就回来了。

前葛一村

采访时间： 2008年1月28日

采访地点： 威县固献乡前葛一村

采访人： 韩晓旭　吕元军　刘文月

被采访人： 王新河（男　89岁　属猴）

王新河

我是残疾军人，退伍了。1936年我在五十三军，跟着张学良。民国32年我在部队上，在野战军，没在村里。我参加过西安事变、皖南事变，日本人投降后，我回到村里的。

民国 32 年死的人多了去了，差不多都饿死了。闹灾荒，我小时候家里有七口人，父母、哥哥、三个妹妹，破烂地有 15 亩。民国 32 年，一点也没收成，大风刮得庄稼都打死了，天旱，干死了，刮大黄风。

闹过蚂蚱，把庄稼全吃了，铺天盖地。蚂蚱闹得凶得很，是飞蝗，民国 32 年闹的，飞起来盖住太阳，正暖和的时候，偶尔下点小雨，那时闹蚂蚱。

民国 32 年，很晚很晚的时候下了点雨，地里没有下透。那时村里有 1000 多口人，都得霍乱转筋，我见过得这病的。我父亲是医生，给人扎针，草药拔罐，得霍乱的特别多，我父亲不睡觉给人治病。得霍乱是因为饿的，哕泻、抽筋、拉稀跑茅子，人抽筋，抽成一点一点就死了，得这病最多不过两天，治不及就死了，死了很多人，这病传染，不清楚死了多少人。王先庆是我父亲，扎针扎虎口、胳膊肘，不出血，"扎针拔罐，病好一半"，治过来的也不少，那时候霍乱不好治。闹不清民国 32 年什么时候得的，好像是下雨以后，天还暖和的时候闹的霍乱。这里逃荒的也很多，去山东、定县等地。

那时这里有日本人、伪军、土匪、治安军。这村里有两个炮楼，住过 100 多个日本人。日本人也来村里转悠，杀人放火，来烧房子。我家西边埋伏了一部分人，打日本人，打了八辆汽车，不清楚打死多少人。

民国 32 年，没发过洪水，建国之后发过洪水，清凉江和老沙河是一个水系，清凉江水是从黄河来的，毛主席在时，不让从北边来水。

采访时间：2008 年 1 月 28 日
采访地点：威县固献乡前葛一村
采 访 人：韩晓旭　吕元军　刘文月
被采访人：王玉同（男　78 岁　属羊）

我一直住在前葛一村，民国32年闹灾荒，家里有三口人，我哥、母亲和我，有十多亩地。

王玉同

民国32年那时候两年没收成，不下雨，麦子都干地里了，旱了两年，春天刮黄风，看不见天，刮得院子里都是土。春天饿得都逃荒去了，村里没多少人了，我没去。谷子结穗时，蚂蚱来了，盖着天，第二年小蚂蚱都吃麦子。

民国32年阴历七月下了雨，下了七八天，都得霍乱转筋，雨下得大，街上水不大，零碎下。村里土房子倒了很多，房子都漏了，没有不漏的。

没闹灾之前村里有1000多人，灾后剩了三四百人。逃荒去哪的都有，茌平、山西、关外、河南，到定县的较多，不清楚有多少人逃荒去了。

得霍乱转筋的不知道死了多少人。我见过得这病的，上哕下泻、跑茅子、抽筋，下雨时得的这病。扎针治好的有不少，记不得有谁扎好了。得这病一天就死了，传染，人们换着看病人。村里有会扎针的医生王老扁，现在已经死了，一天扎很多针，扎针不出血，扎指尖、腿。得霍乱转筋的有很多人。那时候都吃井水，老沙河没水。

民国32年阴历七月闹蚂蚱，人们拿蚂蚱当饭吃，在锅里炒炒，蚂蚱多得盖严了天。

民国33年生了很多小蚂蚱，光吃麦子，闹到割麦子，麦后就少了。蚂蚱团成球，人们挖沟逮蚂蚱。日本人向村里要蚂蚱，他们也救灾，把蚂蚱埋了，不给换粮食，日本人规定村里必须把蚂蚱送到炮楼去。日本人不来村里扫荡。

沙河王村

采访时间： 2008 年 1 月 27 日

采访地点： 威县洺州镇东关村

采访人： 张文艳　李　娜　薛　伟

被采访人： 王绪之（男　78 岁　属羊）

王绪之

我是 1931 年生人，老家在固献乡的沙河王庄。

我十三四岁的时候的事情，记得一些。我们村不大，也就 100 户，生活条件很苦，那时也就三户富农、地主。那时也是种棉花为主，管理好了，一包花 100 斤。麦子秋里种的，收 100 斤多一点，超过 100 斤，一半户不够吃的。

闹灾荒这一年，1942 年，都没收好，秋天吧，闹蝗虫，头一年没收好，地上满满的，打不及，吃蝗虫，剥剥就吃了，有毒没毒反正都得吃。秋季收麦子时来的（蝗虫），从哪来的不清楚，村里闹蝗虫时间不短，过麦的时候。1943 年闹灾荒，俺村逃走的不多，俺村土地人均五六亩，现在两亩多。

主要是水利条件差，1943 年下大雨，下了七天七夜，又没吃的又没烧的，那时房都不强，高粱秸搭的房，塌了不少。村西有老沙河，往北有清凉江，存水不多，河坡里有水，那是下的雨，不是来的水，不能做饭吃。

前半年可能是旱，收成不好，没种好，秋季里一直下雨，就不行了。

霍乱病，按我们那村来说不严重，我的婶子得了霍乱转筋，抽筋，不能吃，很快就死了，钉了个棺材埋了，那是下雨以后吧。吃的困难，得这病的不多，那时是治不好，也没医生，土医生看看，治不好。（霍乱）这个名知道的早，死的很少，老沙河西，王目死的多，反正比我们村严重。方营那边有全家都逃荒的，那逃出去的人多。

方家营寨有炮楼，治安军、皇协军是一码事，日本管辖的，整个北街就一两户参加抗日了，别的都当皇协军了。何梦九是伪县长，在邢台逮住的。宪兵队是嫡系部队，宪兵队还孬，都是中国人，何梦九内部的。

日本司令部在政府那儿，伪军多，日本人少。一个炮楼住二三十个人，几里地一个（炮楼），他们都抢（老百姓）。有两个乡长，专门伺候伪军的，有两边都管的。日本人也是抢，抢老百姓的，1937 年卢沟桥事变就过来了，在解放区抢，"四二九"大合围，死了好些人。

八路军都是游击战，不很强。日本人在俺村抓了俩，一个真八路，一个普通人，都砍了。

孙河北寨

采访时间：2008 年 1 月 28 日

采访地点：威县固献乡孙河北寨

采访人：宋 剑 胡 月

被采访人：孙家勋（男 83 岁 属牛）

孙家勋

民国 32 年，灾荒年，死得人太多了，这村里的人吧，饿死的都接着埋了。也得病，那时光浮肿，身上光肿，都是饿的。也有得病死的，大多数都是饿死的，都是浮肿。

下雨，连着下了七天七夜，一天大一天小，大一阵子，小一阵子，反正昼夜不停，下雨那时候那也死人啊，下雨也没吃的也没烧的，都是饿死的多。

　　1943 年水没淹，反正是下（雨）了，也没吃的，没喝的，人都饿死了，连着七八天下雨，喝不上热水，没柴火，有点柴火都湿了，地里也没淹，它下那雨不是很大。人没吃的没喝的，光下雨，他不冷啊，人死多了。

　　有逃荒的，都逃，向南，过去黄河，那边都收了，从这往东都到茌平、博平，离这二百来里地，向西是柏乡县，离这二百来里地，那边都收了。就这么宽的（范围），东 200 里，西 200 里，这个 400 里地宽，经那八州，八州不就是天津那个八州，天津南边那不是八州地啊？都在那一块。向南到那黄河以南，南边的那么远，逃的（范围）就这么大片。

　　我没逃荒，我那时有点力气，有个好身子，推着两大缸，一缸 20 斤谷子，推两缸 40 斤谷子，推到这，卖了 240（元），赚 200 斤谷子，俺家里是五口人，没饿死。

　　头一年，高粱晒出了红米，谷子黄籽儿了，大蚂蚱就来了，蚂蚱一来，高粱穗都给咬掉地里，谷子黄籽也被咬了。

　　第一年，耩上麦子，大蚂蚱下子，将那谷子、高粱都给啃了，长这么高都啃平了。都寻思着以后还再冒，后来（蚂蚱）又啃谷子了，之后又没冒。光剩豇豆秧、绿豆秧、豆子、花，那个它不咬，光收点那个，连着两年，要不这灾荒这么厉害啊。

　　蚂蚱都往北跑，它到水里吧，咕噜一堆成一个蛋，咕噜咕噜咕噜，咕噜上岸了，它又散开了，上房的上房，上去从那边下，下去再上，都这么走，都往北走。头一年吧，（蚂蚱）都是白天来的，一来就把那太阳遮住了，太阳都看不着了，晚上它飞吧，那月亮都看不着了，一来跟云彩一样，都一块一块的。

　　民国 26 年日本人进中国的，他在这待了八年，日本来了我才 13（岁），我现在都 83（岁）了，70 年整了。到民国 32 年时，日本人已经待了六年了。

　　日本人他来了吧，咱这兵不打仗，他就没点事。日本人见了大人吧，给烟抽，小孩给你饼干子，咱这个村里一打了仗，到第一天，你瞅着人一个也没了，日本人来了，连房也给你烧了，有被刺刀刺死的。他认为你这个村坏，你好比这军队来了，一来不打他？一打日本人，他到第一天就回来报仇。咱这军队一打仗，他到第二天还来，来了他就使刺刀给你攘死。俺村里不是攘死一个？在俺村里吧，那一刺刀下去，肠子都出来了。忘记那人叫什么名了，俺这都姓孙，那会儿叫他爷爷咧。

日本人犯毛病，说话不行的人，他就把你攘死了。他就那玩意，他说话咱又不懂得，咱说话他不懂得，他来了，打了仗，反正是奸淫烧杀，他来了反正没好，进村没好。这妇女闺女，愿意咋着咋着，这最孬，来了都跑，你跑不出去，这妇女啥的随便他玩啊。

我没当过兵。上学更上不了啊，那会儿都上不起，到后来，穷人都能上了。

民国32年那会儿都是砖井，砖井那会儿有水，以后这地埋深了，没水了，砖井不管事了，这会不管事都兴打的井。那从前打井的时候还慢，以后那打十多米深的，成年打那个。后来，这都全是新设备了，这都快，三天就打一个井。那会儿不这样，那会儿打井慢啊，后来就快了，一天也能打一个井。以前，村里有甜水井，也有苦水井，苦水井洗衣裳，好水都甜水，人喝甜水。那时候热天都喝井里凉水，冬天喝热水，想喝热水可没柴烧，柴火贵，也不烧，那会儿都兴茶铺，村里有茶铺，倒壶水回来吃干饼，喝点水，那会儿人不好过。

这有河，西边那个大河，葛寨西边大桥那不是个大河吗，那会儿没水，现在这河通起来了，有水。那会儿河也是干着，没水，这是干河。老年景就是一个干河，都是几百年了没水。毛主席一过来，这个河头一挖，这南边水就过来了，以后一来水吧，这浇地都使它。到下洪水这一年，是连黄河的水也开了，连这个河也开了，这个河叫清凉江，五六十岁的人都知道。

王庄村

采访时间：2008 年 1 月 28 日
采访地点：威县固献乡王庄村
采访人：宋 剑 胡 月
被采访人：张春邦（男 83 岁 属牛）

张春邦

民国 32 年记得，咋不记得，那会儿，俺家里还是收了几布袋谷子，收了几布袋粮食，一个人一亩地里三斤，也有二斤的，有四斤的，零零碎碎都被要走了。那时都要（粮食），八路军要，（炮）楼上也要，（炮）楼上皇协军也要粮食，石军团也要。当时石军团来候贯住着，也向这里要，石军团都是中央的队伍，都是老蒋的，零零碎碎地把粮食都要走了，都没粮食了。

在家里，人在地里挖野菜，捋的树叶，都煮那个吃，那是民国 32 年。咱这灾荒可厉害了，死的人不少，都没吃的，光死当家的人，年轻的人都跑出去了。

（那年）是旱年，没井，光凭老天爷下雨，啥也没，耩不上高粱。民国 32 年大灾荒，也是耩不上地，地里不收东西，光向老百姓要东西，这个灾荒年咧。旱了两年，从耩地的时候就耩不上，是 1940 年开始旱的。

以后到秋后又下了雨了，下了七天七夜，都过了耩地（的时候）了，高粱都熟了。下雨的时候那都到 9 月里了，下雨大，那会那个房净秫秸子，都漏，各家都搭的暗屋，都在那地下睡。村里没水，地里没水，都跑坑里去了，那会啊净大坑，净大水沟，都顺沟流坑里去了。

村边没河，只是西边有个大沙河，上西走三里地，叫沙河王庄，那没水，下雨，它不是说哗哗地下，哩哩啦啦的都是光下小雨，下一阵停一阵，光下。

　　人都出去逃荒，都出去了，逃到定县，上西去的都饿死了，定县就在石家庄的定州。我没有逃荒，我一看事不好，就当兵去了，下雨以后去当的兵，下雨的时候我在村里。

　　死的人多，不单咱这，都死，这村里死得多，谁统计那，谁死了就死了，灾荒后还剩三四百人，以前有 500 多。他还不得点病啊，跑茅子、拉痢、拉稀。拉稀是什么颜色的？那谁看那个。得病死的人多，都是跑茅子拉痢，有点病就死了，咋死的也有。咱光听说，这个人埋死人去了，回来了，就不行了。这得扎针，一扎，一会儿就死了。传染，那是几几年的事？那会咱也记不清，那时咱小。下雨的时候也有得霍乱的，都不看那个，谁管谁啊，各人顾个人的，一家人都顾不过来了。

　　家里有得这个病的，俺父亲，那会没医生，扎旱针不顶事，扎了不流血，扎不过来，下雨的时候，下七天七夜雨的时候。父亲叫张立本。我姐姐也是，出嫁了，有家，在咱家得的，上人家走，梨园屯，一走走到那，又抽了一回，挺快。那会那穷人，没这个名，都是叫小玲，父亲死时 42（岁），姐姐 25（岁）了，父亲没什么症状就死了。

　　这都打井，砖井，有柴火的都是烧开水喝，没柴火的都是喝凉水。下雨的时候一样啊，他没柴火烧，就喝点凉水，吃点干的高粱窝窝。

　　日本人啊，在咱这个街上过，一出太阳啊，偏西都回来，送粮食。咱这没打仗，（日本人）没做坏事，没有打人杀人。村里人都跑了，都跑到远处村里去了，都跑了，没人了，谁在家等啊?! 闹蝗虫的时候我没在家，那都当着兵咧，当着八路军。下七天七夜雨那会儿，蝗虫是下雨以后，来蝗虫的时候麦子都熟了，都快熟了，都咬掉麦子头了，麦头都在地里。

采访时间：2008 年 1 月 28 日
采访地点：威县固献乡王庄村
采访人：宋　剑　胡　月
被采访人：张殿邦（男　80 岁　属龙）

1943 年灾荒年那会儿，我逃荒出去了，差不多都记得。旱，都旱得地里遭蚂蚱，蚂蚱都地下一层，乱飞。民国 32 年，七月那时候来的，割谷子那时候，我是遭蚂蚱以后才逃荒走的。旱了一年没下雨，从西北来的蚂蚱，来老些蚂蚱，多得都盖了天了，都落在这了，第一年又出些小蚂蚱，小蚂蚱，它会吃草啊，都走了，上东南走了都。

张殿邦

民国 32 年还是三几年那时候，下了七天七夜雨，房塌屋漏，人人没吃的没烧的，那人都饿的，人都瘦的不得了，都得浮肿，得浮肿都死了。吃得不好得浮肿，身上肿，脸也肿，肿肿都死了。不知道有没有上啰下泻。霍乱转筋还在前，记不清，霍乱转筋我那还不记得咧，下大雨那会没了。霍乱转筋，那筋往外头揪啊，都成这样了，腿也松，脚丫子也松，手也松，都抽成一堆了。我没见过，光听人说，都聚一堆了。没药，扎针扎旱针，有扎好的。我没得过那（霍乱），我还在家那，不记得。拉肚子的人不少，死了不少，不知道原来有多少人，反正剩下三百来口。

这边有水，喝井水，烧开了喝，在地里做活不能烧凉水，在家里喝热水，光打水，去晚了就没了。砖井，水没多深。西边有个清凉江。

日本人来了光发火啊，光烧啊，来了抬一堆就烧，都点火了，东西拢一堆就烧，他烤火。我见过（日本人），那一个小庙，俺在这玩，那日本人从西边走，四路行军，那时候我十二三（岁）了，他们往东走，扔饼干给小孩吃，一扔吧都来抢。我吃了，都吃了，小孩都抢，好吃啊，咱这没饼干，吃不上。

日本人咋没干坏事啊，把人、柴火都烧了，抢东西，落下的东西随便抢，他愿意上哪去就上哪去，不让关门，关了他给你弄开。日本人的马都在街上，谷子都叫马吃，挖粮食叫马吃，见了粮食就抢走了。什么时间我说不上来，十月里来的，那时我 13（岁）了，住村里。在地里也住人，都在大街上住着，那时候还暖和了，盖炮楼那是以后的事了。（日本人）没在咱村杀过人。日本人看见你，说过来就过来，杀人倒没杀人。

有地下党、八路军，不明显，光晚上出来，在葛寨那儿打过日本人。日本修汽车道，向各村要人，八路军刨个窑子，在这藏着，冲着日本人，日本人都来了，日本人都在汽车上，（八路军）吹了一个攻击号，一下子打死好几个日本人，把日本人汽车给烧了，过了两天，日本人也不敢来，不知道八路军有多少，光往这放炮，第二天都来了，八路军那时早走了。那会儿还没修炮楼，我才十四五（岁）。

采访时间：2008 年 1 月 28 日
采访地点：威县固献乡王庄村
采访人：宋 剑 胡 月
被采访人：张立海（男 73 岁 属猪）

张立海

灾荒年，（老百姓）挨饿，往这逃往那逃，都出去要饭了。要不着，给人打工去，打工也不行，那会儿也挣不着钱。都逃荒，去东边茌平、博平，这边灾荒厉害，可不是，往北出去，距这三百来里地，那里就好过了，都到那里要饭去。旱了好几年，一年就把人旱趴下了。

那时候死人要有人抬啊，没人抬，都撂那，埋了。死的人不少，饿死的，不是得病死的，都是饿死的，都没啥吃。有得病死的，那谁知道得什么病啊，都饿的，头一天还在家躺着，过一天就死了，都饿的。有转筋的，腿肚子转筋，我没有见过转筋的人。

得转筋的人也不少，咱摸不清咋回事，那传染不传染咱也摸不着，那会儿都饿得那劲，那都不知道，我没有得过这个病。那灾荒年谁给他扎针啊？没有，医生少，村里没有医生，治也来不及。跑茅子摸不清，那会腿肚子一转筋，就不行。谁管那个？没人管。

这里有河，离这还有三里地咧，在西边，正西有一个，俺这叫大沙河，没水，那会干河。有井咧，喝井里的水，你有柴火你就煮，没柴火你就喝凉水。下七天七夜雨时，那也有喝开水的，有喝凉水的。

来过蚂蚱，蚂蚱来了吃粮食了。那蚂蚱，还能不多吗，俺这都光吃蚂蚱了，逮蚂蚱吃，那是第二年，头一年蚂蚱来了都盖了天，逮蚂蚱都炒炒吃，没油，都干剥吃。又一年是那小蚂蚱，大蚂蚱走了，光剩小蚂蚱了，什么时候来的摸不着，谁记得那。

日本人来过是来过，哪家子咱闹不清，日本人有没有做什么坏事，那咱摸不着。

赵庄村

采访时间：2008 年 1 月 28 日

采访地点：威县乡赵庄村

采访人：牟剑锋　张　茜　刘　群

被采访人：吴付坤（男　83 岁　属虎）

吴付坤

提那个年代，俺过的还有法说？我逃荒要饭去了，没在家，没吃的，光饿着。19（岁）的时候去南边荏平逃荒。

民国 32 年我在家，没吃的，没喝的，没下雨。有炮楼，来抢东西，光给闹哄，弄得没点啥。俺村一天死了七八口子，都是饿死的，都光着身子埋下去的，连席子都没裹。

人都是饿死的，有霍乱转筋，死的也不算少，都得那病，跟抽风似的，没见人哕，都没人了。整个（村）都逃荒去，死的剩了 81 口，之前有 200 多口子，死了 100 多口。年轻的都逃了，老的出不去，都逃到茌平、博平，这里去的多。

民国 32 年不下雨，又没浇，都不收嘛，没下过大雨。爹、奶奶都得这病，霍乱转筋死的，那时连一个医生都没有，看病的人都没有，有个扎针的也不管事儿，光等着死，有钱也没地方看去，难，真难！那时候吃井水，没喝过开水，喝凉水。

民国 33 年也是不行，反正也好受点儿了，虫子、蚂蚱多，推个小车打去，都上村里打去，虫子、蚂蚱多了，都盖天了。

民国 33 年日本人来，我到炮楼上给他们做活去，咱这皇协军卖国的多，日本人还不咋的，就皇协军（坏）。

抓劳工，抓到关外去了，上东北了，到啥府，俺哥也被抓去了。何梦九他孬。

没见过穿白大褂的日本人。

贺 营 乡

北台吉村

采访时间: 2008 年 1 月 24 日

采访地点: 威县贺营乡北台吉村

采 访 人: 齐一放　苏国龙　蒋丹红

被采访人: 薛子科（男　90 岁　属马）

薛子科

我上过几年小学,小学毕业,我在县里干过,见过日本人。我是地下党,民国 32 年没敢在家,在陈庄,(上级)调哪儿就往哪去。

灾荒年咋不记得呢? 民国 32 年,民国 33 年,地里没遭雨,饿死好多人。没有粮食光吃菜。逃荒的人很多,有往南、往北、往西的,我没逃,我还在村里。

到六月才下雨,雨下得很大,坑都埋了,雨下了六七天,淹了,平地(水)有两尺多高。下雨后有得病的,有饿死的,饿死的多,有得湿气病的。湿气就是霍乱,抽筋、跑茅子、哕,那病传染。村里 1000 多人,谁都不管谁,死了都没人埋。我爷爷、奶奶、弟弟都饿死的,没得吃,没钱看病,也看不起,死了都没人埋。很少有扎针的,得病的都死了,没活下来的,不到一个钟头,说不行就不行了。下雨以后得的霍乱,说不清怎么死的,还是饿死的多,大部分都是饿死的,得霍乱都得死。

得病时日本人不管我们，死了都不管。

当时我 26 岁，日本人打击得很厉害，来一趟找我一趟，日本人抓人，抓共产党，杀人，光俺村里就杀了十多个。村里没日本人，都在城里住着，村里有炮楼，在西南方向，香花营、葫芦、贺钊有炮楼，皇协军给日本人当汉奸，光抢东西，打人。土匪头赵大山子、刘一、焦奎一，抢东西。

民国 33 年生蚂蚱，那一地蚂蚱，那年庄稼收得不赖。

卫河在那边，漳河发过大水，哪年说不准，1963 年以前的说不准。

东徐村

采访时间：2008 年 1 月 24 日
采访地点：咸县贺营乡东徐村
采访人：李秀红　范庆江　耿　艳
被采访人：刘记成（男　82 岁　属兔）

刘记成

我叫刘记成，80（岁）了，属龙，从小住这村，没有离开过。这以前是西古寨，后来是大宁乡，到后来又合并成贺营了。

民国 32 年我也出去了，没出去那么远，俺娘俩逃往北边的南宫，村里这么大，也不见个人。在家里动弹不得，那有啥症状，他家里没人，一去他家，人已经死屋里了。不能说一家子都死了，家里贫穷，跑不出去，就死了。逃荒以后，人就不多了。我记不清了，这都过去 70 年了，不记得了。

逃的时候有日本人，都穿呢子大衣、大皮靴，跟电影上一样，不打小孩，小孩愿怎么治怎么治，逮青壮年，青壮年也不轻易给他碰头。后来，他是抓八路军、共产党。有的抓到日本国做活去了，到后来，解放后才回来，没被杀，在他国给他做工，日本投降了，不再打了。那些人现在都没了，都死了，比我还大。在日本干什么没听说，我也没问过。

那会儿有地下党，也不敢露面，有游击队员，没和日本人打过。土匪也有。到后来，宋哲元的二十九军有共产党，也听老蒋指挥，不听他命令。日本人进中国，卢沟桥事变，老蒋非把他调回来，不听命令也不行。他这一回来，30多里地，日本飞机，炸弹一个劲地扔，日本人扔炸弹，离俺这二三十里地，那时候还没过灾荒年。宋哲元媳妇是日本人。

民国32年八月下了雨，没有洪水，瘟疫、抽筋没听说，抽筋还早。霍乱没有，俺这一片没有，没得过那种的。听老人说的，得霍乱才转筋，灾前咱都不记得。那时候听说能救，不叫出村，传染，救得及时，那就活了，俺不知道，听老人说的，医生不叫出村，都说霍乱转筋，老人就这么叫。咱这说的艾滋病，咱也没见过。

民国32年以后，有没有瘟疫，我记不很清楚。不到一年，我回村里，家里还剩一两个，那时还稍微有点吃的。死人都埋了，村里都处理，谁家死人谁家处理，咱给人家干粮，给咱埋了，几个人抬出去。

灾荒年有蝗灾，有蚂蚱，那都秋天了，过蚂蚱，春天出来，耩几亩谷子，听见喇喇的，蚂蚱过去，几亩谷子就没了。到后来吃蚂蚱，带着一布袋子，在锅里炒，吃了没事，喝点热水，那虫子厉害。

采访时间：2008年1月24日
采访地点：威县贺营乡东徐村
采 访 人：李秀红　范庆江　耿　艳
被采访人：刘子生（男　84岁　属鼠）

我84（岁），属鼠，过年85（岁），从小到大，一生下来就这个院，死也这个院，也不叫走。

刘子生

民国 32 年，种啥啥不收，七月初五，立秋以后下雨，这忘不了，下了好几天，到八月里，连下七天，到地里薅小草，吃那过来的。头先是大旱，咱这没井，靠天吃饭，下雨就能种地。头年起，没见上麦子，那时候，没什么吃，没河没井，咱用小舀子舀水喝。土井是自己挖的。

饿死人，俺后街死了 70 多口子，刚开始死了一半。过了灾荒年以后，我回来，我俩兄弟都在外边，在山西洪洞，逃荒的人有朝山东去的，有到石家庄去的。数我跑得远，我在那过了年回来的，十一月逃出去的，卖了几亩地，30 斤米换一亩地，解放以后又都回来了。

那时候谁知道（粮食）给谁了，日本人也要粮食。皇协军来了，枪口都那么粗，打我腿。抓青壮年、老人、干部家属，有杀的有不杀的，村里掏钱赎回来了，有当兵的，有被祸害死的。

得病，霍乱转筋，这个院死了，那个院死了，没人抬，一晃死了他俩。姓刘，东院的，刘举氏，女的，顶多 50 来岁。没吃没喝，有病没地看。病人我见过，什么样那记不清了，什么时候得的不知道，没有吃的，没医生，在家里得的病。家里好几个人得了，死了没人抬，老衷的媳妇，40（岁）左右，饿死的。再大以后，我就没在家，逃山西去了。民国 32 年，出去，死外边的人多，我弟现在还都在山西，给人家了。

饿是主要原因，下了七天雨，没得吃，光吃菜。那时候传不传染，不懂，挖坑都没人挖，饿得没劲。听老人说，民国 9 年还多，那真正霍乱转筋，一家死了七口子。民国 32 年我 20（岁），没见过，都饿的。那时候也不说得啥病，说人死了，衣服扒了自己穿了。咱也不清楚，都说饿死的，没啥吃，没人说霍乱，死了找两个人一抬，挖这么深一个坑，埋那，也没人哭。

闹蚂蚱的时候我在山西，民国 33 年割麦的时候闹过，民国 32 年，我没在家。

这没河没井，都吃小土井，天旱，井里水一点点，黑天白夜都有人提。

东中营村

采访时间： 2008 年 1 月 24 日

采访地点： 威县贺营乡东中营村

采 访 人： 齐一放　苏国龙　蒋丹红

被采访人： 李方刚（男　80 岁　属蛇）

李方刚

　　我十五六岁时，来了日本人，我见过他们。他们压迫百姓，抓人、杀人。一次次地来，成天来。我给日本人干过活，做工，修公路，修铁路，修炮楼。附近香花营有炮楼。有皇协军，来了就抢东西，逮谁就打，不怎么见土匪。

　　民国 32 年灾荒年，那时我 14 岁，逃荒的不少，我也逃荒去了，我是民国 31 年腊月间逃荒的，回来时 16 岁了，待了一年多，逃荒到了宣化府，在北京西北角，往南逃的也有。

　　那时吃草籽，要饭，庄稼没收，种的谷子、高粱。好几年后才有蝗虫，那时我 18（岁）了。听说没下雨，只有大旱。

　　我记得有人得霍乱死的，我没见过，扎针，腿上放血，听说死了十几个。发大水是以后，1963 年。

采访时间： 2008 年 1 月 24 日

采访地点： 威县贺营乡东中营村

采 访 人： 齐一放　苏国龙　蒋丹红

被采访人： 刘玉芳（女　85 岁　属猪）

我见过日本鬼子，不敢在家。

灾荒年，苦得不得了。灾荒年时多大，我忘记了。那年有霍乱转筋，张增山妻子得这病死了，我没见，听人说的，抽筋，光抽，疼，不知道怎么得的。

我 15（岁）结的婚。灾荒年后，下大雨了，下了好几天，水坝和石头都被冲走了，我没出动，不知道有多深。

刘玉芳

采访时间：2008 年 1 月 24 日

采访地点：威县贺营乡东中营村

采 访 人：齐一放　苏国龙　蒋丹红

被采访人：张富贵（男　76 岁　属猴）

我十三四岁时来了日本人，在村里见过，民国 32 年见过，他们来抢猪，抓小鸡，烧着吃，不吃村里的东西。皇协军打人，都是汉奸，把农家的东西拿走。有不少皇协军，只有 20 多个日本人，都在县城，下村的不多。

张富贵

我给日本人做过工，挖大沟，在炮楼旁边挖大沟，（日本人）怕共产党抓他们。共产党来的时候都带着锄头，扮成老百姓，把武器放里面。我父亲是共产党，共产党经常上我家。

我一直在村子里，日本人啥也不发，就发给地主，把地主张增喜的棉花都抬走了。这个村地势不算高，那时日本人在这，真是没法过。民国 32 年，日本人要平村，用大炮，炮楼离这五里地，在香花营。

民国 32 年灾荒年，有土匪，人都出去了，庄稼没收成，吃菜、吃糠。逃荒的人往石家庄去，逃的人不少，一个村几百人，我们村子里一共六百来人。逃荒的人一两年后来就回来了。

第二年有蝗虫，庄稼都被吃完了。民国33年才下雨，那年我13（岁）了，下雨以后才种庄稼，种的高粱，不记得下了多久，反正种上地了。雨下得不算小，地没涝。

我没听说过卫河，附近没河，后来发的洪水是在1953年、1963年、1973年。

那时别人都说是有霍乱，一早就死了三人，我没见过，不知道这病传不传人，听说放放血，扎针。得病的人几天就死了，吃不饱，也没听说怎么得病的，日本人不管。

范家营村

采访时间：2008 年 1 月 24 日
采访地点：威县贺营乡范家营村
采访人：李莎莎　张　艳　王　瑞
被采访人：范敬恒（男　81 岁　属龙）

我上过小学，八九岁上的，上了三年。日本人在这儿时我八九岁，见过日本人。日本人逮共产党，见过他们打人，日本人真的打党员，其中有个叫范书文的，没被打死，打瘫了，在村子东面。

灾荒年是民国33年，没井，天旱，不收，民国32年就不行了，33年就毁了。逃荒的北到无极县，向西到平乡。村里一天死七八个人，饿死的，当时有500多口子人，天天死人，有时死三四个，有时死四五个，那时我10岁了。

民国32年种谷子了，七八月下的雨，有谷子时撑死了很多人。有得霍乱转筋的，我姥娘得了，一晚上就死了。有个叫林欢的被扎活了，去年才死的，拧筋，有人用旱针给扎出了点血就活了，他属羊的。不知道这病传染不，下雨后时间不长就得的这病，没听说过哕，只有抽筋。得病扎针当天就好了，当时人在家待着就得这病，不知道有没有其他人得过，饿死的人很多。

民国灾荒年后不几天就有蚂蚱了，蚂蚱多呀，把太阳都给遮住了，没听说有吃蚂蚱的。见过有人转筋，只知道转筋。

灾荒年没发过大水，1956 年从南面阜阳河来的水。

日本人住在北面村里炮楼里，也住在威县，给小孩子发过糖，吃了没事，没发过别的东西，没见过抓小孩。皇协军逮共产党，孬，宪兵队是共产党对头，我父亲是党员，被日本人抓去，被打过，不承认是共产党，又被放了回来了。

我 1947 年参军的，参加过淮海战役、曹州战役，分属华东第二纵队，打仗后回来的，我在行军途中掉队，就回家了。日本人在这时，咱这有八路军游击队，1946 年八路才过来的。

采访时间： 2008 年 1 月 24 日
采访地点： 威县贺营乡范家营村
采 访 人： 李莎莎 张 艳 王 瑞
被采访人： 范居三（男 74 岁 属狗）

我小时上过六七年小学。七八岁时见过日本人，日本人他来俺村里了。咱说皇协军，皇协军孬，宪兵队最孬了，他们穿便衣，宪兵队还逮过俺爹，他们都骑自行车，日本人来了他们就不怎么吭声。他们抓人帮他们干活，叫人在高楼旁挖沟。在贺钊乡有炮楼，我在贺钊乡挖过沟，当时按地分工，我还去陈庄挖沟，很累，他们还打过我。

民国 31 年日本兵来抓过人，俺爷爷被抓去过，村里人用地卖钱来赎人。日本兵没杀过人，被抓去的有的还被整日本国去了，后来在那打工，后来日本人投降回来了。当时村里也没土匪，日本人住威县，少数住在贺庄。

当时村东北角有个坑，日本人来时把人都往坑里轰，开会，听说当时日本人来时扔过（炭疽病毒）。

灾荒年是民国 31 年、民国 32 年，当时庄稼不收，民国 31 年地里没收也没种，旱，民国 32 年见点收成，种棒子在雨后，下雨下得很晚，只能种棒子。

得转筋病，又吐又抽筋，拉肚子，说起那病，一天能死几个人，埋好几个，不记得传染不传染，没有一家人都死的。光民国 32 年那一年，俺村死了不是 32 人就是 24 人，都是得这个病死的，俺家里没人得，不知道玩伴有死的么。没有看医生，也没有看好的，不记得霍乱转筋有治好的。当时村里有三百来口子，饿死了很多人。

当时俺村里逃荒的人不是很多，有的现在还没回来，他们逃到北京郊区、山东这些地方。

我用包袱包的竹竿来轰蚂蚱，但不记得当时多大了。

听说过卫河，没有去过，听说过决堤。咱这没河，没发过大水。

后高庄

采访时间：2008 年 1 月 24 日
采访地点：威县贺营乡后高庄
采访人：李秀红　范庆江　耿　艳
被采访人：魏成洲（男　73 岁　属猪）

这一直属于贺营乡，民国 32 年，灾荒真可怜，人吃人，可不是。

传染病没记得，民国 32 年有抽筋，我又不识字，听人说的，抽筋死了，埋在后

魏成洲

边，叫什么，我不知道。

有蚂蚱，一堆一堆的。

那年下大雨，咱村没有一间屋不漏的，以后不记得了。

采访时间：2008 年 1 月 24 日

采访地点：威县贺营乡后高庄

采 访 人：李秀红　范庆江　耿　艳

被采访人：魏立书（男　80 岁　属蛇）

魏立书

我属小龙，贺营乡后高庄从前是大宁乡，到西北角，这才（合）并的。

民国 32 年饿死了 200 多口子，那时候咱村有 280 口，这个村剩了八十来人，不见人了，没人埋。我逃荒到山东，距这儿二百来里地，高唐，清河县也待过，离俺家二百五十来里地，跑远了。俺家一个大爷那年死了，俺仨把俺大爷埋的，那时候我才 15（岁）。死了没人埋，没人哭，我小，五天没吃东西，都不给。死了很多，都饿死了，在地上爬着走，爬两天就死了。吃杂树皮、青草、枯草，那也得吃，灾荒属那年厉害。

民国 9 年也闹灾荒，那年没死咋些人，听俺父亲说过耶稣教，给多少多少粮食，外国人，给多少粮食，推角车去推，一趟推百十斤。人不信，咱这村没人信，有信的，这人都没了。

民国 32 年，六七月下雨，那水都有六七尺深，水到东北角，人走到村东北，到东边地里才出村。咱这没河，下了八天八夜，屋里都有那么深的水，膝盖以下。那年没发洪水，就是天上下的雨，外边没来水，饿死的多了。七月初五下的雨，七月二十才种上地，下霜了，啥也不能种，啥也没收，种了点小菜，到后来，收了点，荞麦收了，百十斤，孬的几十斤，到后来光吃小菜叶。

有那霍乱抽筋，俺娘就这病死的，手哆嗦，不管事，浑身往下抽，俺母亲死时我没在家，在俺姨家住，西边离这十来里地，那里还见点粮食。俺娘死了，村里去人，叫我回来，抽筋死的。我妈那时候30来岁，得了没多长时间，不到一个月，十天二十天的事，她没出去过，逃灾荒也没逃出去。她那时候没名，姓赵，那时候妇女都没名。民国32年母亲闹灾荒死的，那时候我也小，没见过她跑茅子，抓药，中药，咱不知道从哪抓的药，喝了药也没管用，没见过她哕，扎针我不知道。我做工去了，伺候日本人，我那时才十几（岁），那时候可受气了。这病不传染，都叫抽筋，一抽筋，手指头使劲掰也掰不开，最不利索，没见治好的。

日本鬼子在那边，离这七八里地，挖沟，不叫八路过，要人，那时候前后高庄一个村。那时候，咱啥也不知道，我十四五（岁），日本鬼子来，抢东西，打鸡蛋，找小鸡，也不跟人说话，不跟小孩说话。日本人还不是很孬，皇协军孬。日本人不抓人，他跟村里要，十亩地出一个工，和村里要工。

采访时间： 2008 年 1 月 24 日
采访地点： 威县贺营乡后高庄
采访人： 李秀红　范庆江　耿　艳
被采访人： 魏照林（男　71 岁　属鼠）

民国31年、民国32年大旱，连旱两年，八月十五，头天没下，一下下了十来天，没淹死人，光下雨，没得吃。有逃荒的，向北去，向西去的，下落不明的。

夏天，霍乱转筋，特别快，急性的，扎到针就活了，晚了就死了。这个病有，不光俺村，都抽筋，咳，喝水，手光抽，伸不开。霍乱是发生在下雨前后，扎针，扎大动脉，黑血，特别臭，扎早的就活了。扎针，咱是不看，听老人说的，那时我才五岁，用三棱针。口渴，一上午工夫就死了，扎早就扎过来，扎针的少，刘老尊会扎针，早不在了，扎针都扎好了。请他的人，跪一屋，传不传染咱不知道，得那病的人不少。那年主要是饿，再就是霍乱抽筋死得多，俺村400多口，只剩八十来口。拉肚子那是肠炎病，拉肚子也有，少。

日本人不干好事，来回转，老百姓要打"欢迎日本人"的牌子，日本人走了，八路来了，再把牌子反过来写上"欢迎八路"。白天日本人，天黑八路，不欢迎八路军也不行。日本人都穿军装，戴钢盔，不穿白大褂，光抓小鸡。村里有八路，来八路也不能说，说了跟你算账。日本人不管死多少人，还管你要粮食。那会儿日子不好过，白天日本军修公路，弄电线杆，晚上八路军给撅了。

潘 村

采访时间： 2008年1月24日

采访地点： 威县贺营乡潘村

采访人： 李 琳 孔 昕 滕翠娟

被采访人： 付怀绪（男 82岁 属蛇）

付怀绪

上小学上到二年级，日本（人）就来了，我从小在这个村住着，不是党员。

民国32年是寸草没收，头年种的小麦，没粒，光那个秕子。旱了一冬一春，冬天没雪，春天没雨。肚里没食，都吃榆树。到六月里下的雨，那雨下得大，下了七天七夜，没淹。种的荞麦、蔓菁收了，也不是什么都没收，那能吃饱了？下了七天雨以后不是有草吗？还砍那个草，吃草籽。

农历六月下的雨，下了雨（坑里）就满了，坑里水都往井里渗，霍乱可能是过分潮湿造成的。下了七天七夜，那屋里漏啊，现在这房下多长时间也不漏，那会下两天就漏得不行，每家屋里都漏，雨下得不是很紧，就是黑家白天一个劲下。

下过雨之后有霍乱，死得人可多了，医生医术也不行，光凭旱针，扎过来就扎过来，扎不过来就死了。扎胳膊，放血，一扎出那个黑血。我没得过，他一得这个病啊，脸也抽，手也抽，浑身的筋都抽，血脂里边都有毒，上哕下泻，上边吐，下边跑稀。死得快得很，两个钟头就交代了。有治好的，扎腿弯，胳膊弯，使那个旱针一扎，放出来血就好了。老人得的多，传染，很厉害，死了人都不敢埋去。

当时喝水钻井。民国 32 年不是灾荒年吗？井里没水，去晚了就没水了，村里老些井来，土井，从浑水里撇点喝，浇地没井。

有逃荒的，没有往这里跑的，有往山东的，有往山西的。

过了年来一次蝗虫，那是哪一年我记不清了，屋里院里都是，蝗虫可厉害了，都害怕，闹霍乱以后闹的蝗虫。

我还没见过日本人？那会儿天天给日本人挖沟，修碉堡，当苦力，可不容易，一看到你歇着就得挨打。从威县往南修了一条公路，沿着公路五里一个碉堡；公路以西是他的爱护村，公路以东就是咱的地盘。公路修好以后，挨着公路东半边有好深好大的一条沟，工作人员就在东边苏村一带，咱的根据地就在公路以东。敌人要是往河东去，他得集中兵力，到那边去扫荡。咱这个河西，他要粮，咱给他粮，他要财，咱给他财，他要工，咱给他工，所以说他叫爱护村。他到河东去就属于扫荡，烧杀抢掠，到村里连抢带砸，从东边抢了东西拉到西边来。

何梦九，是威县伪县长，给日本当汉奸，给日本干事，掌握兵权。皇协军孬得很，他也住碉堡上，一个碉堡是一个班的兵力。日本人在威县县城住着一部分，贺钊镇住着一部分，他兵力不够，要不怎么利用皇协军？

采访时间: 2008 年 1 月 24 日

采访地点: 威县贺营乡潘村

采访人: 李 琳 孔 昕 滕翠娟

被采访人: 刘东洲（男 79 岁 属马）

刘东洲

我没上过学，一直住这个村。我没入党，没当过八路。

民国 32 年下雨之前这里有旱灾，民国 31 年没饭吃，没收粮食。那年没上过水，后来是一九五几年上过，立秋以后下的雨。

当年日子不好过，俺奶奶、爷爷、父亲、哥哥、兄弟、侄女都那年饿死的，又病又饿，抽筋，霍乱转筋，哕，跑茅子。那可不死得快！这个人得病了赶紧找大夫，一个人都不敢去，得叫个伴。这病能治好了，怎么治说不上来了，那会我小，我没得过，当时我十三四（岁）。下雨以后得的病，下了七天七夜，街里没水，坑里水都满了。

那会日本人在这里，你看，八路、日本、石军都要公粮，八路是晚上要，他也得吃喝，咱都得给。石军是老蒋的兵，他也要粮食。日本和皇协军也要，要就给他们。那会国民党的兵，到这村里要，他们里边有个人是这个村的，说："你就不会想法啊？"他敛不起来粮食了，着急："你没枕头啊？拆两个枕头！"枕头里面净秕子，倒两个袋子里，算交代了。

有逃荒的，民国 32 年前村里有 800 多口，过了民国 32 年还剩 400 多人，连死的带逃的有一半。逃荒有往山西的，有往山东的，那里有吃的，有的把孩子卖那里。家里没人了，我哥哥没在家，大哥和嫂子去山西逃荒了，后来光我嫂子回来了。我父亲和我二哥都死了，我二哥是饿死的，出门赶集去，回来没走到家，就死了，他吃多了，把胃撑毁了就死了，硬撑死的，吃的死面饼，吃多了。

我没见过日本人？日本人抓壮丁，挖楼圈，我还挨过打，那是在贺钊，上那里做工去，修炮楼，那时候我有十五六（岁），按地亩出人。有抓走的，抓走老些，回来两个，现在都死了，有个叫刘寿礼。

闹蚂蚱咋不知道啊？哪一年说不上来了，大概是民国 33 年，我 15（岁）了，闹霍乱以后第二年闹的蚂蚱。都没法说，人看见了都害怕，高粱都这么高了，吃过去就没了，五天又长出来了。蚂蚱都往北跑，到沙营以北打了个旋，又拐回来了。有吃蚂蚱的，把头一揪，用煎饼一卷就吃，吃得胸口大片发红，医生就说别吃那，那个有毒。

祁王庄村

采访时间： 2008 年 1 月 24 日
采访地点： 威县贺营乡祁王庄村
采访人： 李 琳 滕翠娟 孔 昕
被采访人： 王化平（男 85 岁 属鼠）

王化平

我没上过学，那时候没这些小学，国家不管这一套，吃饭都吃不上。

日本（人）一进中国，老百姓这里跑那里跑，路上乱哄哄的，没人管上学那回事了。都往南跑，日本人没来到光听见大炮呼噜噜，呼噜噜，日本来了，那一溜溜兵，咱中国的，上南走。

灾荒年，民国 32 年的时候，日本人还在这儿嘞。那年旱，种不上庄稼，七月初五下的透雨，光种上了荞麦、蔓菁，就有钱的能种那，没钱的连那也种不上，吃不上饭。

老天爷没下雨，种不上，七月初五下的透雨，从七月初五以后，接连地下，下多长时间就不知道了。没河水，那会儿没河，东边那个东风渠是民国 32 年以后挖的，没见过河水决堤的事。西边有河水浇地，能种上庄稼，有饭吃，咱这就往人家那逃，西边平乡这一带的。

民国 32 年死的人多了，大部分都饿死的，饿得走不动，不知道啥病就死了。得什么病？说不准有什么病，那时候不知道是啥病。一个是没啥吃，就死了，谁说什么病，没人说。拉肚子，跑茅子，都是那会儿。我那会儿也拉肚子，年轻，后来就好了。没哕，光肚里难受，拉肚子，后来好了。没记得怎么看，没抽筋，得那病的有的是。那会大夫很少，国民党不管这一套。先前拉肚子都是喝点偏方，没扎针。闹过蚂蚱，民国 33年，遍地都是，起咱这一片，从南边往北蹦，那苇子一伙给吃平了。民国 33 年春天的时候，就在东南这一片里。民国 32 年飞过一层蚂蚱，落到东南角，第二年春天出来这么些小蚂蚱，出来往北蹦，把北边那苇子一伙吃光了，吃光就飞了。闹蚂蚱的时候还早，吃完以后又种了别的庄稼，没挨饿。

我见日本人见得少，那时候小，才十来岁，成天给日本做工的见得多。头年十月日本人来的，第二年春天八路从南边就过来了。日本人是民国 32 年以前来的，都在城里住，也到村里来，一来人被吓跑了，干点什么事也不知道。

日本人不抢东西，皇协军抢，没见杀人。让人修炮楼，跟村里要人，他不去祸害一个村，白天给日本人修路，晚上八路来了再给他挖掉。没见过穿白大褂的日本人，没查过体。

我小时候听老人说那一年咱中国的事。这都不兴坐朝廷了，那时候坐朝廷，坐一季攒足了银子，按地亩要钱，谁种地谁拿钱，你坐一辈子朝廷看你攒多少银子，攒的那银子都让外国人抢走了，那还早，听老人这么聊。

采访时间： 2008 年 1 月 24 日

采访地点： 威县贺营乡祁王庄村

采访人： 李 琳 孔 昕 滕翠娟

被采访人： 王金相（男 80 岁 属蛇）

我从小就在这个村里住，这村以前也属威县。我上了两年学，从隆尧回来以后，我饿得不行就去山东要饭去了。跟人家给地主干活，那还小，十四五（岁），给人家割草。

王金相

民国31年，麦子就没种上，旱，没下雨。民国32年秋没种上，到七月十九才下的雨，下得不小，下了七天。种的是荞麦，胡萝卜，蔓菁，晚了，种粮食不长了，就种点小菜。

下雨以后死的人不少，原先，民国32年这个村是400人，连死的带逃的有190人，剩了210人。都逃荒，到北京石景山、河北省隆尧县。我逃到隆尧了，在那得的病，霍乱。我那时15（岁）啦，按阴历说是八月得的，就是下雨那一阵，下雨以前还是以后，大半是以前。

我母亲在那得霍乱，死在那了，得霍乱以后赶紧扎旱针，扎不过来就死了，我母亲也扎了，那医生忙得不行，全是得霍乱的人，扎不及。我到医生跟前磕头，让他给我母亲扎，当时扎过来了，没死，到后来又拉痢，跑茅子，拉死了，连拉痢带霍乱，以霍乱为主。我母亲死的时候我15（岁）了，母亲比我大30岁，叫李玉兰。

我扎过来了，得那个病腿转筋，抽筋，有哕的有不哕的，得那病的咱威县这也有，但是少，隆尧多。病治好就回来了，回来后又上山东了，威县没收，山东收成了，我就上山东要饭去了，逃到莘县、阳谷、聊城。

嗨！闹蚂蚱，那蚂蚱一个挨一个都上北走，从南边来的，都上北走，那是民国33年，我那会儿还在山东，在山东待了好几年，我回来以后他们给我说的。山东那也闹，我待的那儿也有，在地里刨沟，就是那小蚂蚱，刚会爬，刨沟让它往沟里爬，爬进去埋了。

1943年河水没决堤，咱这里没有，隆尧那有河水，隆平那一片那地都淹了。我正在地里挖山药，河开口子了，一会就到肚脐了，我就往村里跑，到村里那水就到我胸口了，涨得很快。得霍乱是涨水以前，都是一年的事，后面涨的水。哪条河的水说不清。反正是也下雨，也是南边河里来的，大河往小河里灌，灌满了。

我八岁那会儿，日本人进中国，在中国待了八年，我 16（岁）时日本人就走了，被打跑了。日本来了反正是抢东西，打人，也杀人，杀八路军。

采访时间： 2008 年 1 月 24 日

采访地点： 威县贺营乡祁王庄村

采访人： 李 琳 孔 昕 滕翠娟

被采访人： 张耀军（男 78 岁 属羊）

张耀军

我没上过学，也没入党。民国时日本人在这咪，乱！

灾荒年家里没吃的，都出去了，逃荒的多，都散了，有往东的有往西的。我要饭走的，给人家做活，后来家里下了雨又回来的。

家里没吃的，我逃到柏乡，那年什么也没收，连着三年没收啥，民国 32 年就走了。人家那里有井，有水浇地，能吃上饭，在那里待了三年，家里下透雨才回来的。回来以后把地种上了，下雨下得晚，就收了点蔓菁、荞麦。

家里有得那个霍乱病的，俺家里也死了两三口子，有我大爷张运青，死的时候 50 多岁了，我那会才十二三（岁），下雨以后受潮湿才得的这个病，在家里得的。我那时在外边嘞，那边没病，我没得过，家里死的人不少，去的信儿上都是"家里得霍乱转筋了，谁谁死了，谁谁死了……"。我爷爷、奶奶也死了，我爷爷叫张登盈，我奶奶姓翟，死的时候 70 多

（岁）了，他俩一起死的。他们死的时候我没在家，不知道啥样，家里就我姑姑照顾着，她没得，我爷爷奶奶死了以后，她就过去了。那个病抽筋，叫霍乱转筋。

我给日本人干过活，在这里干的，不给钱，不管饭，他跟村里要人，村里有八路。那会儿我在家里时给日本人做工去，挖沟，白天给他挖了，晚上八路来了再填上，做工的时候做慢了就揍你。没见过穿白大褂的日本人，不检查身体，也没发吃的，还跟咱要粮食，秋后缴公粮。实际上日本来了还倒不孬，就是皇协军孬。

民国32年闹蚂蚱，下雨前闹的，当时我还在那里。回来见一个叔叔，俺俩在这里玩来，他说到南边地里去，俺俩就去，地里飞那个蚂蚱，他逮了一个，揪了那翅儿就塞嘴里，吃生的。后来就跟着我走了，到柏乡去了，那里没闹。那蚂蚱四下里飞，还有那蚂蚱堆，没翅，挖沟往地里埋。

咱这没有河开口子，这没河，后来才挖的东风渠，老沙河离这老远。

沙西村

采访时间： 2008 年 1 月 24 日

采访地点： 威县贺营乡东徐村

采 访 人： 李秀红　范庆江　耿　艳

被采访人： 夏爱华（女　74 岁　属狗）

夏爱华

我过了年75（岁）了，属狗的，俺娘家离这三四里地，在沙西，结婚来的。没上过学，过灾荒年，穷，上不起。

民国32年，过灾荒年，我10岁了，那年没收，把房都拆了，我逃了，去的北边，离这里五百里地，具体哪里我记不得了。二月里逃出去的，阴历，俺不会说阳历。这里大旱，麦子没收，第二年回来的，和俺娘、俺哥、俺嫂。收点也是没啥吃，不是一个人，饿死了老些人。

我走后没有洪水，民国32年洪水没听说。洪水是1963年，俺还不记得？到后来来洪水，那会儿我多大，记不清了，大河里来的水，淹了，俺村那公社，河里开口子了，东边挖一道河，不是民国32年，是以后，都有公社了，我30多（岁）了。

八月里下了七八天雨，没洪水，下得房倒屋塌，下了七八天，屋塌是雨击的，下了八天，深是不深，七八天没停雨，住的地方漏了，都漏边。

那时候民国32年死人多了，都饿、病，再潮，再一下雨，一天一家都死五六个，死人怎没见过？死了没人抬，玉米、粗粮，一人给五斤，给人家抬出。有找被头卷着的，有找席片卷的，人都瘦得不行了。

有得浮肿的，抽筋没听说过，没见过。那是民国九年，抽筋，一天死好多人，医生没这高明，看不了，掰你都掰不开，那个传染，都一家一家地死，那时我才十来岁，这老先生能号个脉，有时候一号脉就知道啥病。

咱这没日本人，日本人住城里，有炮楼，修了汽车站，四五里地一炮楼，有皇协军，投靠日本人。炮楼这找不到了，都种上地了，在周围挖两道沟，逮老百姓修的。给村长说要多少人，给他们修公路，抓人修炮楼，你走还好，不走打你，不杀。你不愿去，相中了，叫你去你就得去，跟村里要，村长管着。

魏　村

采访时间：2008年1月24日

采访地点：威县贺营乡北台吉村

采 访 人：齐一放　苏国龙　蒋丹红

被采访人：燕枝梅（女　77岁　属猴）

我娘家在魏村，我 20 岁结的婚，我见过日本鬼子，都戴着头盔。日本人来时我才三四岁，还不记事。

燕枝梅

民国 32 年，不收，天旱，头年收一点点，第二年就不收了，当时我 12（岁）了，那时什么菜都没有，吃糠，衣裳什么都卖了。

走的走，都逃荒了，我没有逃荒，把东西都卖掉了。我不记得他们都逃哪儿当时，有回来的。

后来下雨了，那雨大，下了个把月，后来抽筋，一天有抬两个的，三个的。抽筋看不好，都死了。我没有见过抽筋的，不敢出门，害怕，怕传人，这都别人说的，孩子不知道。不是来的水，坑都埋了，到后来不下大雨了，就下小雨，房屋都漏了，塌的房不多。村里头有转筋，俺不记得了，有扎针的，抽筋有抽到一起的，没医生，现在就不会死了。扎旱针，抽筋必须扎旱针，有扎好的，一个村里死那么些人，都不串门子，亲戚没得这病的。

有蚂蚱，那年我 14（岁）了，飞满了，高粱、麦子都没了，谷子收了一点，那年死了很多人，都没了。

不记得有皇协军，有老杂，我还小咧。后来"皇军"来了，俺村没遭过老杂，皇协军后来就抢了。日本人不怎么抓人，汉奸干坏事，日本人什么都不管，日本人都长得一样。

西草厂

张立普

采访时间： 2008年1月24日

采访地点： 威县贺营乡西草厂

采访人： 胡 月 何 科 宋 剑

被采访人： 张立普（男 88岁 属鸡）

我没上过学，穷，上不起学。

民国32年是大灾荒，那会儿人没啥吃的，地里没收，又下大雨。俺村里400多口剩了200口还不足咧，200口都出去了，逃到山西、张家口、山西太原，有上南方徐州、河北，有上东三省的。这妇女都在外边了，家里没啥吃，小孩不够年龄都走了，那里有吃的，给点粮食了，给点钱了，就这么着了。那年我还是在家，因为有老人，俺爹、俺娘他不能动弹，我在家管管，要是出去，这老人他逃荒去不了。

饿死的多，连下大雨，连着七八天下大雨，七八天没啥吃，都饿的，这人死了没人抬。得病的？得了浮肿病，浑身肿，都饿的，大多数都是饿死的，没啥吃。

民国32年八月二十八日下的雨，到后来八路军都编成歌了，八路军编得这个好，"八月二十八，老天爷阴了天，连连阴阴七八天，人人没啥吃"，这个"连阴天"，八路军都编了歌了。

光下雨，房都塌了漏了。下雨以后有得病的，反正都是饿的，得了病都是跑茅子，拉稀。没啥吃的，大多数都是跑茅子死的，去茅子了，都回不来了，都死了。我的一个兄弟，他叫张立真，他那时候17（岁）还是16（岁），反正不是17（岁）就是16（岁）了，他那时候饿得没点劲儿，跑茅子，拉肚子，跑了一天就死了。我在家，见了，我看他没点劲，抬也不起，去茅子去不了，还得领着他，数他小，那时没找亲家。埋到这家那老坟北头，如今这坟也没了。

我也有跑茅子，也没点劲儿，饿的，到后来反正没死了，我没死了，我一个兄弟一个妹妹都是那时候死的，我这个妹妹还小，也是民国32年那时候死的，饿死的。她跑不跑茅子我记不清了，反正都那时候死的。我反正跑茅子到后来不跑了。

也没医生，到哪找医生呢？村里没看病的，城里有日本人，人家有医生，人家管这个老百姓！当时没人给我看病，都扛过去了，也没吃药，我轻，我这个兄弟还重。下雨以后跑茅子的有大部分，不能说是百分之百都跑茅子，死的时候弄了点草卷卷，都埋了。都是没啥吃的，别的症状没有了。下雨以前很少有这个病。

村里吧，没多少人了，原来胡同里都是草，房都倒了，倒了一大部分，这厨房都倒了，都漏，这晚上坐都没地方坐，没地方睡，连站的地方都没有。反正民国32年雨大，这里西边地里都全是水了，深的地方，反正出村这街里的水都这么深，一米七的人能没脖了。

城里有日本人，什么时间到村里来的，这个时间我记不清了，下雨之前来的，下雨以后都没什么人来过村里。这个村里有办公的，每天给日本人报告，俺村里没事。那会儿人都走了，这后来都没什么人了。那时候耩谷子，他就逮咱这的鸡。（日本人）穿的军装，不是灰的，黄的。没见过穿白衣服的人，打过针，有上城里去的，日本人说给看病，那有去的，有不去的，都走不动。不去都是死的死，反正是没啥吃的。去了之后回来的也有死的，反正都饿的，瘦得不行，都没劲儿，都病着，也没啥吃。那会儿也没有八路军，八路军在河北抗日，还没过来呢。

后来这个日本人说给咱吃的，留了点大烟，都往城里去，叫去城里，有走不动的，还有去不了的，给的粉条。

炮楼在高庄，在香花营，离咱这儿四里地，顺着马路挖了一条沟，他把土都撂到一边去，沟也是七八尺深，有四五米宽，和汽车道一般高，紧挨着公路，他这顺着这个沟走，到后来他也防备打仗，他有车道，有沟，有土，有枪，他防备这个。日本人当班的时候，在咱村里抓了好多人，抓城里去了，在威县，都一天抓了一些人，下雨以后抓的人。

没有用飞机扔东西，有，这是解放以后了。

采访时间： 2008 年 1 月 24 日
采访地点： 威县贺营乡西草厂
采 访 人： 胡 月 何 科 宋 剑
被采访人： 张连仲（男 79 岁 属蛇）

张连仲

抗战时，我在济南党校，那时候北京、天津还没解放咧，咱这建了一个党校啊，济南党校原来在部队上，后来转移了。

抗战的时候没注意有没有大水，农村一般来说出不去，反正把地淹一点，也不是很大的水，也不是说洪水。下雨反正都是 1963 年，雨比较大，村里都下。那 1963 年，吃不好，解放以前都受苦了。

那旱灾是几几年啊，我岁数大了记不是很清楚了。啊，下七天七夜雨有这么回事儿，没有收，庄稼都淹了。那时候咱这玉米、山药、谷子，这杂粮，那都没什么收成了，收一点也是高粱，那面的都不行了。那时候，咱都没解放咧，肥料下得不多，收得少。

水到这个大坑，那老深的了。一般来说街里都搭上桥，见村都没了，把村也淹了，这边不能到那个街上去，都搭上桥。死的人也不少，连饿带冻，反正是老百姓那时候收成孬，没很好的。

那时候有逃荒的，咱早忘了，那时候还小咧，反正出去。那时候咱这一窝那淹的，都往西逃，石家庄，那收成好的，那时候那儿没淹，比咱这还好一点。其他地方那都摸不清了，那时候我也很小，咱这么住着，知道自己家的情况，那时候谁也不顾谁了。我也去逃荒，都是地下转悠啊，都是那时候捡山药干,也有好的孬的,反正都吃一些菜叶子、树叶子。那时候很小咧,大人带着,反正大人捡啥你就捡啥。

生病的那没见过,那时候医生都不高明,都是叫土医生。村里是土井,都是砖打的,有三四口井。

下雨以前去逃荒的,下雨以后那都在家咧,逃荒有回来的,有不回来的。多久回来的那没准了,那女的,那闺女,那小孩子都十几(岁)了,都在那儿找亲家了,待那儿。回来干啥?家里也不好,那里生活还好点。

那时候咱村最穷,村里有几百口人,饿死的人,都钉了个门了,那时候没有棺材,穷,找几个人,刨个坑,埋了。死了的人没见,那时候小,光听说,也不让见,见了你不害怕呀。

见过日本人,在村子里,来了啥也抢,他收你东西,他愿意拿啥就拿啥。我见日本人的时候还不大咧,才几岁啊,都十来岁的事,刚记事儿,黄的、白的衣服那咱记不很清。

炮台香花营那都有,离这儿四里地。那时候皇协军多,都在城里,飞机见的很少。那日本人出来的时候人都跑,游击队,打他两下,赶快跑,日本人火力大咱火力小。

西徐村

采访时间: 2008 年 1 月 24 日
采访地点: 威县贺营乡西徐村
采访人: 李秀红 范庆江 耿 艳
被采访人: 刘海祥(男 77 岁 属羊)

我 77 岁,属羊的,上过学,上到完小。这原是大宁乡,后来合并了,我从小到大一直在这个村里。

民国 32 年,我 13(岁),那年日本人在这,我小。

灾害的时候，连贱三年，民国 31 年，是半收，收成不很好。咱这有个歌"民国 32 年，八月二十八日，老天爷阴了天，接着连连昼夜不停下了七八天，人们受了潮湿，人人得霍乱，男女老少死了一大半"。得这个病的，死了一大半多。

有霍乱，我见过，我爷爷得了这个病，抽筋，没死。俺奶奶给我爷爷扎手，青筋都露出来了，我见过，光抽筋，上吐下泻那不知道，没见过，光见过扎针。我爷爷叫刘曾

刘海祥

珂，现在 124 岁，得那个病的时候，快 60（岁）了，爷爷属啥的我也不知道，俺爷爷也识两个字。下雨以后得病，其他人就不知道了。

剩下二百来口子，死了一半，有抽筋的，有没回来的，有抓走的。扎针，出完血就好了，扎了也不吃亏，一天都死好几个。小时候，天天吃不饱，饿死的人多，霍乱不传染人，吃不好，受潮湿，不是一家人都得这个病，也有全家得这个病死的，咱记不住。霍乱死的闹不清，很快就死了，冷的时候，两三个月。下雨后，咱村剩 240 多人，死了一大半。

那年，下七八天雨，庄稼都不熟。地里的水，我小，咱也不清楚。俺村没河，西南有个沙河，小洼地，沙西有个沟，北边是俺村地。我记事起，小河沟就有水，现在没了，都种地了。下雨，地上有水，多深不记得了，坑填满了，地里都有水。河水来，南边来水了，没听说决堤。到了晚上，一下雨，有雨水，有洪水，咱这没大河，平地，河开口子。

民国 32 年逃荒，可能下雨以后，没啥吃就出去了。我没逃，逃荒的年轻人有上煤窑的，有当兵的。我没当兵，没当八路也没当皇协军。

我见过日本鬼子，给日本人牵过马，日本人待见小孩，给吃的，他给老妈妈点眼药，没祸害人，我十二三岁的时候，给他们担过水。天黑八路军来我家，送信。俺村有三家地下党；那个时候，日本人经常来逮八路、共产党，用秤杆子、擀面杖，没打死，捆走。

下雨以后，他不是经常来，抓住我，光打我，我不供出八路军，领着我找。谁是共产党是秘密，都不让副村长知道，不敢在家，藏起来。"皇军"穿军装，没有穿白大褂的。

有土匪，土匪头子，八路军收土匪，打日本，有土匪加入共产党，经教育不改就枪毙了。下雨后共产党、土匪也有，什么人也有，比如我是共产党，你是地主，你有钱，八路军知道我是头，跟我干，打日本人。

蚂蚱有，不是民国34年就民国35年，上蚂蚱，多，从南边来的，上蚂蚱，麦头咬掉了。上蚂蚱以前，下雨前后都没收成，连贱三年，民国31年、民国32年、民国33年，民国32年下雨后，收那么点，民国33年收得少点。

1946年、1947年飞机来过，挖防空洞，它扔炸弹。民国32年那时候没来过。

后来就是土地改革，减租减息，斗地主，打恶霸。解放以前，共产党有区，区里有游击队。我没打过，刘临风去过。

许官营村

采访时间： 2008年1月24日

采访地点： 威县贺营乡许官营村

采 访 人： 李莎莎　张　艳　王　瑞

被采访人： 胡长友（男　75岁　属狗）　　张新来（男　83岁　属虎）

胡宝军（男　73岁　属鼠）　　严战贺（男　69岁　属龙）

胡长友：民国32年那都记得，日本人来俺村里，给我一把糖，我在俺村西前街住，我七八岁了，大人都跑了，没人了。日本人他不好，光打人，我见过打人，打谁记不得了。（日本人）对小孩不赖，逮八路军。共产党好呀，他不孬。

张新来：日本人来时，都叫他毛太君，打人，他们在炮楼上住，来村里转悠，祸害妇道人家，光祸害人，孬得不得了。

胡宝军：记不清了，不记得日本人。

严战贺：不记得了，太小了。

胡长友：民国 32 年咋不记得，民国 32 年，天旱了，不收了，后来才有的蚂蚱，多了，一堆一堆的。

张新来：天旱了，没水，不下雨，老刮大风，吹得厉害。民国 32 年旱，后来才上的蚂蚱，就是那个年，后四月了，扫帚都往那轰蚂蚱。

胡长友：那一年都逃荒要饭，我在隆尧县，后来又跑到临清东边去了。那年在村子里，下了七天雨，房屋都倒塌了，民国 32 年六月多那会儿。民国 32 年，我们村一天死七个，死人埋都埋不及，饿死的，都说是霍乱转筋，饿的，有拉肚子的，就下雨这时候。俺村死了 80 多个，那时有六百来人，死的都是得这病死的。没看病，没医生，都是扎旱针。有个扎旱针的，叫张东西，一个老头，会偏方，没有扎好的。死了八十五六个，饿死的多。

张新来：得病的人搐得拉肚子，我父亲当时就是得这病死的，抽筋，传染。村里当时有 600 多人，死了 80 多人，有饿死的，有抽筋死的。得了霍乱转筋，光搐，搐歪。

胡长友：有水灾，那不是河水，五六月下大雨，1956 年的时候。民国 32 年有没有发过大水不记得了。

张新来：我父亲是饿死的，那年抽筋带饿死的有八十五六个。1956 年有水灾，民国 32 年的情况忘了。

胡长友：皇协军？那更孬，光打人，抓人，抓共产党，孬。

张新来：皇协军一点好事也不干，抢人家东西，用刺刀挑死人，用棒子打死过人，我见过死人。日本人住在贺钊乡，在那死了六个人，都是俺村的。

胡长友：那里有炮楼，贺营那边就有，广宗县也有。那死的拉回来，不敢去杀人的地方看。

张新来：贺钊有炮楼，广宗县有炮楼。咱村有土匪，头子叫张大傻子，他们有 100 多个人，光来抢老百姓东西，他们和日本人没关系。皇协军才和日本人有联系，宪兵队是日本人的狗腿子，日本人来村里光祸害人。

采访时间：2008 年 1 月 24 日
采访地点：威县贺营乡许官营村
采 访 人：李莎莎　张　艳　王　瑞
被采访人：张新来（男　83 岁　属虎）

灾荒年饿死人，没吃的，人都逃出去了，逃荒逃到隆尧、山东、山西等地方。那时山东的情况好些。我当时在家，用家具换粮食回来。

民国 32 年那年旱，民国 31 年好点，收成也不太好。旱后有蚂蚱，蚂蚱很多，黄的黑的都有，一堆一堆的，没有吃蚂蚱的。

六月二十几下的雨，下了六七天，屋倒了很多，俺村里屋子矮的都进水了，到小腿这地方。雨后村子里才死人的，发疟子，有抽筋的，饿死了 80 多人。我见过转筋的，有个叫张敬武的，他是我邻居，他得那个病，他在屋里吱歪，没两天就死了，死时有二三十岁了。下雨后才得这个病的，得这个病前，总跑茅子。

当时西边来过水，听说的，来水时我十五六（岁）了，从漳河来的，卫河没来过水，滏阳河是浸出来的，不是被人拉开的，没有人管。

日本人来时杀人，烧房子，来村里祸害一通，两三天来一次，有时来七八个，有时多时 100 到 200 人，来时我们都跑了。日本人把糖撒在地上，让小孩出来拾，没发东西。皇协军光抢东西，他们都是本地人，本村有皇协军，没有宪兵队。

土匪中有以前的国民党军队。咱村有二三十个党员，有被日本人抓走的，抓走了三四个，没弄死，日本人投降才回来。

袁家庄

采访时间：2008 年 1 月 24 日
采访地点：威县贺营乡袁家庄
采 访 人：李莎莎　张　燕　王　瑞
被采访人：袁俊英（男　85 岁　属猪）

　　我没上过学。大贱年是民国 32 年，地里不收，死的人不少。那时候没井，老天也不下雨，刮大风，麦子长不高。下了一点雨，没有下大雨，饿死的人多，有得病死的。

　　饿了逃荒到北京，有病死的，有转筋死的，转筋的筋往内搐，一会就觉得不行了，又哕、跑茅子，找医生扎旱针，后来我又好了。那时我还没到 20（岁），是灾荒年得这个病。天旱，快收秋时，又下了两三天的雨，我在雨后得的病，不知道怎么得的，待在家里得的。扎针医生叫袁许明，是在村里给人扎针治头疼等的。俺村里当时只有两个人得这个病，其中就有我。那个人我不认识，死没死我不知道。那时死的人不少。

　　我见过日本人，贺钊有日本人，村里皇协军（中国人）多，皇协军孬。

　　大贱年以前有蚂蚱，蚂蚱多。

采访时间：2008 年 1 月 24 日
采访地点：威县贺营乡袁家庄
采 访 人：李莎莎　张　艳　王　瑞
被采访人：袁永海（男　82 岁　属兔）

　　我没上过小学，上不起，家里把我送给别人了，三年后我又回来了。

民国 32 年是个大灾年，天不下雨，收不好。民国 31 年起就没下过雨，民国 32 年收过一点麦子，没下过大雨。有蚂蚱，蚂蚱一捧一捧的。

民国 32 年死的人很多，湿气病死得快，饿死的，心里发慌，肚子里没有粮食，要不就抽筋，霍乱转筋的不少。村里人都逃荒了，往西北角去得多。我见过霍乱转筋的，当时不知道叫什么名，抽筋，蜷蜷，死得快，主要是饿的，不能动弹，埋得使不起棺材，一天死几个人，很多，每个村都有死的，死了二三百人。

霍乱转筋叫湿病，饿的，得这病的有扎旱针的，不过都死了，死得快，来不及治。听老人说叫霍乱转筋，一个村里十个八个，20 多个死的都有，所以会有一点传染。死的人都被埋了，有撑死的，饿得肠子细了，有的吃饱后撑死了。

我见过日本人，（日本人）个不高，说话咱不懂，来村里抓鸡、牵羊、逮牛，他们喜欢吃肉，爱吃鸡蛋，都是皇协军孬。日本人住在贺钊，也住威县，乡下有炮楼，小炮楼里有皇协军，贺钊炮楼没有日本人，日本人住在大炮楼里。几里地一个炮楼。那时没见发过大水，没下过雨。

村里有老杂，大小有十八个班，净老杂和土匪，本地人多。皇协军、济南军不投八路投国民军。

日本人走时我参的军，我打过聊城、曲周、永年，都是国民党没有来时，八路军就打这些不投降的，后来讲国共合作，不叫打了，叫咱围他们，共同打日本人。后来到了 1946 年，邓小平是俺政委，陈毅是司令，率领的第二野战军，在河南曹州（音）挖地沟。打过仗，自卫战争（解放战争）四年。刘伯承部队到湖南，天黑行军，国民军后来又到湖北黄冈目的地，打了七年仗。我 1952 年才回来，俺哥哥说分了地，叫我回家。

采访时间：2008 年 1 月 24 日

采访地点：威县贺营乡袁家庄

采 访 人：李莎莎　张　艳　王　瑞
被采访人：袁长允（男　76 岁　属猴）

我上过七八年小学，日本人来时我不敢上。

日本人来时下乡扫荡，我还给日本人遛过马，只不过不给钱，他们抓大人。

灾荒年民国 32 年，刮大风，是春天，一年没收成，一年没下过雨，没发大水。

当年一天埋好几个人，有点毛病湿气病，加上饿的，都死了，那时我才 11（岁）。我没见过有抽抽的，心慌慌死的，这病死得快，不传染。我的亲人、亲戚，都没有得湿气病死的。

那时咱这村里穷人多，我逃过荒，到正北到 500 里外，西到 100 多里，那里有点粮食。民国 32 年春天就出去逃荒的，半年后就被父亲叫了回来，因为我母亲被饿死了，我就回来了。村里不记得有蚂蚱。

皇协军有孬的也有好的，不清楚。西北角四里地有燕红龙大炮楼，贺营有小炮楼。日本人来村里一次，人数不一，一个日本人来，谁也不敢惹他，不敢。共产党都藏着，在地里开会。

赵七里村

采访时间：2008 年 1 月 24 日
采访地点：威县贺营乡东中营村
采 访 人：齐一放　苏国龙　蒋丹红
被采访人：王玉改（女　78 岁　属羊）

我 17（岁）结婚的，我娘家赵七里，离这八里地，灾荒年在娘家。

民国 32 年不好过，没啥吃的，饿得吃糠。地干旱，不下雨，那时我七八岁，庄稼没收好。后来雨下了七天七夜，七月份下的。

那时很多人逃荒了，我跟大人逃荒了，逃了好几年。那时我爷爷是抽筋，光抽，扎针，一会儿不扎就抽，抽筋传人，我爸治好了。

王玉改

贺钊乡

北小城村

采访时间：2008 年 1 月 27 日

采访地点：威县贺钊乡北小城村

采 访 人：韩晓旭　吕元军　郭亚宁

被采访人：张玉杰（男　86 岁　属猪）

张玉杰

民国 32 年是灾荒年，地里没收，麦子两年没收好。因为没下雨，天干，井少，旱了一年，一年没下雨。刮过大风，一刮就看不见人了，胡同里全是沙土。那时候人得啥病的都有，我没见过得病的人，我不知道得的啥病。村里没闹过蚂蚱。

死了不少人，没闹灾荒时村里 800 多口，记不清闹完灾荒剩了几百口。俺村出去的多，死的少。有跑去山西的，云南的。我修过火车道，挖过河，没逃过荒。

日本鬼子在贺钊住着，他们来了愿意干嘛就干嘛呗！

采访时间： 2008 年 1 月 27 日

采访地点： 威县贺钊乡北小城村

采 访 人： 韩晓旭　吕元军　郭亚宁

被采访人： 张玉欣（男　74 岁　属狗）

·　张玉欣

　　民国 32 年是灾荒年，当时我家里四口人，还有父母和一个兄弟，种了 30 亩地，收的粮食不够吃，因为没水，没井不能浇地。春天也没下雨，坑里有水弄不出来，也不能浇地。旱到八月，八月下雨了，不记得下了几天，地没下透。

　　村里有饿死的，有逃荒出去的，逃到南锡州（音），逃出去的不少。逃荒的大部分都去南方，哪里年景好，到好年景时，逃荒的人又回来了。没闹灾荒时，村里四百来口，出去了 100 多口，我没出去过。

　　那时候村里死的人不少，有霍乱，有饿死的。我见过得霍乱的，抽筋，不跑茅子，也没上吐下泻，这个病是"湿气病"，死得快！顶多十几天就死了，没听说过传染，因为饿得谁也不到谁家里去。抽筋，一扎出黑血就好了。张纪章会扎针，他不传手艺，现在都没了，有五六十人得这个病吧。俺爷爷张纪慎得这个病死了，他躺在屋里不能动弹，没及时扎针。都是没下雨之前得的这个病，大约是六月份得的，下雨之后没几个病的了，这个病治好的不多。

　　民国 32 年刮过大黑风，屋里土都满了，看不清人，沙土多，刮的是北风。还来了一群蚂蚱，闹了两天就跑了，一堆一堆光吃谷子头，是下雨之前闹的。

　　日本人住在贺钊，来村里时要迎接他们。日本人见了鸡就打死烧着吃，见了板凳就烧了当柴火，他们不吃这里的粮食，吃大米、罐头。在这里没烧房子，在苏家林烧了。

　　日本人不坏，不怎么打人，也没祸害小孩，皇协军坏，皇协军让人挖沟时，还打人。俺村当八路的不少，没有被抓去日本做劳工的。

北小河村

采访时间： 2008 年 1 月 26 日

采访地点： 威县贺钊乡北小河村

采访人： 韩晓旭　吕元军　郭亚宁

被采访人： 李振江（男　78 岁　属羊）

李振江

　　民国 32 年是贱年，寸草不收，因为没有雨，旱了一年多，过了年就开始旱，秋天也没下雨。那时候村里有八九百户人，有饿死的，逃荒的，死了一半多，有逃到山东、隆尧、邢台的。

　　那时也闹霍乱转筋，谁知道怎么死的！得这个病死的人不少，在路上走着走着就死了。俺是听老先生说的这个病名，一般人也这么说。反正就是抽筋，没有拉肚子。我没得过这个病，这个病传染，也是听人说的，得病不长时间就死了，我记得是刚过年得的这个病。

　　当时村里打的井，没河水，喝水喝生的也喝熟的。

　　闹过蚂蚱，民国 32 年秋后闹的，刚犁了地，蚂蚱把犁的沟都填平了。蚂蚱是从东北来的，飞到西南。民国 33 年好点了。

　　贺钊有炮楼，挺多的。日本人、共产党，都管这里要粮食，蒋介石石军也要，石军也住在俺村里。当时有三派，有日本人、八路、石军。日本人要粮食，杀的人也不少，愿意杀就杀，也抓人干活，挖城沟。皇协军来要粮食，俺村里没有当皇协军的。

采访时间: 2008 年 1 月 27 日

采访地点: 威县贺钊乡天竺村

采 访 人: 韩晓旭　吕元军　郭亚宁

被采访人: 刘清肖（男　83 岁　属虎）

刘清肖

　　日本鬼子来了之后，烧房子、抓人、打人，把人抓到威县扣起来，关在感化院里，待了一天就放回来。抓的人是村里的党员干部，也有不是党员的。刘金诚、刘清富是村里的会计，刘丙方是书记。白小河、吕家庄的人有被抓到日本的。白小河那一个叫王振东，日本人要回国时才放回来。抓的人反正不少，有抓到日本国的，我们村抓的四个人在威县都放回来了，是他们告诉我的。

　　民国 32 年闹过灾荒，旱了一年，一直没下雨。地里不收，老百姓都逃荒，日本人把家里的东西都抢了。有逃到山东东昌府的，也有往西边去的。老百姓离婚的很多，小孩养不起就送给别人，逃荒的太多了，有全家都出去的。我母亲、兄弟都出去要饭了，到了山东东昌府。我自己在家看门。

　　当时我们村有 700 多口人，有一家子死好几口的，死的可多了，有饿死的，有得霍乱转筋的。人一饿就得毛病，就是腿抽筋，有扎过来的，也有扎不过来的。扎腿，出了黑血就好了，不出血就死了。（病）是三四月得的，那个时候人都不提传染，都说得"时疫病"，得病一会儿就死了，扎针的先生说是霍乱，我闹不清跑不跑茅子。没有得霍乱一天死好几个的，有几家得这个病，不是很多。那时候请先生请不过来，来不及就死了，得病了赶紧请先生，治过来就好了，治不过来就死了。刘丙元和他儿子刘清山都会扎旱针，现在都死了。

　　民国 32 年的时候吃井水，一律是砖井，这里没河水，平常水烧开了喝，急了也喝凉水。

有蚂蚱，蚂蚱一飞一群一群的，把庄稼都吃没有了，郭牛村的郭一九给日本人干事，吃蚂蚱吃死了。闹不清是哪一年闹的，大概是灾荒年以后，闹蚂蚱那一年粮食长了。

北雪塔

采访时间：2008 年 1 月 25 日
采访地点：威县贺钊乡北雪塔
采 访 人：王　浩　徐颖娟
被采访人：刚灿辉　杨登春

刚灿辉（右）、杨登春

我家兄弟俩，我老二，那会儿家里有三亩地，是贫农，粮食不够吃的，我父亲给地主打工。我没有上过学，上不起。

民国 32 年饥荒很厉害，天不下雨，旱了一年多呢，到了八月初才下雨，下了七天七夜，雨很大，家家户户屋都漏了，河里没有水，这附近没有河，河里来水是一九六几年，那是共产党后来挖的河。

得的霍乱转筋，下完雨后得的，我父亲会扎旱针，一天扎很多。人都跑茅子，脚酸，吃不进去东西，都放血，记不得扎哪，我不会扎，我父亲扎了一辈子，有治好的。得那个病死得快，来不及扎就死了，这个病是传染的，一下子都得了。这没闹饥荒前有 360 多口人。我没有去逃荒，家里也没有得霍乱的。

我父亲给人扎针不要钱，连饭都吃不起，不管刮风下雨都得去扎旱针，那是救人。

蚂蚱有，多着呢，多得都盖住太阳了，庄稼都有这么高了，和腰齐高，蚂蚱会飞的时候还有日本人，村子有钉子，日本人住在那里，我们跑到郑河去了，到后来人都回来了。

日本人来不抢东西，皇协军抢东西，帮着日本人欺负我们中国人，都是中国人欺负中国人，日本人给我们糖吃了，"穷八路，富石军，不要脸的是皇协军，烧杀淫掠的是日本军"。妇女都脸上抹上灰，那日本人就不要了。

何梦九是皇协军的头头，连自己的女儿都害，最后被八路军枪毙了，皇协军不欠血债就不枪毙。有的都是被抓去当皇协军，地主给那些去当皇协军的地，有的给三亩，有的给五亩，那些当过皇协军的现在都死了。

家里有父母，八路军让我回家了，村子里当八路军的多，是没日本人以后当的，打国民党。

采访时间： 2008 年 1 月 25 日
采访地点： 威县贺钊乡北雪塔村
采访人： 王　浩　徐颖娟
被采访人： 翟洪明（男　84 岁　属鼠）

翟洪明

我小时候家里四个人，都不是一个母亲生的，我是老大。家里有七亩地，那时候吃高粱、红萝卜，过年吃棒子，没白面。一亩地收两布袋麦子，一布袋一百来斤，打高粱也有 100 斤，高粱不好吃，麦子收不多，都吃高粱，村子没有井。

民国 32 年灾荒严重，地里没有收成，又没井，一直没有下雨，下了也不是很大，村子里死得不少，我岁数还小，不大懂事。后来 1961 年就记得比较清楚，一个大锅盖煮一盆，都拿着碗去吃饭。

没闹饥荒之前，那会儿村子里有 400 多口人，还没分村的时候，村子里有数千口人，闹灾荒后记不得有多少人了。一个个都得浮肿病，没医生，没人治，得个阑尾炎救治不了。民国 32 年没霍乱转筋，只有浮肿病，两天死一个，腿肿胳膊肿，上吐下泻的，还跑茅子，闹不清是什么病，那种人不少。那妇女坐月子就死了，地主有个小媳妇，找不到药就死了。

那会儿这是大村，有十多家地主呢，一个地主有 100 多亩地，富农家有六七十亩地，中农有 20 多亩地，贫农有 10 多亩地。中农也只能吃高粱馍馍，连地主家也吃得不太好。我给地主家干活，一年给 400 斤谷子，不给钱。

村子里有逃荒的，有打短工的，跑哪去了的都有，（还有）河南的跑这来的。

日本人 1940 年来的，1945 年走的，在这待了五年，在这村里盖了炮楼，三里地一个，刚来的时候我们跑了，后来又回来。我在郑河地主家干活住着，在那干了四五年，不干的时候都 23 岁了。有蚂蚱、蝗虫，庄稼都抽穗了，蚂蚱啃谷子、麦子。

现在光种棉花，不种麦子。我没参过军，当过书记，正副的都当了，当了 30 多年，从 1945 年到一九七几年。

采访时间： 2008 年 1 月 26 日
采访地点： 威县贺钊乡北雪塔村
采访人： 王 浩 徐颖娟
被采访人： 翟起收（男 76 岁 属猴）

那时候这几个村都是一个村，一九六几年才分开的。我兄弟俩，我是老大，我小时候家里有七八亩地，粮食不够吃，都吃菜，吃红薯叶子。

翟起收

民国 32 年闹灾荒了，民国九年也闹过，听老人说的。老天不下雨，一直不下雨，民国 31 年收成还行，民国 32

年就不行了，六月下的雨，下了几天不记得了，麦子都没收；饿死了不少人。

雨不大，也没有淹，死了不少人呢，都是得霍乱转筋死的，手肚子和腿肚子抽筋，抽着抽着就死了。秋后得的这个病，它是传染的，亲戚都不敢一个人去抬死人。扎针可以扎出来黑血，那时候没有医生，就是乱扎，有治过来的，就是不多。我家里没有人得这个病，都说是霍乱，也叫湿气病，以前没听说谁得过。

大家都去逃荒了，逃到哪的也有，我父亲就死了，我母亲在我七岁时候也死了，又换了个后娘。我没有逃荒，民国 32 年我在黄台我姥姥家，那儿的霍乱转筋也很厉害。

那年有蚂蚱，可多了，记不清是哪一年，也闹不清是从哪来的，蚂蚱吃谷子，是害虫。

日本人就住这个村，八路军那时候力量小，日本鬼子可厉害了，八路军有粮食就挖个洞藏起来。皇协军也有，他们来村子里抢东西，村子里的人都跑了，不住这了。不记得有多少日本人了，都是一伙一伙的，不敢去看，一说日本人来了，都跑，不跑的就被打死了，你也没法啊，春天麦子没熟，就在麦子地里睡。

南和的人用水浇地，有地下水，这个村子不行，打不出来水。民国 32 年都喝井水，不用的时候也不盖起来。小孩都喝凉的，岁数大的就喝热水。地里种红薯、麦子、高粱，麦子好吃，高粱不好吃，但是吃得少，数玉米好吃。用麦子换高粱，高粱不好吃，所以就吃得少就饱了。

现在都种棉花了，粮食什么的全都卖，一亩地能产 500 斤棉花，我有四亩地，一斤棉花卖三块多钱，去掉化肥什么的，一亩地要有近千元的成本，种棉花也不交税了，还给钱，给 100 多块钱呢。毛主席那会儿穷，刚建国，要交税的。

东贺钊村

采访时间：2008 年 1 月 24 日

采访地点：威县贺钊乡东贺钊村

采 访 人：张 伟 董 倩 王 焱

被采访人：林宿亚（男　74 岁　属狗）

林宿亚

　　我叫林宿亚，今年 74 岁，属狗的，一直住在这个村。日本人来了之后，我逃荒逃到了邻村，就西边那个（村）。日本人民国 32 年在这了，过了民国 32 年才走的。

　　民国 32 年灾荒年旱，这儿没河，山东临清有，收菜籽，吃菜籽，没吃的，那会儿没井，也不能浇，靠天吃饭。八九月才下的雨，下了七天七夜，家家漏，人都没地方睡，下的雨可大了，那时都是土房子，漏泥。地下有存水，不多。

　　天旱，都逃荒去了，去徐州，卖儿卖女，下了雨，饿死人，那会都是死人堆。日本人来了，都把这烧了。

　　我没有逃荒，我家里成分高，有父母、姊妹三个，有一个妹妹，一个弟弟，数我最大，家里没干生意，靠农业。民国 32 年死人可多了，饿得肠子细了，收获东西了，猛一吃东西，就撑破了，死了不少。有病，抽筋，说有人抽筋死了，咱不太清楚。没医生，有医生给你开汤药。我不知道村里那时候有多少人，我不在村里住，在周围村住。

　　那以后蝗虫蚂蚱，下雨后闹的蚂蚱，飞的很多，地上有蚂蚱堆，在地上蹦，挖个坑，蹦进去，都埋了。过去了，庄稼就没吃的了。

　　日本人就住在这，东边有炮楼，日本人少，皇协军多，皇协军故意把带枪的八路军放进去。八路军打游击战。

　　我上过日本小学，汉字课本"天亮了，弟弟妹妹上学去"，教学的都是中国人。老百姓有向老百姓的，也有向日本人的，学唱歌，都学过天文、地理。日本人在这里，也叫过节过年，日本人对学校不是很管，对小孩挺好，挺待见的，让小孩摔跤，看热闹，他们讲究摔跤。我上了三年学，以后没上过学，解放后上到高小毕业。

采访时间：2008 年 1 月 24 日

采访地点：威县贺钊乡东贺钊村

采访人：张　伟　王　焱　董　倩

被采访人：马继坤（男　77 岁　属猴）

马继坤

我叫马继坤，77 岁，属猴。我 1948 年入党，在公家待了 30 多年，一直当村支部书记。我是完小毕业，那时村里人都不识字。

灾荒年是民国 32 年，为什么称为灾荒年？没收。为什么没收？那时候一年种一季庄稼，没有水浇地，都是旱地。有一部分地生蝗虫，一过去，庄稼都完了，靠人捕，没药。

这发过两次水，我记得的是两次，一个是 1956 年，一个是 1964 年，它是洪水，灾荒年没水，过秋以后才下的雨。

民国 32 年天旱，到秋季下了一场雨都晚了，下雨后，种了一部分蔬菜，地主资本家有粮食不卖给你。人都逃难去，领着老婆孩子逃难去，有饿死在路上的，有向西北逃的，山东也受灾，山西、徐州这两部分去的多，山东人去东北的多。

那会儿八九岁，日本人来都记清了，饿死的有二三百口子，一是饿，二是赶上霍乱病。威县以北，这儿是个中心，谁往这儿来都这么严重，这算是威县传染病中心，重点都在贺钊周围，在七级镇就比较轻了。我记得腿肚子、胳膊、手转筋，舌头底连大筋扎针。他抽得张不开嘴，硬掰开，使劲扎，血出来了，不扎就死了，扎出来的都是黑血，就好了。那时候喝生水，都是打的井。

那会儿没医生，咱村有老中医，现在如果活着，得有一百好几了，他家祖传当医生，那会儿治病不收钱，送点东西就行了。治好的没死的多，得病的比如是500人，好了一二百人，那会儿没医生，就他自己，治不过来，传染得厉害，都不敢瞧，后来才知道的。当时也都发现了，不敢公开说，不过那会儿，老医生知道。后来我和老中医座谈了，那时候他和我家关系比较好，他喝酒后，我问他，他说这病传染，得先擦手和鼻子，再扎针，要懂预防。当时咱不知道，以为他好喝酒，用酒杀菌，都是粮食酒。

灾荒年那年没有生小孩的，饿的、缺少营养。死了人去埋，四个人回来两个人，有的一个都回不来，都不敢去。姓王的山东人，在这烙煎饼，后来他结婚生了孩子，孩子得了霍乱。穷，那会儿，找人埋，要给人家点吃的，他穷的没吃的给，都不敢给他埋，他自己埋的。那会儿根本没棺材，用席子卷了埋。陈六活着得一百好几了，他都没回来，壮，体格好，家里就他一个人，苦力。那年跟人埋去了，死在地里了。这种事情多得很，抬死人埋的人死了。

咱家没有得病的，条件较好，王玉海、李二毛，都是得这病死的，王玉海那会儿得有四口，一家四口都死了，都得这病死的。我说的这些都是老人，活着得有一百好几了。下雨以前得的，下雨以后这个病就没了。付老歪两口子，一个闺女，一个小子，都死了，按现在说是困难户，没地，靠乞讨为生。

有一年多，逃荒的就回来了，我逃到山西去了，在那混得不好，又回来了。日本人还没来到威县，他们在东北。日本人来我记得，哪年哪月来的我记不清了，秋后来的，开始一来，有目的的，他原来在离这八里多的东大城，他到那儿以后，看待不住，就到贺钊了。贺钊原来是个繁华地，是从北京到南京的必经之路。这贺钊那时候有十几家地主，房子那时候是砖的，日本人来了把砖房都扒了，我那时候是10岁。他来的时候，不是坦克，是坦克样式的铁甲车先进村，后面有骑兵、步兵。他有目的，假装爱护老百姓。

一说到日本人，那会儿谁不害怕？都跑了，日本人在这住了八年，我在外面待了六年。我在离这六里地的沙营，俺在这儿都有土地，到那以后，那些土地都是借的。日本人住这以后，把房子都烧了，都没人烟了。路北盖了三个炮楼，西边皇协军是中国人，卖国，中间日本人，东边采纳处，就是警察维持秩序的警督办。他（日本人）后来到威县，看地图，有大村一直到南边，修公路，盖炮楼，设据点，安排日本人，都是土路，在这个路线上设中队、小分队，安炮楼。贺钊来一个排最多了，在这设一个中队，中队底下设小分队，五里地安一个炮楼，上面安两个日本人和皇协军。

没有土匪，我反正都十一二（岁）了，老杂来时我七岁，土匪他没大来这里，他抢你东西。穷人逼得没办法，没钱。在这村没抢，这村有两个人，李进士，还有一个进士，他一看匾，不敢抢了，在这待了几天撤走了。

李西同李进士有后人，老大在台湾，老大儿子在邢台。灾荒年，家里收成不好，老大当兵，一开始是八路军，打仗后被俘。头几年，他回来了，公安局长带他来了，我那时当支书，让我给他填表，问儿子李耀兵生活得怎么样。

采访时间： 2008 年 1 月 27 日

采访地点： 威县贺钊乡孔陈村

采访人： 李莎莎　张　艳　王　瑞

被采访人： 苏继芳（女　82 岁　属兔）

苏继芳

我小时候没上过学。

我 21 岁时结婚，娘家在贺钊村，俺们家是种地的，务农的。

灾荒年能不记得？是 1943 年，民国 32

年，灾荒年时我十几岁了。连着好几年地里不收，旱，日子难过，吃草籽。到十六七（岁），那几年不好。那时没上过水，1963年上过大水。

那年六月下雨，雨下了七天七夜，忘了哪一年，雨下得大，下了几天记不得了，也死点人。灾荒年，霍乱转筋，跑茅子，哕，一会儿就死好几口子，有的全家死。病传染，大人小孩，好好的，跑茅子，转筋。扎旱针，没看见怎么弄，一跑茅子，转筋，扎都扎不过来，扎针，扎腿窝，放黑血。

认识的人死的多了，俺那姑一家子都死了，三个儿媳妇都死了，下雨后死的，八月前后，过十五过的。经过那时，我知道那病光抽筋，知道那病叫霍乱转筋。俺那姑姑、奶奶、三个儿媳妇，儿没在家，姑姑家在余官营，姓马，贺钊那一窝。俺那婶子八月十六在家里时得的这个病，得病时跑茅子，脱水就死了。那时候吃的水是坑水，砖井，打井。

灾荒年没吃的，都说吃草籽，用小磨拐，那时我在娘家，逃荒的多了，要饭的还没有，都出去了，叫花子领了一大伙，民国32年都跑没了，都去山东莘县，还有逃到邢台、山西、藁城的。当时村子里有多少人不记得，民国32年有200多人，一死死得只剩几十口了，有逃荒的，有饿死的，没人了。

灾荒年是有蚂蚱，一堆一堆的，都撵光咬麦穗，我没吃过蚂蚱，花花绿的颜色，那一群群，乱哄哄地飞。

日本大队部驻在贺钊，开始时有老杂，后来没驻下。日本人咋不去村里？人都跑了，正月十五跑了好几次，人都害怕得不行。日本人不怎么抢东西，皇协军孬，抢东西，打人，人拿不出东西就打人，日本人不吭气，就皇协军说。日本人不住炮楼，皇协军住炮楼，三里地一个岗楼，西南角王庄有炮楼，小城固有，日本人住在贺钊大队部，不住炮楼，日本人很少。

土匪是还早的事，有土匪时我才11（岁）。

东雪塔村

采访时间： 2008 年 1 月 26 日

采访地点： 威县贺钊乡东雪塔村

采访人： 王　浩　徐颖娟

被采访人： 杨殿元（男　87 岁　属狗）

　　　　　　　刘长皋（男　78 岁　属马）

杨殿元（右）、刘长皋

杨殿元：我没兄弟，家里就我一个，家里有三亩地，粮食不够吃的，只能去要饭吃。我太小，父亲年龄大了，没法去打工。

民国 32 年闹饥荒都要饭去了，天不下雨，旱了一年多，七月初五下的雨，雨下了有一个多月，就闹霍乱病，跑茅子，肚子疼，一会就要命，三五个钟头就死了。有救过来的，扎旱针。我奶奶，我五叔，都得霍乱病死的，这个病传染，我害怕就记得，不害怕的我就不记得了。

民国 32 年我都 22（岁）了，那时候村里有多少人我记不得了，有逃荒的，我二叔去逃荒，死在安徽了，我没去。蚂蚱是过了民国 32 年七八月来的，连月亮都遮住了，就像阴天了，蚂蚱来的时候吃谷子。

刘长皋：我是会计，当到了 1987 年。我记得 1963 年发过水。

那时候村里有 400 人，死了七八十口人，都是病死的。民国九年八月初一下的雨，下完雨后得霍乱的，没民国 32 年多，听我父亲说的。

贺陈村

采访时间：2008年1月27日
采访地点：威县贺钊乡贺陈村
采 访 人：李莎莎　张　艳　王　瑞
被采访人：贺学善（男　83岁　属牛）

贺学善

我小时没上过学，上不起学。

咋不知道灾荒年？1943年，民国32年，天旱，没收，也是闹腾的，也做不好活。那时候有日本（人），有皇协军，八路算土八路。

人没吃的，逃荒要饭，日本（人）、皇协军、土匪都要粮食。那日军挖一汽车道，年轻人不能种地，日本人说谁是八路，看手上有没有茧子。八路是地下党，打个埋伏。日本逮住八路都埋了，杀了，把头挂电线杆上，咱这不知道杀了多少八路，光听说，咱见不了那个地方。

日本（人）、皇协军今儿来，明儿也来了，两边都要粮食，要穷了，树叶都吃了，逃荒，我逃到固城那边去了。日本招工的说，一天给三斤米，哄人说给你找工，把你卖了，一下子上火车上了东北，上矿区，挖煤，光给吃，工人能吃饱，给的钱够花的，就给十块钱，光够买吃的。

逃荒逃到西边，石家庄、巨鹿、邢家湾这些地方，现在都没回来，逃荒要饭都出去了。

我逃荒要饭活不了，才去做工的，给日本做工。和我一块干活的都是被中国人骗去的，那时日本人招工人给两个钱，你去招吧，净中国人。我去的东北的抚顺煤矿，后来又去阜新。那时不愿当兵，在阜新干了一年多，光卖力气，给工钱，买吃的，能吃饱。

六月初二下的雨，俺上了火车，雨哗哗下了，俺就走了，一到六月就晚了，到秋收了。

得霍乱转筋，我就得过霍乱转筋，扎好的。那时我快走了，没下雨，在家得的，扎手扎好的，有一人会扎抽筋病。（得霍乱）不跑茅子，哕，吃不了东西。到那时肚子里没东西，干哕，哕不出来，得了病就扎上针，扎几个地方，一得就扎了。扎旱针，旱针就是银针，扎我好几个地方，记不清了，没出血，扎上就好了，扎上，停一下子，一会起出来就好了。那会儿那样的病还不少，老人都死了，那会儿也不知道，也不串门子，穷，各人忙着找东西吃。吃的是井里的水，旱井。

好了我就走了，俺村连逃荒带死有几十个人，饿死的多，不等得病就死了，饿得皮包骨头，那会村里有三四百口，饿死得就剩几十口。

蚂蚱民国32年有，从东北往西南去，你一脚踩好几个，都是往西南走，走一块地，有点青木叶就吃了。

上过水，那会儿，不记得啥时候上水，先是往北流，水往贺钊，那有沟，那一个沟能走车，水都上贺钊了。那是头先的，好年景时。那会儿没见过，水不大。

我去东北，后来日本投降了，这又在那当了三年（工人），当工人当了三年后回来的。三年愿意回家，锦州这边是老蒋，矿区是八路的，开了证明，那会儿当工人没钱，叫你干啥干啥，在那刨煤。日本在那儿不挨打吗？在锦州，老蒋光抓兵，有这么多的被征走了，把我们从上海带到南京，又走到江西，都换了军装，成了中央兵，到了一条河，八路军过去了，把我们卡住了，在一个小山头，底下都是八路，谁也不认识谁，就下山，碰着八路了，都说你们缴枪吧，我们就都缴枪了。

解放西南，解放全国后，让回家了，解放新疆以后，毛主席号召大转业，就回来了。俺大老粗不愿意找工作，就在村里种地呗。

采访时间：2008年1月27日

采访地点：威县贺钊乡贺陈村

采 访 人：李莎莎　张　艳　王　瑞

被采访人：贺耀昌（男　87 岁　属狗）

贺耀昌

　　我上学了，上得不多，上了一年。

　　灾荒年知道，1943 年，民国 32 年，天不下雨，又没井，不能浇，到七八月才下雨，没收，七月十一下，才下透的，什么也收不了，雨一阵阵的，什么也收不好了。

　　那时没吃的，把人饿死了，有逃出去的，本村那时候有 400 人，剩了 180 口，女的逃出去了，男的出去给人做工。日本人一走，一解放就好了，种了二三十亩地，这些年过去了。逃荒，妇女在外面结了婚，在外面找吃饭的地方，解放后又有回来的。我逃荒了，我逃去内蒙古了，去的人不多，离着 1000 多里地，别的人不知道。

　　那会儿连病带饿，睁眼饿死的，我半月没吃粮食，天天吃树叶。霍乱转筋，咱这没有，在我记事以前有，我以后也有，民国 32 年以后没有。

　　后来下雨了，上水也不少，湿的东西不少，这儿没河，有砖井，喝的水有，河里没有水。灾荒年有蝗虫，秋后都会飞，民国 33 年秋天，七八月有蚂蚱，罩住天，我记得 12 岁时，（蚂蚱）都会飞，一群群地往北飞，我没有吃过蚂蚱，蚂蚱吃青草。

　　日本鬼子在这没怎么杀人，日本就在南京那祸害得厉害，那时不串门子。日本人坐着有人伺候，什么都不要，住在贺钊等大地方，不住农村。

　　有皇协军，也有中国人，皇协军有孬的，孬的解放后都死了。（日本人）要东西跟村里要，不跟户里要。一个县有三个县长，威县何梦九、石友三，还有范洛农（音），这是解放军的，他是县长，石友三是警署，也是被打走了，范洛农不知道是什么村的人，石友三被打跑了。小土匪没有，没土匪，后来都是因为饿的。

　　我家里有个兄弟牺牲了，他叫贺世昌，被飞机炸死了，那会是和老邢打仗时被老蒋的飞机炸死的。不知道他是哪个部队的，他埋的那个村在南边，不是在河北，在河南安阳那，他是机枪班班长。那时日本人走了，1945年走了。

1963年发过大水，解放前没见着大水，解放以后，那年水大的平地水，有桌子那么高，六七月份。

后李庄村

采访时间：2008年1月27日

采访地点：威县贺钊乡后李庄村

采访 人：李莎莎　张　艳　王　瑞

被采访人：李伯寅（男　84岁　属鼠）

李伯寅

灾荒年我还没20（岁），记不很清了，反正十几岁了，那会儿可苦了。我上过学，日本人来时又不上了，我们都跑了，有时一天跑过四回。

灾荒年没下雨，老刮风，说耩地也返潮，光刮风，不下雨。民国30年、民国31年、民国32年没收点么，吃草籽、树叶子、树皮，当时前后街有600人，死了270多人，剩的也不见了，都逃荒了，民国32年那会儿，我去北京逃荒了。

灾荒年有霍乱转筋，没有人看病，也看不好，活不了，没吃的，光跑茅子，一跑茅子就死。我娘得过病，我背着去找人扎针扎好了。抬死人给二斤大米，后李村过了民国32年一个人也没有，都死光了，咱村剩下的人不少，也没有都出去。

那会儿日本人叫做活去，挖沟去，到贺钊、陈固干活。

1958年前后也有得霍乱转筋的。

集小河村

采访时间：2008 年 1 月 26 日

采访地点：威县贺钊乡集小河村

采 访 人：韩晓旭　吕元军　郭亚宁

被采访人：韩书亭（男　78 岁　属马）

韩书亭

民国 32 年死的人不少，一天抬过三四
个，那时候有三百五六十人，最少的时候剩
下二百七八十人。

老天爷不下雨，地里不收，十几亩地就
收一把粮。民国 32 年七月下雨了，路上都
有水，下了七天七夜。民国 33 年收麦子了。

很多人得霍乱转筋，说不行就不行了，上吐下泻，加上抽筋，一会儿
就死，扎好的不太多，俺大娘扎好了。当时村里得这病的不少，得了病的
百分之九十都死了，袁保村的母亲得病唠死了，这个病传染。记不清是下
雨前还是下雨后得的了。那年也闹过蚂蚱。

采访时间：2008 年 1 月 26 日

采访地点：威县贺钊乡集小河村

采 访 人：韩晓旭　吕元军　郭亚宁

被采访人：袁保业（男　77 岁　属猪）

　　　　　　王春海（男　77 岁　属猪）

袁保业

民国 32 年是灾荒年，旱了一年，从年
初到六月底，一直干旱，阴历七月份下了七

天七夜大雨，那时候已经种上麦子了，民国 33 年收了麦子。

下雨下得不小，路上有水，家里没有积水，那时候俺村里穷，地都卖给地主了。村里有三百六十来口人，最少剩下二百八十来口。三分之一的人得了霍乱转筋，是八月份下了雨之后得的。

我爷爷、母亲都是得这个病死的，俺父亲也得过，但治好了，他喝酒顶过去了。人得病的时候先拉肚子，上吐下泻，再抽筋，抽到最后就死了。得了这个病两三天就死了，也有一天就不行的。治这个病需要扎旱针，村里有会扎的人，但忙不过来。俺爷爷会扎针，年轻的时候给别人扎过，民国 32 年霍乱的时候他死了。扎一针治过来就好了，治不过来人就死了，不传染！俺这一户姓袁的一家子死了 19 口。有饿死的，有得霍乱死的，老人孩子死得多。民国 33 年好年景有撑死的。

民国 33 年闹蚂蚱，我种的谷子都遭了蚂蚱了，一晃眼就飞过去了，它吃谷子、高粱，那时候已经收麦子了。老百姓有逃荒的，逃到唐山、黄河南面，我没逃过荒，俺哥出去过。

皇协军住在东面的炮楼上，日本人天天来扫荡，在白小河、苏家林点房子点得多。日本人在荒年也要粮食，逮住小孩就揍，打飞弹玩，打死过一个人。（日本人）天天抓人给他们干活，挖煤、挖沟。

孔陈村

采访时间：2008 年 1 月 27 日

采访地点：威县贺钊乡孔陈村

采 访 人：李莎莎　张　艳　王　瑞

被采访人：孔祥荣（男　81 岁　属龙）

我上过小学，上过三四年，日本人来时就不上了。

我记得灾荒年，我挨过饿，我受过日本人欺压。灾荒年是民国 32 年，那年天不下雨，日本人又要东西，皇协军也要东西，差点儿饿死我，那时我才十多岁。那时村里没吃的，一斤麦子能换好几斤红高粱，麦子不够吃的，高粱难吃就吃得少。当时咱村里原来有三百来口人，后来就剩了180口，饿死的有一半。

孔祥荣

没下雨，到了八月二十八才下雨，连着下了七八天，当时潮湿啊，人都得霍乱转筋，死的很多，死了一大半子，有出去的，有在家饿死的，都没什么人了。

得霍乱转筋死时没药，光扎旱针，我爹孔凡崇就是得病死的，我父亲得病时是下了雨以后，死时下雨了。我有一个姑姑，我这没怎么收，她那还好点。我姑是东大城的，我父亲去俺姑家那会得那病，那病很快，抽筋，一个大人搐得那么小，扎一针不好就死了，得病一会就死了，和我姑刚说了两句话，他就死了，一看，咽气了。俺爹死了，俺姑姑叫人抬来了，没人埋，埋不动，俺用东西换了几斤煎饼，让别人去抬俺娘的箱子，打开两边口，把俺爹装在里面，抬着去埋了，当时没人抬，人都饿得没劲儿了，人都抬不动。

咱这个村里得病的不少，荒年可怜，编的歌："民国32年，灾荒真可怜，穷的富的没有饭，只把草籽摊，饿死一大半。"不记得谁死，几天不去看，再去，都死了。霍乱转筋，不传染，扎针不管事，扎旱针，没有扎过来的，谁得这个病，在各人家里，死在家里了，都没劲了。当时咱村喝的水就是砖井里的水。

没吃的，把孩子领出去卖了，我没有孩子，往西去有往邢台的，往东去武定府，在平原那。到这还没有回家的，那都是逃荒出去的。有个人把媳妇卖了，他忘了跟人要钱，钱也没了，人也没了。俺大姐现在还没回家。

当时没来过河水，灾荒年八月二十八下的雨，下晚了，种庄稼都误了。这一年有蚂蚱，都穿黄马甲，一堆一堆地往北飞。我们把蚂蚱逮住，把头揪了，炸炸就吃了，人吃蚂蚱吃多了就会浮肿，腿肿，眼肿，人都死了，没吃蚂蚱时先肿，吃了蚂蚱就更肿了。

我挨过打，日本人、皇协军都打我，俺这三里地有一个楼，我父亲被牛车拉回来时，被打得像豆腐一样瘫了，我替我爹去看电杆，正向北走，一看前面，是宪兵队，我那时才十几（岁），我说咱不跑了，他们带狗，拿着刺刀，问："干什么的？"宪兵头子看我们是小孩老人，说不是八路，我们说是看电杆的，日本人说小孩的干活，老人的干活，好好的，说不是八路。

皇协军也有好的，我去看电杆时，我去了，那两村的没来，有个排长说："你来得太早，先进来歇歇吧。"当时我爹我娘都死了，他说我是苦命的孩子，他叫我到里面去，给了我两个大干粮，他在炮楼里当先生。

采访时间： 2008 年 1 月 27 日
采访地点： 威县贺钊乡孔陈村
采访人： 李莎莎　张　艳　王　瑞
被采访人： 王贵花（女　82 岁　属虎）

王贵花

俺娘家在潘村，日本（人）来时俺才12（岁）。没上过学，日本人一来，不让上学了。日本人今儿来，明儿来。

俺 17（岁）时嫁过来的，灾荒年时我18（岁）了，日子难过，七月里下了七天七夜的大雨，没吃的，雨下得大，十家有八家屋塌。那会儿吃的是砖井的水，民国 32 年饿，民国 33 年有蚂蚱。

得霍乱转筋的人多，（发病）快，人抽成一团，抽筋、转筋、也跑茅子，今儿还没事，跑茅子就不行了，不记得啰，抽成一团就死了。死的人有我认识的，我光知道俺六大爷，下雨以后死的，下了雨才得霍乱转筋的，那时吓得都不敢出去，传染，说死得很快，不敢出门。

俺那胡同没有一家死好几个的，一说抽筋，请先生，请及时了救过来了，请晚了就完了，快扎还能扎好，扎晚就完了，那时说西头谁谁扎过来了。俺村里扎旱针的人不多，先生少，我不知道先生名字，那时一个村子里有两个是多的。原来村子里有 300 人，过了民国 32 年，剩了 180 口。

刚才说的是这个村的，霍乱转筋是潘村的，潘村当时的人数不记得了。都听说这个病叫霍乱转筋，没见过，只听老人说，转筋，手也抽，一抽就抽成一团。都说谁谁死了，不让出门，说这病传染，老人说传染，谁一说传染，就都不出去了。得那个病的人病的快，死得快。当时除了病死的人，还有其他死的人，妇女也不让出去看，封建。

灾荒年俺没记得来过大水，当时没吃没喝，七天七夜的雨，又饿着，又下雨，又得病，村里的人出去一半，这是娘家情况。

那时都去西边，还有到北京去做买卖的，找有熟人的（地方），那时可困难。民国 33 年麦子收齐了，上了蚂蚱了，那蚂蚱把麦穗都咬了。民国 32 年之前蚂蚱少，民国 33 年蚂蚱向东走，有声，蚂蚱都有头，有领着的。

日本进中国时我 12（岁）了，还小，不记事，光记得日本人来了，就跑。日本人今儿去这村，明儿去那村，不经常去，去时这家翻，那家翻什么也不要，也不抓人，光进村祸害，咱啥也不记得。

日本人都在城里住，50 里地，威县，光住在城里，带着皇协军，咱中国人不领着，日本不知道地方，皇协军领着日本人串门子，看见什么要什么，也不打人，皇协军也要东西。

那会儿没老杂，日本以前是老杂，日本来了就怕了，没有了，咱就记得这些东西，旁的事不记得了。

马家庄

采访时间： 2008 年 1 月 25 日
采访地点： 威县赵村乡西寺庄
采 访 人： 胡 月 何 科 宋 剑
被采访人： 温玉珍（女 75 岁 属狗）

温玉珍

你看我这么大岁数，我耳不聋眼不花。

那时候我跟你说，那会儿我不大咧，十来岁跟着俺娘逃荒去了。你听我和你说，逃荒到人家那里，我就学会干活了，怎么说，当时收枣啊那一会儿，俺娘给人家洗衣裳，给人家拆的铺盖，给人家做衣裳，我都跟着俺娘，都要饭去在那里，光给人打工，都不要饭了，俺爹给人家干活去了。

俺娘家在贺钊北边马庄，逃荒逃到冀州。那一会儿麦子没长的了，也没地了，俺在这里，在西头这，俺在这里住的，俺哭多少回啊，人家可怜俺，在这个村里要些饭，人那大人都说：这个小闺女长这么个样咧是吧，给她碗饭吃吧。俺娘、姥姥也都要，要了俺就叫俺娘喝点，那会真顾不住了，俺就上北边冀州逃荒去了。民国 32 年那会儿逃荒，俺都跟着俺爹、俺娘、俺妹妹俺几个。

下雨我记得，当时下七天七夜雨，记得反正是漏房，我不记得有水，下雨以后我在冀州咧，都在冀州逃荒咧。

死的人是不少，肚里疼，上啰下泻都死了。我那会儿小，反正是有这么一回，记不很清。那会儿都说霍乱转筋，不都说这个？我见大人说，我就这么说，我不知道。那会儿那是地主那些人能供养的，当医生的那些都说，这一般的人这里的事我不知道。穷人又听不懂人家说话，那有头有脸的人哪都去。（治病）就是扎，扎腿肚子，扎筋，扎筋流那个黑血，我记得这个。霍乱转筋有得的，有不得的，反正死的人不少，也有没得的。有这个病时我在这里，那小咧，没娶，没事我就住亲家了。咱不知好了没好，俺不记得那人了，那时小咧，谁记得这个？反正光记得俺逃荒，老人小孩都饿死了，逃荒出去还好，在家里有饿死的。那年旱灾，没收成，都那一年逃荒，民国 32 年，（逃荒的人）多。

跟俺姐姐在地里一敲锣，那蚂蚱都飞了，都带着翅儿，在地里拿着棍子一招呼，都跑了，蚂蚱光吃谷子。蝗虫，小堆，没有翅儿，蹦达蹦达蹦达，有翅的在俺这里，蚂蚱堆儿在冀州，光咬麦穗，那都熟了，人家那边还好，有收的。

民国 32 年，那会儿八路军还没什么咧，不很多。村里有炮楼。

南小城村

采访时间：2008 年 1 月 27 日
采访地点：威县贺钊乡南小城村
采访人：韩晓旭　吕元军　郭亚宁
被采访人：程鸿亮（男　72 岁　属鼠）

程鸿亮

民国 32 年是灾荒年，当时我家里有爷爷、奶奶、父母、叔叔、婶婶，还有 30 多亩地。收成不好，因为天旱不下雨，民国 32 年都旱，把人都饿毁了。逃荒的不少，逃荒的人到山东、山西、河南，我没逃过荒，把家里的东西都卖了，熬过来的。俺叔叔、奶奶逃到了徐州。

刮过大风，像下雪一样，白天都看不见人，院子里都是土，风是西北风，大黄风，土把沟都填平了，后来土又被刮走了。

从开春到种地时一直旱。八月开始下雨，下了七天七夜，房子都漏了，那时候没有河水，都是天下的雨。

人挨饿、受潮就跑茅子、脱水、抽筋，这个病叫霍乱转筋，都这么说。我见过得病的人，我的婶子张华亭得过这病，扎好了，俺奶奶程肖氏得霍乱死了。就是抽筋，人都抽得很小了，得病几天就死了，一个村一天抬七八个死人。这村有医生叫程云清，他会扎旱针，扎过针后不出血。扎好的人有一部分。

没闹灾荒时村里有 400 多人，闹过后还剩 200 人。得霍乱死的人也不少，这个病不传染，有的人走着走着就死了。霍乱是在七八月闹的，时间不长，下雨之前人是饿死的，下雨之后得病死的多。我们当时喝的是井水。

我们这里闹过蚂蚱，过了民国 32 年闹的，闹得厉害，把庄稼都吃光秆了。蚂蚱飞起来像阴天一样，就用棍子敲、轰，挖沟把小蚂蚱闷了，带翅的用棍子敲。

日本人住在贺钊，得霍乱时他们不管老百姓。（日本人）烧房子，在苏家林烧得厉害，不讲理，没人敢管他，皇协军打人。当劳工的多了，被抓到关外。我们村里没有抓到日本的，东大城的梁金荣被抓到日本了，解放后回来了。

采访时间：2008 年 1 月 27 日
采访地点：威县贺钊乡南小城村
采 访 人：韩晓旭　吕元军　郭亚宁
被采访人：侯长增（男　76 岁　属猴）

民国 32 年是灾荒年，都吃不饱，一天饿死好几个。日本人还要粮食，还让老百姓给他做工挖煤圈、筑碉堡，所以日本人一来，老百姓就吓跑了！

侯长增

闹过灾荒，天不下雨，光刮风，刮得很大，屋里都看不见人，刮到阴历六月份，街上刮来的土有30公分厚，壕沟都刮平了。那时候地是不少，但种不上，粮食收得很少，也收点菜。

后来又涝了，阴历六月涝的，点上荞麦和胡萝卜了，雨下得很大，一开始是暴雨，后来是连阴天，七天七夜没停。坑里有积水，村里也淹了，水有40多公分深，洪水就是下雨下的，没河水。那时候人们喝井水，喝凉水的多。

下雨之后开始死人，受潮了，脱水、拉肚子，并且传染，一天死好几个，那时候管这病叫脱水。得了这病的人拉肚子，脱水，七八个小时就死了。也有扎旱针的，有一半治好了，我母亲于贵存得过这病，治好了，我父亲也得过，不严重。我的叔伯奶奶杨氏得了之后吃西瓜吃好的，补水。俺村程云清、韩其玉、赵恒泰就会扎旱针，他们不分白天黑夜地给人扎，扎过针之后不出血，就好了。得病的人也抽筋，身子都抽到一块去了，身体就小了。没闹病之前村里有400多口人，后来死了有200多人。

逃荒逃到山东武定府惠民县、河北赵县、山西，也有逃到河北冀县的，但站不住又回来。没逃荒的在家要饭，做买卖。民国32年我没逃过荒，我们家磨香油卖，把香油卖给富户、地主，赚钱了买点粮食，村里还有蒸馒头、烙煎饼的，但不太多。当时用的钱有日本人的准备票、共产党的冀南票，中央票也叫国票，也能花，也有银圆，但我没见过，准备票五毛、冀南票十元。

民国32年闹过蚂蚱，刚开始是有翅的，后来就变成没翅的了，发水后种上麦子，连麦苗都吃了。蚂蚱飞得都看不到天，有时连月亮都遮住了，人们用竿子扒拉，轰蚂蚱。日本人不管这个，他们没收过蚂蚱。蚂蚱闹了十几天就过去了。

日本人经常到村里来，他们住在贺钊，刚开始住民宅，后来修好炮楼，住在炮楼里。他们要东西，抓共产党，也打老百姓，看你不地道，就说你是共产党，就开始打。这里明着是日本人管，暗地里是共产党管，俺村里共产党多。日本人也烧房子，但烧得不多，没有把人抓到日本的。日本人也糟蹋妇女，但我不知道多不多。这里也有皇协军、宪兵队，宪兵队专门抓共产党，这里没大老杂儿。

我哥哥是共产党，被叛变的共产党员出卖了，抓到威县贺钊做工，遭了刑罚，被灌辣椒水后，开始踩肚子，踩得七窍都淌辣椒水，后来充军到吉林挖煤，一年后逃回家乡了。

民国33年开始收粮食，饿不死了，村里也有吃多了撑死的，但不多。村里有钱的人死了人要穷人帮忙，给他们饭吃，吃多了就撑死了。

采访时间：2008年1月27日
采访地点：威县贺钊乡南小城村
采 访 人：韩晓旭　吕元军　郭亚宁
被采访人：苏良玉（男　84岁　属牛）

苏良玉

民国32年是灾荒年，我六七月份出去的，在家里收成不好，收粮食不多，挨饿，民国32年底没收，加上日本人在这里闹，天旱得没收，旱了一年，我走的时候还没下雨。

刮过大风，忘了哪一年，在屋子里看不清院子里的东西。

我逃到了冀县，我们家是跟苏战兴、苏战方两家逃的，在那里待的时间不长，有两个月吧，因为那里也不好过。逃荒的人不少，记不清具体逃到哪里了。

回来后还是挨饿，回来时这里没下雨，死的人不少，但不知道为什么死的。刚开始村里四百来户，回来后还剩二三百户。

忘了什么时候了，闹过一次蚂蚱，地里满满的一层一层的，人饿得都吃蚂蚱。回来后1944年死的人就不多了。

日本鬼子住在贺钊，不经常到村子里来，来村里不是抢就是打人。我有一个哥哥，是地下共产党员，被日本人枪毙了。村子里当八路的不太多，有十几个。

南雪塔村

采访时间：2008 年 1 月 26 日
采访地点：威县贺钊乡南雪塔村
采 访 人：王　浩　徐颖娟
被采访人：杨栋湖（男　73 岁　属猪）

杨栋湖

我小时候兄弟仨，我是老小，家里有十来亩地，是贫下中农，粮食基本是够的，地少，不够吃就到地主家地里拾东西吃，我没给地主打过工。

我记不清大灾荒了，那时候十七八岁。民国 32 年饿死了许多人，天没有下雨，旱了一年多，没有收粮食。

有得病死的，那叫转筋，都抽筋，转不过来就好了，转不好就死了，大人老人死得多，那是旱天得的。那年也没有发大水。

饿死的多，重的都死了，轻的没有死。我家没有人逃荒，村子里有人逃荒，往哪逃荒的都有，第二年就回来了。蝗虫多得打不及了，用竹子轰那会飞的，那时庄稼都长出穗了。

日本人把我家都拆了，拿去修炮楼，那里皇协军多，日本人少。硬抓人，兄弟三个的，就硬抓两个去，你不当也得当。八路军都不敢露头，挎着篮子装老百姓。村子收了粮食交给皇协军，也给八路军，村长都是皇协军让当的。

日本人在这住，也不打你了，刚来的时候我们都跑。穷人没东西，日本人不抢了，还给小孩发糖，他们叫人别害怕，在楼上撒糖，小孩都去抢糖，我也去了。日本人问你是八路，看你不顺眼就问，村长说这是老百姓，他们就把人放了。村子里有当八路的，都成烈士了。

侍曾村

采访时间：2008 年 1 月 24 日
采访地点：威县贺钊乡侍曾村
采 访 人：张 伟 董 倩 王 焱
被采访人：胡文曾（男 78 岁 属羊）

胡文曾

我叫胡文曾，今年 78 岁，一直住在这。民国 32 年，我十四五岁，跟父母种地，还小，做不来多少活。那会儿我家里人口不多，我、一个兄弟、一个妹妹、父母，五口人，我舅父家给七八斤面，将就着没逃荒，家里也没有得病的。

灾荒年，那年是雨小，从咱这个村向北 60 里地，收成都不好，到南宫以北就好了。以收成来说这里每亩地打五斤麦子，北边能打二三十斤，最多打 58 斤。再一个原因日本人在这，不让随便种地，这儿有个钉子，他在这儿住着。饿死的人多。你出门，身份证那会叫出门证，小本本，带上怕八路说你是日本人，不带，日本人说你是八路。我从这向东 30 里，背绿豆，背十斤赚一斤，日本人说你给八路运，八路说你给日本人运，连赚几口吃的也不行。

那时，六月底七月初几下雨，那会儿房屋都是土屋，下了七天七夜，地上没淹，七个月没下雨，越干越不下雨，越闹水越下雨。

人都饿，又赶上湿气病，腿肚子转过来，叫霍乱转筋病，（发病）很快，吐黑水。胳膊弯有筋，要扎针放黑血，出了血就没事了，不出血，非死不可，紫黑的黑血。人饿没东西吃，天又潮，找点野菜和糠一起吃，这村六百来口，剩了三百来口，村里没人了，院里的菜很高，都没人了，到南边死得还重，南边比这儿还苦。

我见过病人，有扎过来的，也有扎不过来的，没医生，一个村就二三个会摸脉的。医生忙得没法吃饭，忙完这家忙那家，把医生都饿死了。医生是本村的，扎过来的不少，没治好的可多了，一家子好几口子都死了。有几家子，李福安、李福坤兄弟俩，编筐过生活的，两人统统死了，就他两口人，刚编完筐，在会上卖卖，赚个生活，七月初几得的，下雨得的病。干的时间长，一湿，人受不了，又饿，没吃的，吃糠吃菜。吃草死的有好几口子，死好些，死了 200 多人。贺利明也是，也是抽筋死的，李守生兄弟俩都 50 多（岁）了，贺利明是 20（岁）挂零的小伙子，最快了，一天两天就埋了，死人多了，传染，当时，八路军来说这是传染的。麻子以后也没了，那会儿也不懂。

那会儿吃井水，喝生水，和公家人不一样，（他们）一口凉水也不敢喝。

民国 32 年大灾荒，一家子一家子逃荒去，去山东北，村里没什么人了。逃荒的逃荒，死的死，卖儿卖女。到日本人走了，又回来了一大部分，也有没回来的。我没有逃荒，在家里，有六亩地，种谷子，没雨，不出苗。咱这村黑土地，盐碱地一下雨，蔓菁长得像大拇指，萝卜像小拇指。赶会卖饼，白饼是白面，黑饼是荞麦面，灰不溜秋的，赶会去。

我那会儿可没见过馍馍，都吃糠吃菜。

灾荒年，干旱，转筋，没闹蚂蚱，民国 33 年麦子快熟了，有大蚂蚱，带翅膀的，会飞，蚂蚱顺秆爬，一口把麦子吃掉了，人捡吃掉的麦子吃。蚂蚱堆，刚会蹦，不会飞。

日本人在东北角安了钉子，上村里来，抓民工，清围子、掘沟、垒墙，不干不行。有石军团以后才有八路。老百姓不好混，日本人要命，要东西，住三五天，什么东西都要，没有东西搜，有 100 块给他，有一块也得给他，不给，就把你绑梯子上，烤心口，疼，不给也不行。（说你是）

"八路的干活"，日本人就把人挑了，日本人杀了十多个人，说他们是共产党八路军，把他们杀了，咱村是据点。

天竺村

采访时间： 2008 年 1 月 27 日

采访地点： 威县贺钊乡天竺村

采 访 人： 韩晓旭　吕元军　郭亚宁

被采访人： 袁怀章（男　78 岁　属马）

袁怀章

民国 32 年我们家有四口人，祖母、父母和我，家里种着 18 亩地。

民国 32 年差不多一年没下雨，没井，收成不好，秋天也没下。村里都跑出去了，跑到山东、南徐州，还有上北京、东三省的。没闹荒前，村里有 210 口人，闹了荒，剩下一百五六十口，都是饿死的！

民国 32 年刮过大风，刮了十几天，院子里有土，土像雪似的，这里一堆，那里一堆，风从东北俺村果林子里刮过来。闹过蚂蚱，刚开始不会飞，后来长翅了，差不多六七八月份闹的，长翅的时候又飞走了。那时候贺钊有日本人，让老百姓逮蚂蚱，逮半袋子送过去，让他们看看。

那会儿有得霍乱转筋的，各个村的情况差不多，都有得霍乱的。我见过得病的人，抽筋、跑茅子、上吐下泻，得这个病的人挺多，有五十来口。有治的，人太多了，治不过来。俺村里没有会扎旱针的，别村里张纪亭会扎。得了病有半天、一两天死的，传染，一般得这个病的都死了，一天死两三个，村里没有一家子一块得病的。我母亲得这病死了，不用棺材，因为没钱。八月份得的这病，得病的时候雨下的小，七八月下的雨，下了七天七夜，淅淅沥沥的，种上荞麦了。我们喝的是井水。闹病的时候，日本人不管。

民国 32 年也收粮食了，收得少，基本上不挨饿了，人饿得毁了，一吃新粮食撑死了。

日本人到村子来抓共产党，俺村的共产党不少，日本人一来，老百姓就吓跑了，日本人也烧房子。张心方是老共产党人，日本人来抓他，没抓着，但把他家南屋烧了，日本人拿着枪把张心方的妻子吓晕了。在我们村抓走了三四个共产党人，张心刚、袁世肖、袁承章，后来都死在了石家庄的监狱里。袁金来是共产党员，在贺钊被日本人用刺刀挑死了。

俺村里没人当皇协军，日本人明里管，共产党暗里管，双方在苏家林打过仗——"火烧苏家林"。

采访时间：2008 年 1 月 27 日
采访地点：威县贺钊乡天竺村
采 访 人：韩晓旭　吕元军　郭亚宁
被采访人：苑金聚（男　78 岁　属马）

苑金聚

灾荒年我都十三四（岁）了，那年是民国 32 年，地里旱，天不下雨，一年没怎么收。这里的人都逃荒了，百分之八十的都饿死了。一直旱到六月，六月下了雨，下得不大，地里能收了，不记得下了几天，但地下透了。

那时候也经常刮风，记不清哪一年刮过一场很大的风，在屋里点灯，只看见灯头发红，看不清东西。

民国 32 年还是民国 33 年闹过蚂蚱，地里都盖满了，闹了有 20 天吧，民国 33 年收粮食了，但收得不多。

逃荒的人有到徐州和北京的，我没逃出去过，家里就剩我跟母亲。灾荒前，村里有四百来人，灾荒后，连死带逃，加上日本人抓走去煤窑，还剩二百来口。抓到日本去的是党员，有七八个，有袁世肖、张心刚，我还记得日本人把村围起来的。

灾荒年死了一半的人，有饿死的，有被日本人抓走的。民国 32 年收粮，秋后撑死不少人，但也不能说很多。有不少是抽筋死的，死了人就刨个坑，往地里一埋。那时我还小，不清楚霍乱是什么事，只知道大人说谁谁又死了。那时候也不流行说传染，也没医生，都是老百姓自己扎针。霍乱死得很快，有时候一天死一两个，也有一天一个都不死的。那时候我们喝的是井水，也不管是开水还是凉水。

日本人住在贺钊，向村里要东西，都是中国人给日本人办事，当皇协军。民国 32 年民国 33 年日本人就少了，最后贺钊就剩七八个。日本人抓八路、党员，对老百姓没做啥事。皇协军坏，日本人倒不坏，他们只抓八路。

民国 32 年，中国人打过贺钊的日本人，但没把城门打开，快攻进贺钊时，威县的日本人来援救，中国人吃了大亏。

西雪塔村

采访时间：2008 年 1 月 26 日
采访地点：威县贺钊乡西雪塔村
采 访 人：王 浩 徐颖娟
被采访人：苗 朝（男 77 岁 属羊）

苗 朝

我兄弟俩，我是老大，家里有 20 亩地，是贫农。家里有七口子，粮食不够吃，去给人家盖房子挣钱。

民国 32 年闹灾荒，靠天吃饭，天不下

雨，一直旱，六七月才下雨，都下透了，种了油菜、萝卜，都收了。

闹饥荒死了许多人，一天死五六个，有人得湿气病，肚子疼，都没有人去管。八路军还没有住过来，日本人都不管，就死在那了。这病传染人，本来好好的，一下就死了，也没有人给打针，是下雨后得的。死的人比剩下的多，那时四个村没分开，是个大村，有2000多口人，闹完灾荒后就不记得村子还有多少人了。

有人去逃荒，逃到西北去了，我跑去姥姥家，离这西南方向八里地。

蚂蚱很多，有翅膀也不少，一拍就三四只，等它飞起来，把太阳都遮住了。庄稼地里都是蚂蚱，它说吃就吃，说不吃都不吃，用杆子也轰不走了。有吃蚂蚱的，炸了就吃，蚂蚱有一个指头那么长，大翅子，我没有吃蚂蚱。

我七岁时日本人来的，日本人就住在我们村，在这就能看到日本人在楼上站岗。有人去给日本人站岗，后来让八路军知道了，就拉去枪毙。

我大爷在东村，日本人让人把村里有多少人都给报清楚了，日本人拆了我们的房子去盖炮楼，我这房子是泥土的，没有砖，拆了一个富农地主房子去盖炮楼，有一个富农，一气之下去当八路军了。

采访时间：2008年1月26日
采访地点：威县贺钊乡西雪塔村
采访人：王　浩　徐颖娟
被采访人：翟四存（男　82岁　属虎）

翟四存

我家兄弟俩，我是老大，老弟都70多（岁）了，家里六七亩地，是贫农。小时候粮食都不够吃的，就想办法去买，去拉车挣钱，轧花。

闹过灾荒，记不清哪年了，民国32年

闹的。我在家，我 1947 年当的兵，那时在家，饿死很多人，记不大清有什么人。那时候是一个大村，那会的有 1000 多人，现在有 2000 多人。

那时没下雨，一年没收东西，一直没下雨，村子有不少饿死的，也有病死的，不知道什么病，没吃的就会死，你有吃的就不会死了。霍乱病这里没有，外面有得的。蚂蚱上过，上的时候庄稼还没有收。

有逃荒的，我没有逃荒，出去的不多，逃出去的没回来，去石家庄那了。大家都怕日本人，见了就跑，他们（日本人）不打小孩。

我 1947 年刚去的时候，跟着刘伯承，在十四纵队，不敢在一个村子里，都在后山。1949 年入的党，在军队里入的。1950 年上朝鲜去了，我是炮兵，在后头，不大见美国人，大炮从苏联来的，后来都换机械化了。1956 年回的家，国家现在给我发一个月 200 元，以前给得少，现在给得多了，从 2006 年开始的，以前只有几十块钱。

小刘庄村

采访时间：2008 年 1 月 24 日
采访地点：威县贺钊乡小刘庄村
采访人：李 琳 孔 昕 滕翠娟
被采访人：刘宪瑞（男 88 岁 属猴）

刘宪瑞

我上过学，也教过学，也给国家卖过命，战争时期在县政府干过，肥乡县县政府。是党员，入党时 18（岁）了。

民国 32 年大灾荒，都饿死了，旱灾，这一带草根都吃光了，房屋都卖了，没吃的，吃草根，吃树叶。民国 32 年我那时 25 岁，山东往东没有灾情，山西往西没有，就河北这一带大灾荒。

那年我没病，我体格壮。这一个村里饿死一大半，饿死的饿死，霍乱的霍乱。霍乱，就是感冒，伤风感冒，啥样记不清，跑茅子、拉痢。也有蚂蚱灾，一个挨一个，从南往北跑，大概是民国 32 年以前。

日本人、皇协军捉拿共产党，晚上在家不敢睡，去地里藏着睡。我跟他作过战，肥乡县政府受炸时我就在那。日本人不断来，那都没法说。

采访时间： 2008 年 1 月 24 日

采访地点： 威县贺钊乡小刘庄村

采访人： 李 琳 孔 昕 滕翠娟

被采访人： 刘现勋（男 72 岁 属鼠）

刘现勋

我上过小学，民国 32 年虚岁八岁。

民国 32 年灾荒年不下雨，庄稼一点不长，耩不上地，没发过水。当时我小，在小陈固姥姥家住。霍乱转筋，听说过，没见过，浑身不行了，转筋。我没得过，家里也没得的。

蚂蚱有，民国 33 年春上，蚂蚱一过去庄稼都没了，人都没啥吃的。家里没人，都死了。

逃荒的怎么没有？我姐姐饿死在家里了，我叔伯姐姐逃到山西太原那儿，逃出去的都活下来了。灾荒年头一年不记得有多少人，过了灾荒年还剩 100 多人，逃荒连饿死的得一半多。

皇协军在炮楼上，咱村是二区，亲叔伯大爷刘德坤是个二区干部，老二区，日本人划的，八路军在他家住，日本人因为他窝藏八路把他杀了。

我没父亲了，叫伪县长何梦九给祸害了，用剪刀剪死的，民国 31 年死的。

杨陈村

采访时间： 2008 年 1 月 27 日
采访地点： 威县贺钊乡杨陈村
采访人： 李莎莎　张　艳　王　瑞
被采访人： 杨朝海（男　75 岁　属鸡）

杨朝海

我没上过学，我得了脑血栓，不会说。

灾荒年记得，那是民国 32 年，那时有八路，有日本，没得吃，谁也不管。地里没粮食，有灾荒。

下雨，可能是七月初七，连阴带下有七八天，下得不小，种庄稼都晚了，水没淹地，哩哩啦啦下。没吃的，谁也不管谁，有逃荒的，挺多，村里一共剩了 30 多个人，没逃的时候有 80 多个。我逃到隆尧了，逃荒去哪的都有，河南、山东、北边，我逃西北了。我当时是五月份出去，民国 37 年回来的。

得病的多了，霍乱转筋，什么症状不知道，那时我在外面，我出去了。先生看不好，都死了。得病的很多，埋都没人埋，传染不传染也不知道，也不看。连饿带病，那年死的人不少。下雨前还是下雨后闹不清，死的大部分是老人。那时候吃的是砖井的水，灾荒年以后上过大水，灾荒年没有。

民国 33 年有蚂蚱，很多，很厉害，带翅的能飞，能把天盖住。听说过吃蚂蚱肿脸，我没吃过，我没见，听他们说的。

日本鬼子来村里带人。离这四里地有一个炮楼，在王庄，日本人少，皇协军多，来村里干啥的都有，抢劫霸道、强奸妇女、抓人、抓八路。（日本人）把人抓到贺钊，抓的人有放回来的，有死在那儿，轻的放回来，重的死在外面。

土匪是临时的，土匪有抢吃的，也打人，如果说没吃的就打。

张牛村

采访时间：2008 年 1 月 24 日

采访地点：威县西贺钊村

采 访 人：张 伟 董 倩 王 焱

被采访人：潘巧素（女 75 岁 属鸡）

潘巧素

我叫潘巧素，今年 75 岁，属什么的忘了，糊涂了。

那会在娘家，娘家张牛村，日本人来的那年我七八岁，骑着牛逃走的。灾荒年，不下雨，麦子没收，不记得什么时候下的雨。

死了很多人，娘家对门一家子死了五口子，都是饿死的。也有人抽筋死的，霍乱抽筋，一个男的，他娘、他爹、他兄弟、爷爷、奶奶都死啦，那会儿没医生，都是转筋死的。

张小河村

采访时间：2008 年 1 月 26 日

采访地点：威县贺钊乡张小河村

采 访 人：韩晓旭 吕元军 郭亚宁

被采访人：胡素芹（女 87 岁 属狗）

有日本人时我十二三岁吧，还有老杂儿，见了他们俺就跑。张小河村东面有一个炮楼，住的是皇协军，日本人走了，这个炮楼就毁了，炮楼周围有沟，有吊桥。日本人在贺钊住着，鬼子来了，大家伙就跑，不敢跟他们见面。鬼子抢东西，要好的，不要孬的。

闹灾荒的时候没吃的，不知道哪一年闹的，就是记得淹过，五六月的时候下过雨，房子都倒了。

村里有得时疫病的，抽筋，扎得晚了不行了，也跑茅子，不知道叫啥病。俺嫂子胡刘氏跑过茅子，抽过筋，被扎好了。治好了就好了，治不好就死了。

胡素芹

采访时间：2008 年 1 月 26 日

采访地点：威县贺钊乡张小河村

采访人：韩晓旭　吕元军　郭亚宁

被采访人：张长在（男　81 岁　属兔）

灾荒年是民国 32 年，没下雨，没井，地里寸草不长。后来下过一场雨，下雨时穿的是单衣，霍乱是下雨前后得的。

那时候村里有三百来户人，那一年死了二三十个，因为抽筋死的，手一抽就张不开

张长在

了。那时医生少，有一个叫郭秀珍，算不上医生，但会扎针，能放血，一放血就好了。80% 的人都扎好了。南边 20 多里地，李家、张家、贺家那一块，80% 的都死了。

俺父亲张福荣是秋天得的霍乱转筋，张不开手，说不出话来，没跑茅子，也没上吐下泻，民国 33 年死的，死的时候七十二三（岁）。医生都不在家，光在俺村里，跑了这家又跑那家，忙不过来。不知道这个病传染不传染。没人往外抬死人，都饿得没力气了，谁家死了人，就先给帮忙的人做饭，吃了饭才有力气抬。

日本人在这里抓过人挖煤窑，村里很多人都逃荒了。民国 32 年下雪的时候我出去了，到了山东临清，下了雪就走不动了。山东存粮，灾情不严重。

不记得哪一年闹过蚂蚱，民国 33 年大丰收。

侯 贯 镇

南侯贯

采访时间： 2008 年 1 月 26 日

采访地点： 威县侯贯镇南侯贯

采访人： 胡 月 何 科 宋 剑

被采访人： 张秀英（女 74 岁 属狗）

张秀英

　　我灾荒年时在娘家，灾荒年那年 10 岁了。灾荒年时是旱年头，到了后来下七天七夜雨。

　　那雨下得大，到秋后什么粮食也没收，没收那些，都种的萝卜，种菜，都收一点。过蚂蚱，那蚂蚱都飞得盖上天，我也吃过，那时候我还小咧，七八岁，俺嫂子、俺哥哥都去逮蚂蚱去，在锅里烧蚂蚱吃。那时候还没伤人，也没饿死人，反正吃得不好。

　　上大水那时候我都上这来了，我不记得多少年了，这上水上了两回咧，都送饭，他奶奶都蹚着水送饭去，我那时候 20（岁）了吧，20（岁）了，上大水。七八岁时那还没上大水。

　　有那（霍乱）病，浑身抽，那一阵死了一些人，没什么医生，净扎旱针的，有扎过来的，也有扎不过来的。那年，一家死两口子三口子的，都买不起什么，找两人仨人，囫囵埋了。很多人都饿死了，俺家里还没死人，他爷爷他奶奶都饿死了。过灾荒年以后我才来他这里的。王金鹏的奶奶爷爷，都饿死的。来这后院里死了两口子，都说是因为霍乱转筋。

人死得多，一个村里死的人不少，天天上外抬。死的得有几百，这村大，天天上外抬，天天抬。都说传染，有一家一家死的，有死的没事的。霍乱转筋，就灾荒年时这一年，都这一窝霍乱转筋。

也不知道下得多大，我记得俺那嫂子有个小孩，下着雨生的，都蹚着那水稀里哗啦的，在院子里蹚水。反正下得大，光下，咱那（时）小咧，十来岁，不上地里去。霍乱转筋，都是这一窝，霍乱转筋，俺家里还是没死，俺嫂子得了霍乱转筋了，俺嫂子就好了，待两天添了个小孩。俺叔叔后来得霍乱转筋了，死了，他叫张凤兴。下雨七天七夜时，我都 10 岁了，我一直也不知道他多大岁数了，也就五六十（岁），都浑身抽筋。俺那嫂子，她还没死，过来了。叫什么名字我也说不清。

那年上蚂蚱，没收什么粮食。

那上黄河南逃荒时，日本人还没走咧，我那时候 10 岁了，那时还是日本支配的，叫坐车叫么的，出去上不上，拿着棍子打，那人多，上车逮人上的。俺那一窝都出去了，去河南、山西，都上那去了，俺上河南去了。在那没死，都要点饭吃，没死了都逃回来了。

日本人，他不给粮食，光跟人要粮食。没有给小孩糖，光跟人家要粮吃，在家翻，翻着都倒着走，那跟村里要，都不拿了，要家翻去。反正是一天一出发，出来扫荡，说你是八路，不论是谁说是八路，都砍死你。要不都跑啊，都跑得家里没人了。打人吧，不打这小孩，那才八九岁，不打小孩，他打大人，大人都跑了。家里光剩了老妈子、老头子、小孩，都跑了，不在家住。

庙上、东村、咱这侯贯都有炮楼，西边、北边是龙王庙。日本人有好的，也有孬的，孬的放火。

那时候日本人都败了，都走了，还在这出发，到过年就走干净了。

北侯贯

采访时间：2008 年 1 月 26 日

采访地点：威县侯贯镇北侯贯

采访人：胡 月 何 科 宋 剑

被采访人：李洪林（男 81 岁 属龙）

李洪林

我不识字，咱记不着，他们这一伙子不记得，那他时才多大岁数，咱岁数大吧，咱光忘。灾荒年反正死一部分人，反正不少灾荒年。

旱那咋没有！那时候收不多粮食，我那小时候一亩地收 50 斤，现在收 500 斤，收 600 斤，这时候收的多多了。那时候没井，靠天下雨，下的雨大，就多收点，不下雨就不收了，没有灌溉的。有河，那管什么事，又不能浇，都是光靠下雨，光靠天吃饭。

旱几年，旱的年可不少，那我都忘了。不是光旱，光旱人不都死了嘛，你好比今年旱了，明年挡不住下雨，就收了。有下过大雨，这地里，连河都满了，发了大水。雨下了得好几天好几夜，他们街上那人反正都知道，大概什么时候下的雨，我忘记是哪一年了，哪个月份闹不准。

那时候啊种那什么棒子、高粱、谷子、麦子，这时候都种棉花。下雨的时候这些收了，下雨就收点，它不下雨就收不了了。发大水时虽然下了大水，也收了，也不是说都瞎了，水大反正淹是淹洼地方。洼地也有田里的，高地也有田里的，反正收一部分淹一部分，收的是高粱、谷子、棒子。那时候种棉花种得少，现在种得多，反正那时候能收一部分瞎一部分。

都记不得那时候是什么病了，一说反正是传染。见过还没见过！见过也不知道是谁，也忘了，那人都死了。那时不像这时候什么病都知道，俺那时小，都不知道什么病，症状那不知道。这会儿这个那个都知道，那时又没医生。霍乱病啊，那时候也有这个，也不知道什么名儿，那个传染，听旁人说传染，发水前发水后那闹不很清了。俺家里还没事儿，反正是有得那病的，不知道谁得的，不是很多。

那时候还没逃荒的?! 上北向里，我也去了，上北向里，给人割麦子，给人拔麦子去。那边好一些，在那给人做活人管饭啊，给两个钱，给人家做活那还不是逃荒啊。我那时候小咧，跟俺爹，那时也就是七八岁，俺爹领着我。逃荒的上东北的不是很多，也有，俺这些个上北向去的，是给人干活去。有些逃荒的都不回来了，那是在那安家了，那来不了，在东三省了，这里有。不是都逃荒去，有一部分。

这飞的有蝗虫，蝗虫来了，咱这种高粱的地，我都上地去埋去，都埋住，你不埋住都给你吃光了。用土埋住它，它吃不了了，下雨前下雨后我闹不很清了，我那时候反正十来岁了。蚂蚱那么多，那蚂蚱一堆一堆的，我说那大蚂蚱，那时，这地里都刨得一溜沟一溜沟的，你说老百姓没办法，轰沟里去都埋了。俺在这地里躺着，俺爹躺着，蚂蚱都在身上过，一层一层，走到水里也过去，都上北向走，都上东北走，正收麦子的时候，它连那个麦子头都给咬下来了。

过灾荒年时，跟我同岁的都死了好几个，那撑死了不少了，人饿，饿的那个劲，这粮食下来了，他那肚子空空，他猛吃，吃得多，收的都是谷子高粱那些个杂粮啊。他饿的那个劲，收了，他有了粮食了，他吃多点，就撑坏了。

日本人都在俺村这住，这有炮楼，他在上边，挖的围子墙，村里也是围子墙。日本人不多，炮楼上有几个，反正净咱中国人，皇协军、治安军，都是中国人，日本人不很多。日本到最后败了，就剩七个人了，打死了两个，那会儿连炮楼一烧这才走的。

杀人放火，这个是肯定的事，在这打死的，日本人都在西边坑里，点着火，他都烧了，打死他能不烧他，他那使火烧。强奸妇女有，也不少，他也带着人咧，这日本也带的，也带的这日本娘们，我说你懂了吧?

这东边河里几里地有治安军，也有皇协军，这都咱中国人。治安军跟皇协军，都归日本人管，他反正是都叫这名。这里有打仗，俺都看。老杂也光抢。

有日本人的时候俺还上学咧，还上日本学咧。咱村里也有学生，就在咱前边这院儿（上课），都是村里的，也不是大学。就是说有日本人时，那时候在那上学。不是日本学校，就是说某个村子，这是在邢台。我知道有个人，他跟着这日本队长，这日本人害他，他是咱这共产党，人成大官了，还是个大官咧。

日本炮楼就建在这儿，日本人才来的时候有个二三十口，越来越少，到最后就剩七个了。俺村里还是不闹，一出这个村，外村，烧的烧，他在俺这住着咧，俺这村村长都给整死了，光俺村就死了俩咧。

威县淹过，在威县上大水的时候咱村里没这河，来了水就漫了，上水上得大，下大雨，漫了。这个河是东边河里放水，怕威县这县城淹了，这河有十五六年了。

东边那河是老河，发过水，厉害，那个大，东边二三里地都是水，多深？也有深的也有浅的，那时发水时，我记得是六七月，暖和时候，多少年我不记得。俺这里还上河里，那会儿兴迷信咧，怕淹了，什么唱戏去，这里有戏园子，都说那河神，还有河东的，俺在河西，那时候迷信。现在还能看到那河，都种庄稼了，那还看不出来，那洼，那还有个桥墩子，没修起来，那宽，不像现在的河深。

采访时间：2008 年 1 月 26 日
采访地点：威县侯贯镇北侯贯
采 访 人：胡　月　何　科　宋　剑
被采访人：刘振方（男　80 岁　属蛇）

民国 32 年灾荒年，都出去逃难。

下大雨那倒记不清，下多少天咱记不清了，反正差不多都漏，净漏房的。下雨那会庄稼都种谷子、高粱，那儿洼地都淹了，下了七天七夜，也没下很紧，反正就是下得漏房。地里水不怎么深，坑里反正是差不多都满了。这河东边那是大沙河，也没什么大水，它不是来洪水，反正地里也有水，洼地都有水，水倒不很大，有点水，洼地都顺河走了。

刘振方

蚂蚱都一个蛋一个蛋的，那会飞的蚂蚱都遮住天了，都刨沟逮它。那会逮的蚂蚱都送南宫去了。

民国 32 年那年闹灾荒，饿死人，得的那传染病。那都抽筋啊，哪有医生啊那会儿，都扎旱针，那扎哪，人家当医生的知道，咱不知道。我没看过那得病的人，都上地里去埋人去，你反正是管顿饭，人就给你埋去，不管饭，那会儿连埋也没人埋去，没人埋都泡发了，泡发了，都鼓起来了。我的爷爷是得病死的，他也是挨饿，也没说跑茅子，那会咱小，十来岁。

人都饿，俺这个村里剩了 400 口子人，头先还不得七八百口子。有饿死的，得传染病死的也多，那传染病，说不行就不行了。都说是霍乱转筋，传染病，那会咱小，咱也不知道，我那会才十来岁，还不懂的。没有医生，都扎个旱针，也有好的，也有没好的，名字那不记得了，反正好的很少，死的那人多去了，老百姓谁知道得的什么病啊。霍乱转筋他死到家里，他也不知道得什么病，没人管，那会都喊他老犟（音），那名我说不清，他老伴？那会没名。

民国 32 年反正都是灾荒，净逃荒的，净上外边走的，都上河南。出去的人可多了，出去的时候卖儿卖女的有的是，都上南边。我没去，我那会也不大。那会儿我父亲也在外边，在区里。

这有炮楼，八路军黑天活动，日本人他反正出去抢东西么的。

采访时间： 2008 年 1 月 26 日

采访地点： 威县侯贯镇北侯贯

采访人： 胡 月 何 科 宋 剑

被采访人： 张店巧（女 70 岁 属虎）

张店巧

我娘家在这村东头。民国 32 年旱灾，又下大雨，下了七天七夜，也不大，不是一个劲的雨，那个大雨、小雨不停地下。大水，这坑里都满了。坑里的水都是顺着大河来的，这东边有个大河，大河没名字，都是大沙河。俺这村高，地里反正漫了，地里有水，洼地都有水，高地都没水。庄稼都淹死了，种高粱、种谷子、种棉花，都没收了，那高地收了些，都遭蚂蚱了，蚂蚱都给祸害了。那一年我没有八九岁，也就六七岁。

下大雨死人，霍乱病那咱闹不清，反正死的人不少，俺听大人说是霍乱病，有湿气。那会没医生，扎个旱针，有过不来的。症状，咱那会小，咱都听的老人说，咱闹不清。什么样子，咱那小，咱也不看他，有哭的有不哭的，反正囫囵个都埋了。

蚂蚱满天飞，看不着天，都在锅里爆的，炒炒，干爆，炒得黄的时候都吃了。反正有钱的，有粮的，有卖的，就买点。有做买卖的，俺家里有做买卖的。

俺没逃荒，逃荒的俺这村里多了，去河南。别的地方咱也闹不清，出这个村谁知道啊。

有日本人，有一个炮楼，少的时候有三个五个的。八路，那个咱闹不清。日本人扔糖块，从炮楼上向外扔，让小孩抢，没有给其他吃的，没有给老百姓看病。

西侯贯

采访时间： 2008 年 1 月 26 日

采访地点： 威县侯贯镇西侯贯

采访人： 胡 月 何 科 宋 剑

被采访人： 李恒军（男　73 岁　属鼠）

李恒军

　　我记得灾荒年，我逃难去了，上河南了。民国 32 年大旱，还长蚂蚱了，那多少年了，我那时候八岁了。也下雨，贱年那一年，上河南去时下雨了，下了七天七夜，下了以后，我上河南了。

　　下了七天七夜，那时候有水，没发大水，村里不浅，街上都有水了，到膝盖，下雨下的。没什么收成了，没收，就收点绿豆，收点谷子都叫蚂蚱吃了，都盖了天了，跟云彩一样。人都吃蚂蚱，饿得树皮都吃，什么也吃，树皮都没了，蚂蚱把庄稼都吃了。那到后来，村里没什么人了，都上河南了。

　　饿死的才多咧，这胡同净死人，死了很多，都没什么人了，后来。这一个村里顶多剩了二百来口子人，头里（以前）也得有八百来口。我家里有饿死的，俺父亲饿死的，他腿都肿了。

　　有得霍乱转筋的，一转转到那边去，下泻，那时候也有严重的，光跑肚子，反正有那病啊，一会儿就死了。霍乱转筋，都是贱年下雨那时候，得病的人他转筋的时候，腿肚子都朝上，它拧。书同，饿死的，他没得霍乱。

　　那时候光吃菜，不见米粒，树头叶子嘛也吃，饿得。哪来的医生啊那会儿。俺村里有一个扎针的，扎不了，这个病了那个病了，多得了不得，光扎旱针。日本他管这个?！霍乱传染，这个病了那个病，谁也不顾谁，就是说你这人救救吧，没个人救的，谁救啊？都饿着了。你反正是饿的，他就得病了，一饿，他饿得就得病了，走不动，光打腿，疼得，走也走不动了。

那时候喝井里的水，砖井，一个村里有好几个砖井咧。从井里提溜出来都烧水，（也有人）提出来就喝。

日本人进村，也打人也放火，也打鸡，抓年轻的女的。日本人不给吃的，有给小孩糖的，那么小的小孩，他都吓跑了。

采访时间： 2008 年 1 月 26 日
采访地点： 威县侯贯镇西侯贯
采访人： 胡 月 何 科 宋 剑
被采访人： 史爱荣（女 81 岁 属龙）

史爱荣

那时候天旱啊，旱几年闹不清，都忘了，庄稼浇不了，使么浇啊，没有。下大雨都淹了，下得不小，下得这胡同口挡上门，记不清哪一年了。日本人在这里，有个炮楼，在北侯贯。好几个炮楼咧，出了北侯贯还有西南角的，记不清住了多少人。下雨不记得了，这么些年了。

这东边有一条河，后来才有那个河，那时候还没有那。大水也记不清多少年了，坑里有水，没淹人，水有多深记不清了。庄稼，那有，谷子、高粱、麦子，都种这个，也收了。庄稼那还能不淹啊，淹得光剩一个高粱头。

人都是饿死的，有得病死的，他得病咱不知道什么病。也有得霍乱转筋，那会儿哪有医生啊，有扎旱针的，有好的，有看不好的。俺家里没有得病的，病传不传染人，俺没闹清。那时候喝井水，砖井。

村里人逃到河南，没别的地方，都上河南了。我去了待了几个月回来了，俺娘、俺哥哥，俺几个出去的，去了有吃的，光吃红高粱，吃红高粱，烙那煎饼。

俺没见日本人来看病。日本给小孩糖，我没吃过。有拾棉花的，给日本人打死了，在炮楼上。

蚂蚱啊？那一年闹了回蚂蚱，蚂蚱多得不得了，吃得地里都没东西了，人也吃蚂蚱，炒着吃，饿的。

东郭固村

采访时间：2008 年 1 月 26 日

采访地点：威县侯贯镇东郭固村

采 访 人：齐一放　苏国龙　蒋丹红

被采访人：武太成（男　79 岁　属马）

　　　　　　杨俊各（男　80 岁　属龙）

武太成：民国 32 年，各村都有日本人，烧杀奸淫，那时候共产党还没真正解放这里，打游击战。日本人来了，要粮食。天旱，那时没井，庄稼没收，地没耩上。到了秋后时节，那蝗虫多了，都盖天了。

枕头里的谷皮子、树叶，都吃了。逃荒的人多了，伤残

武太成（左）、杨俊各

的没逃。有传染病，没医生，没药。日本人几天就来扫荡。我在村里，没出去，出去的人很多，有去南方曲周、张家口的。

民国 32 年没下大雨，下雨不就种上庄稼了？那时共产党跟日本人打游击战，没发洪水。后来 1963 年下大雨了。

那时得那病的人多了，死的人也很多，都是饿的，一个村一天就死不少。饿的，又下雨，下了三天，得病的人都肚子疼，抽筋，有拉的，有吐的，一会就死。农村有扎针的，有老书，有证据，农村都不知道，有治好的，扎旱针。有一家死了七八口，是我同姓的人家。饿得走也走不动，拧肠子。水都是转井水，下雨之前也有得病的，下雨以后也有，那一会儿哪有喝开水的，都喝生水。日本人不敢来，怕霍乱传染。

那年我还被日本人抓去做工了，修炮楼和吊桥。

杨俊各：我得过那病，扎旱针扎好的，我 15 岁得那病的，在家里，一抽一抽，摇头，没拉肚子，光抽筋，说是传染病。头天拉肚子，没劲，第二天就抽筋，说是湿气，湿气就是霍乱病。

给我扎针的人叫杨书孝，没有后人，就老两口，他们会扎旱针。我七月得病的，当时正下雨呢，好的就好了，坏的就死了，我第二天吃早饭时就扎好了。我的奶奶也是得这传染病死的，没扎好，三天就死了。她在地里看瓜，就得病了，拉肚子，没抽筋，找人给她看了，没看好。大夫说是湿气，跟我的病不一样，没说是霍乱。我是转筋，她是肚子疼，跑茅子，拉黄稀。

采访时间：2008 年 1 月 26 日
采访地点：威县侯贯镇东郭固村
采 访 人：齐一放　苏国龙　蒋丹红
被采访人：张茂芹（男　82 岁　属兔）

张茂芹

我当过兵，在十分区独立团。那时，几个村还在一起，都叫后郭固，分了大概三四十年了。

从小受穷要饭，民国 32 年逃荒去了，没种上地，老天爷不下雨，耩不上地。我到郑河要饭去了，离这几百里地，哪没蚂蚱，逃哪都有。过灾荒年很长时间才有蚂蚱。我 1949 年逃荒回村。

民国 32 年没下大雨，大部分人都逃荒了，第二年回来，逃到南方，妇女都嫁到那儿了，在那儿结婚。

民国 32 年没发洪水，1946 年有。

我得过霍乱，脚尖跑后边去了，脚跟跑到前面。有抽筋，疼，没拉肚子。天气变化，饿才得的，死了很多人。这病，我是在家里得的，扎旱针治的，没医生，死人不少。我父亲硬拔过来的，没扎过旱针，有两个人会扎旱针，杨书孝、张克庆，没有后代。我 10 岁得的病，是灾荒年，没耩上地，夜里扭过来就好了。别人都说是霍乱，死的人很多，传染人。我大爷、大娘、奶奶和姑姑都饿死的，自个人埋自个人，没人抬，也没力气抬，死的人很多，都怕传染。逃荒之前喝砖井水。我得霍乱转筋之后不久就逃荒了，都说是饿的，得了这个病。逃荒一年后回来了。

逃荒之前见过日本人，日本人光到村里来，来扫荡。咱不记得多少人，来一个人，我们也害怕。我在四庄、李庄修炮楼，挖一道沟，挖吊桥，日本人不在这住，扫荡完就走了。俺村有当皇协军的，皇协军跟着日本人。威县城里何梦九杀了 1000 多共产党员，日本人投降后，就被枪毙了。日本人烧过房子，把张增勇家房子烧了。得霍乱时，日本人不在这住，光"扫荡"时来。

后郭固村

采访时间：2008 年 1 月 26 日

采访地点：威县侯贯镇后郭固村

采 访 人：齐一放　苏国龙　蒋丹红

被采访人：梁　氏（女　87 岁　属狗）

我娘家在东寨村偏西南，我 16（岁）结婚的，灾荒年时嫁过来了。

吃不饱，我没逃荒，有孩子出不去，有逃荒的，往北的，把孩子都卖了，养不起。

灾荒年下没下雨，不记得了。有霍乱转筋，不记得什么时候了，没见过，也没听别人说过。家里人和邻居没得这病的，这么多年了，想不起了。那病传人，死一个再一个，得那病的人不少，不记得扎针不扎针了。

梁 氏

天下了大雨，下得可大了，水往胡同里流，不停下了几天，孩子还不大，不会跑，孩子在地上哭，下雨下得混进了（病菌），就得霍乱转筋了，都说是湿气，浑身肿，光转筋，下雨下得没地方睡。

民国 32 年没有发过洪水。见过蚂蚱，到处都是，不记得什么时候了，庄稼都被蚂蚱吃了，地里种的是谷子，蚂蚱很邪门，说往哪跳就往哪跳。

采访时间：2008 年 1 月 26 日

采访地点：威县侯贯镇后郭固村

采 访 人：齐一放　苏国龙　蒋丹红

被采访人：邵秀珍（女　86 岁　属狗）

我娘家在威县大里庄，离这 12 里，在东北角。我 21（岁）结婚的。灾荒年时，我已经结婚了。

民国 32 年，吃糠、吃菜，吃不饱，光死人，灾荒年里没收，碌碡不翻身。

霍乱转筋就叫湿气病。霍乱转筋，光死人，往外抬人，俺见过，光抽筋，一会就死。不知道会不会传染，俺没见过扎针的，听别人说的。那时没有赤脚医生，离医院也远，扎旱针，怕传染。

张增勇

采访时间：2008 年 1 月 26 日
采访地点：威县侯贯镇后郭固村
采 访 人：齐一放　苏国龙　蒋丹红
被采访人：张增勇（男　80 岁　属龙）

灾荒年时我 16（岁）了，庄稼没收，我在村里，到地里找野菜吃，没收东西，地没种上，没有蚂蚱。

有逃荒的，人多，我有一个妹妹逃荒到山东，两个兄弟都给别人了。逃荒大都往南走，我找到一个兄弟，另一个说死了，逃荒回来的不饿，都落在外边了。

到八月以后，不收东西，下雨了，下了七天七夜，房子都漏了。下雨后，霍乱转筋都传开人了，没发大水。得病的当天就死，我母亲是得那病死的。一得病就闹肚子，腿肚子往前转，一天就死了，吐、泻。那时没医生，也没人管，大家都这样说，那个病就是霍乱转筋，扎针、放血。扎针有扎好的，别人说有扎好的。有几天死了上百口，没有全家人都死的，上了岁数的人死的多。得病后没人去看，都不串门，怕传染。我母亲裴氏得过这病，民国 32 年八月得病的，当天就死了，在家里得病的，不记得怎么得的。

那时候什么水都喝，那会儿没什么讲究，开水喝得不多。

有蝗虫，不厉害，不记得哪年了。

后王村

采访时间： 2008 年 1 月 26 日

采访地点： 威县侯贯镇后王村

采访人： 李莎莎　王　瑞　张　燕

被采访人： 王敬林（男　75 岁　属鸡）

王敬林

　　我上过小学，上了四五年，那会儿日本人来了，民国 33 年，我那会没多大。

　　后边有炮楼，最后边里边，日本人来村里，多长时间不一定。那时候有皇协军，日本人少，皇协军多，来扫荡，抢东西，跟游击队碰上就打。他逮人，就说你是八路军，逮的人有的放回来了，一般的都放回来了。

　　民国 32 年记得，民国 31 年没耩上麦子，民国 32 年不下雨。到民国 32 年六月二十六下了透雨，那雨大，下得不小。没大水，成天挖土井去。蚂蚱一直往南飞，不向北飞。八路军是一斤粮食换五斤蚂蚱。

　　逃荒的不少，有上北去的，有上东北的，有的逃到南徐州。

　　那年霍乱转筋死得多，那是下雨之前，春天，上哕下泻，抽筋。村里有先生，会扎旱针，先生叫王庆来、王立柱，都是中医。我家里没得这病的，我爷爷会扎。得这病的多，死的不多，一扎就过来了。那走着，不行，抽筋，一会就泻，再就不行了，一扎针就没事了，扎四肢。不传染，都说是霍乱转筋，那抽筋，手都掰不开，阴历五六月就好了。老杂、土匪那还早，不祸害，人那会抢地主，不抢老百姓。

刘家庄

采访时间: 2008 年 1 月 25 日

采访地点: 威县七级镇东七级

采访人: 张文艳 李 娜 薛 伟

被采访人: 李尚坤 (男 94 岁 属兔)

李尚坤

我上过高小,日本来以前,生活不一样,有的还好点,吃饭也能吃饱,吃得不赖。买点菜。买点山药,对乎着混。

灾荒年,民国 32 年,寸草不长,年景不好,不下雨。那会俺待俺姥娘家住,在刘家村,我来这也就十来岁,日本来时俺都 20 多岁了。日本人来时,也有没收的时候,不收,民国 32 年收得好。

霍乱转筋,记不得多大岁数了,光听老人说。我长大了,没见过。这闹过蚂蚱,闹虫子,都往地里打去,记不得哪一年了。

前王村

采访时间: 2008 年 1 月 26 日

采访地点: 威县侯贯镇前王村

采访人: 李莎莎 王 瑞 张 燕

被采访人: 段锡铃 (男 85 岁 属狗)

我 16 (岁) 上过学,灾荒年记得,1943 年灾荒年,是民国 32 年。灾荒年一年不下雨,旱得颗粒无收,蚂蚱多得很。灾荒年第二年下的雨,灾

荒年没发大水，光下透了。1953 年、1956
年上过大水。

我 1939 年 16 岁当兵去了，灾荒年有在
家的时候，有不在家的时候。

日本人炮楼在威南路，就是从威县到
南宫这路上。从威县到贺钊，贺钊到百业
（音），到小赵庄北边，都有炮楼，一个楼
上就三四个日本人，别的都是皇协军。三天
一扫荡，五天大扫荡，来村里抢、杀。在王
村，一下子埋十几口子，活埋了，埋一个国

段锡铃

民党家里的。被埋的人叫段志存、席成志，一个后街的王庆昌，杨曹琴，
埋了五个，死了四个，剩下一个没死，都是老百姓，说他们是共产党，
逮着就埋了。皇协军多，威县多，那会也是混碗饭吃的多。威县有宪兵
队，下边楼上是日本，宪兵队后来连日本都管着，他也是扫荡、抢粮，
杀哎。

日本待咱这杀的还少点，我 16（岁）了，给人家修炮楼去，伪村长
在村里逮人。土匪都在日本人来以前，日本人一来，八路军一来就没了。
不记得日本人来戴口罩。

灾荒年死人别提了，死了三四百口子，那叫霍乱转筋，得病死的。我
娘得病，死时 47（岁）了，是转筋死了，那天给她扎针，把那老人叫来，
就不中了，死得快。还有一个 50 多（岁）了，西王村的。段张氏是俺娘，
俺大爷陈明，下雨的时候得霍乱转筋，这一转筋就死了，没有治病的，找
不着人。得说是传染，要不能死那么些人啊。得病是下雨之后，八月以后
就少了。霍乱以后就没了，种了点粮食。

采访时间：2008 年 1 月 26 日
采访地点：威县侯贯镇前王村

采访人：李莎莎　王　瑞　张　燕

被采访人：张芳芝（女　84岁　属牛）

俺没上过学，那会儿不兴上学。俺娘家在章华，18岁就嫁过来了。

灾荒年那年我19（岁）了。天旱，没下雨，过了年，麦子长这么高，种了六亩麦子，收这点。没下雨，没发大水。咱这都逃出去了，俺没逃，俺从地里挖点菜吃。

张芳芝

饿死了，俺爹病死了，湿气病，天黑就死了。没唠，没转筋，死得快。湿气病死得快得没法，死这么些个。俺爹叫张金路，死时候70多（岁）。俺爷爷，灾荒年死的，没得病。灾荒年那会就是饿的。

俺爹得病时没出去，没医生，做活的给扎，俺家没得霍乱转筋的。俺姑姑跑茅子，栽茅子了，扎脚哎，扎过来了，俺姑姑得病时20多（岁）。那个得病快，好的也快，那会咱村死那些人。

那会儿喝砖井的水，村东边，就抬点吃，那儿不叫喝凉水。

光记得上一年蚂蚱，不知道多大了。

日本鬼子来时不知道，他住炮楼里，他不经常来，来了就跑哎，日本鬼子来时（老百姓）都跑了，啥都不要了，那弄不准就杀。初二黑下，日本走了，八路走了，我那时候十五六（岁）。

不知道有没皇协军，灾荒年咱这没有，南边高庄有。

西王村

采访时间： 2008 年 1 月 26 日

采访地点： 威县侯贯镇西王村

采 访 人： 李莎莎 王 瑞 张 燕

被采访人： 殷曾夺（男 83 岁 属牛）

殷曾夺

　　我没上过学，灾荒年都逃出去了，我那会 19（岁）了。

　　那会儿天旱，后来雨就下得不行了，六月二十下的雨，刚下透，不大，刚能耩。咱村饿死都是一家一家的饿死，都逃出去了，逃到南徐州，这离南徐州有 300 多里地。

　　俺那一年穷，俺跟俺那个大爷收了几斤麦子，蒸馍馍，没饿死。灾荒年都是饿死的，没粮食吃。霍乱转筋。

　　闹大水是建国之后，灾荒年没有。那会有那小砖井。

　　我没被日本人逮着过，住了八天，第一回，后来又住了五天。没干啥坏事，把房子都点了。皇协军，都是皇协军，日本没多少。土匪那会闹过，抢东西。日本什么也不要，不抢粮食，主要是检查咱这八路军，皇协军来的时候抢你东西，牛什么的，都抢了。

镇中心

采访时间： 2008 年 1 月 26 日

采访地点： 威县侯贯镇后郭固村

采访人： 齐一放　苏国龙　蒋丹红

被采访人： 刘桂玲（女　82 岁　属兔）

刘桂玲

我娘家是威县侯贯镇的，离这六里地，那时我还没结婚，住在娘家，我 19（岁）结婚。

灾荒年是民国 32 年，不下雨，六月才下雨，丰收了一点小庄稼。过了年，光下雨，下了好一会儿，家家户户漏雨，大概七八月，民国 33 年下不停。头一年很干燥，下一年受了潮，得湿气病，每天死十几个。

霍乱转筋，一会就死，村里很多人死。第一年受干旱，第二年受潮，受不了，吐，跑茅子，腿肚子抽筋，一会就死，请医生请不到就死半路了。一天往外抬七八个，不传染会死那么多人吗？那会都说传染。抽旱针，放血，请先生都请不及，一天有那么多人，医生都说是霍乱转筋，也就是湿气病。

那时候喝深井水，没河，也喝开水，柴火都没有，夺东西的很多，都饿的。

我不记得什么时候了，蚂蚱都遮住天了。好好的一片谷子都被"咔嚓咔嚓"吃了，那年收成还可以。

灾荒年逃荒的人可多了，往河南的，卖儿卖女的都有，我没有逃荒。

河水来过，没受多大损失，过去 50 多年了。

梨园屯镇

东王曲

采访时间：2008 年 1 月 28 日
采访地点：威县梨园屯镇东王曲
采 访 人：张文艳 李 娜 薛 伟
被采访人：范福学（男 73 岁 属猪）

范福学

　　我上过几天学，小时候干农活，家穷，在家拾柴火。种十七八亩地，六口人，收不大些，那会儿每亩收百十斤，吃饭孬好也能吃饱。

　　灾荒年，吃菜，吃糠，那会儿有八路军，有日本人，庄稼人摸不着吃的。灾荒年我织布，织手巾，卖了吃。

　　前半年没下雨，秋前下的，还耩了地了，光下雨，下了七天七夜，我九岁。那头过秋来，院角光水，出不了村，有深有浅，房乱倒，一阵一阵的雨点个不小。房子都漏了，人在窗台口底下站着，柴火也湿了。清凉江，那水半人深，那会儿是满河，光往北淌，庄稼有不淹的。

　　饥荒那还能没有的？一家死好几个，连下雨带潮湿带饿，都死了。霍乱转筋听说过，光死人了，不知道是不是那病。

　　逃荒的不少，都上茌平了，家里没吃没喝的，我没出去。

闹过蚂蚱，咬麦头，那一年我忘了，不少，多的了不得，那也没法，过了两天（蚂蚱）就没了，西北来的。

采访时间：2008 年 1 月 28 日
采访地点：威县梨园屯镇东王曲
采 访 人：张文艳　李　娜　薛　伟
被采访人：祝九海（男　74 岁　属狗）

祝九海

闹灾荒的时候光要饭吃了，都不好混，那年庄稼不好，天旱没井，那时候光靠老天爷吃饭，不下雨就饿着。

记得有七天七夜的雨，不知道哪一年了。得霍乱的多，不知道什么时候，不是吐就是泻，这时候叫肠炎。

东赵村

采访时间：2008 年 1 月 27 日
采访地点：威县梨园屯镇干集村
采 访 人：胡　月　何　科　宋　剑
被采访人：单振祥（男　78 岁　属马）

单振祥

我不是咱这村的，那边 40 里外赵村的。

再早的时候，这妇女都裹脚，以后开放了，那时候是袁世凯，他进京来，他把世界改了一改，大清改成中华国，现在火车道修过来，电线杆子两边排，大馍馍吃得多好啊，你说自在不自在啊。

民国32年我记得，那时候吃糠吃不上，粮食没了，都吃树皮、树叶子。光记得那花种没法吃，掐一碗，吃那花种，你拉都拉不下来，我奶奶爷爷都饿死了。

民国32年闹得灾荒，旱了，都没下雨，头半年没下雨。死的人多，死了人没人埋，年轻的背着老人，背出去，拖那沟里，埋那，没劲挖土。七月七开始下了七天七夜雨，房倒屋塌，那房都塌了，都漏了，人没地方住，那艰苦了，这受艰苦我还不记得?! 没得吃，都饿死了。

那得病也是霍乱转筋，人一饿，这病就来了，霍乱转筋。那时候，光扎，忙不过来，有那一个针法，光饿着，他又不扎，就死了。霍乱转筋怎么回事啊，他那个霍乱转筋，他那个筋都转，都不受控制的，吐、哕，哕吐的没东西，那时候没点吃的，跑，拉水，有绿色的，也有黑色的。

霍乱转筋，反正一扎就扎好了，你不扎就死，有扎好的，扎人中，扎虎口，还扎腿，你这个手心，捂在这膝盖骨头上，你这中指偏着在这边，就扎这地方。罗福来，死了，他那时候啊，57岁，没人给他扎。马立成，没人给他扎，死了，他那时候50多（岁），不到60（岁）。有扎好的，姓张的，张福全，现在他82（岁）了，他是我这个村的，他得病时不很大。那时候是传染，谁知道它传染，不知道啊。没有家里一个人得病后，（一个人得）一家人就都得这病的。

得病是下雨前，雨后也有，头先还少点。死的没人了，死了没人埋，有年轻的饿的没劲，抬着，都埋那沟里。我家里有得霍乱的，我叔叔叫单泽中，毛泽东那个泽，没治好。那时候啊，他三十来岁，37岁吧，光喝一口水，地下的水，他饿，肚里没东西了，他就喝了点水，没吃头，就得病了。那时候扎针的叫马登峰。下雨以后，得病就少了。

咱这咋没河啊，古张河，多年就有，北边这个是清凉江，那年都没有发过水。

蚂蚱多，跟刮风一样，有组织的，它都上南飞，黑压压，下雨以后来的蝗虫。它光咬麦头，麦头掉地上了，没吃粒，都给咬下来了，收成不行，但比不收强。

那年逃荒的多，推着小车，把家里这衣橱，家里这东西拿出去卖，推着卖，换粮食吃。有去山东省茌平的，比聊城还远，都上那逃荒。我没有出去，光饿着，饿过来了。俺那时候年轻，俺爷爷不叫出去，怕人家卖了我。那年俺家死两口人，俺爷爷、俺奶奶都死了，饿死了，他们没有霍乱转筋。有得（霍乱）的，都叫马登峰给扎，马登峰给扎，这个记得。

这里有井，村里好几口井。那时候反正水不多，都使簸箕提水，不深，你簸箕撂这，它底下就净些水。都喝凉水，不煮。

日本人去扫荡，"三光"，俺村里没有炮楼，红桃园有，这个炮楼在村外边。日本人他不干好事，东西反正他都抢。有个姓马的，叫马立遴，日本喊他那个大门，喊这个，他紧着不出来，喊他门了，他紧着不出去，日本人一开门，刺刀一下就把肚子挑了，没法说都，他开门开得慢。再说吧，你这人出来的时候，他看你手，看你手看有茧子，摸这个，有，你这是干过活，没有，你就是八路军，坏坏的，他说。

日本人找女人，抢到他楼上，他楼上要妇女，每天给他送一个去，他光要，不给送不行。有皇协军啊，皇协军都是咱这人，老百姓当的，他是汉奸，在他那边给他报信。

日本在这的时候我上学，我不大就上学了，有比我还小的，上日本学，本村里，我上了两年。我以后到了岳城水库，在那就当工人了，还当了警察，上边是军衔，帽子有帽徽，军人待遇。俺在水库啊，当工人了，选拔烦人。那人问："在庄里，你打过枪吗？"我说："打过靶，毛主席那时候都打靶。""你打过？你知道这打靶的规则吗？"我说："知道，左眼闭，右眼睁，缺口对，三点成一线，对着瞄准点，不要高不要低，首先扣住第一机。"

西王曲村

采访时间： 2008 年 1 月 28 日
采访地点： 威县梨园屯镇西王曲村
采 访 人： 李 琳　孔　昕　滕翠娟
被采访人： 王肖氏（女　84 岁　属牛）

王肖氏

　　我老了，没名字。我娘家姓肖，婆家姓王，我娘家是固献的，我 19（岁）过来的。19 岁那年我家里人都死了，兄弟是七月十七死的，娘是八月十二死的，爹是九月十八死的，还有一个妹妹，是十月十五死的。我这 19（岁）就没爹没娘了，有一个哥哥，一个嫂子，叫我去给人填房，我就跟了这人家，过了麦，就出来了，就嫁过来了，我就再没回去。

　　我那时候就寻思，看着人家都有人管，我就没人管，我这个穷妮。上这里来随了姓王的家里，一亩地没有，半间房没有，婆婆不管，有个大娘。我什么都没有，我就把身上的小棉袄脱下来卖了，卖了 20 块钱，我买了点粮，买了点谷子，要了二亩地。

　　后来我有孩子了，就让我住在那边那个小屋，连吃带住，就在那屋里，他也打我，婆婆也让他打，打我。我就没指望活，我就指望着死嘞，我就没指望！（痛哭流涕）我有孩子了我都不知道，到人家里人家说"哎，你咋有孩子了"，说那个娘你不能那样了。我这两个大娘，一个是亲大娘，一个是后大娘，我这个后大娘说我"养孩子憋死！养孩子憋死！"一气说了二十句！俺在这里，有个病了，死了活了都没个人。我得病了，我有了孩子头上生虱子，都不给逮，人家都跑了，不理俺。

　　我父母是病死的，娘是抽筋，没有别的症状，俺娘没拉肚子，俺爹拉肚子，他俩一个九月死的，一个八月死的，一个妹妹是十月十五死的。那年成天死人，邻居也有得病的，人不少。俺爹上地里看去了，种的白菜，回来就病了，光拉，不知道那病叫什么名。俺爹光抽筋，俺家五个月五口人就没了。

旱灾，就那年没收，上地里捡草种吃。还淹，月子里还跟人家挡口子去！

采访时间： 2008 年 1 月 28 日
采访地点： 威县梨园屯镇西王曲村
采 访 人： 李 琳 孔 昕 滕翠娟
被采访人： 王培业（男 89 岁 属猴）

王培业

我一直住这个村，上不起学。是党员，1978 年毛主席逝世以后入的党。

民国 32 年我在东北。家里闹灾荒，白天皇协军、日本人要粮食。我民国 32 年三月份逃的，这灾荒最严重了，街上那人都抬不动。日本人在这闹腾的，都得给他修路去，饿死百分之五六十。逃荒逃得晚了就死了。麦子没收，有井的能稍微浇点，天南海北地逃，坐火车逃的。

我去东北是自己去的，车费 32 块钱，卖了头牛，还得有良民证。在铝厂里干活，日本人开的厂子，一个月 50 块。在东北能吃饱了，是在东北沈阳，开始去的是抚顺，后来去的是沈阳，在抚顺炼铝，在沈阳抹灰。工人如果有点毛病，一两天就完了。我得了病由我哥哥找了个熟人藏起来，（如果）不藏起来，日本人把你扔到病房里，两天就死了。招工来的大多数都上煤窑了，去了好几十人，招的华工都没回来。

传染病更厉害，别提了！霍乱转筋，哕、泻。民国 32 年我没在家，家里普遍得那个病，有会扎旱针的。我在东北得了伤寒，去厂房暖和，一出来就冷得受不了。我哥哥和我父亲得霍乱，扎过来了，哥哥叫王培钢，父亲叫王梅兰。

得霍乱是在秋天，下了七天七夜雨，我听他们说的，不是河水就是雨水。我见过得霍乱的，哕、泻，我在家里见的，东北没有这病。三月份就有得的，下了雨就重了。那时候喝井水，烧开了喝。

民国32年那年受蚂蚱灾了，饿的那个劲，逮一袋子，放锅里蒸蒸就吃，麦前生的蚂蚱灾。炮楼上收蚂蚱，老百姓吃剩了就给他，我没在家，听别人说的。

日本人在炮楼里打井，二里地一个炮楼。日本人光来，最坏的是皇协军，抢、砸，进村不管啥就杀，连房子都点了。

南王曲村

采访时间： 2008 年 1 月 28 日
采访地点： 威县梨园屯镇南王曲村
采访人： 李　琳　孔　昕　滕翠娟
被采访人： 庞兴成（男　77 岁　属猴）

庞兴成

我从小就待这个村，民国 32 年逃出去了，村里成荒村了才出去的，十一月里出去的。那年饿死这么多人，民国 32 年饿得够劲了。

挨饿一个是因为伪军光来扫荡，不能干农活，一来就抓工给他干活去，都饿，谁还愿意去？再一个那年天旱，一年没下雨，没种上庄稼，民国 33 年才下的雨，民国 34 年下了一场大雨，下了十来天，不是很紧的雨。上水是另一回事，我记得七八岁上过一回。

民国32年没别的病，就饿的病。有霍乱转筋，都说那病传染，我没得，（得那病的）脸泛黑，死得快。那会儿也没医生，扎旱针的也扎不过来。

逃荒？我就逃了，逃到河南郓城，现在属于山东了。别人到关外的多，东北粮食多，到关外也不容易，一个你得有钱，很多人没有，去不了。再一个拉家带口的不好上车，上边棍子打着，有小孩连孩子都掉了，挤得受不了。

闹蚂蚱？可能就是民国32年。那年先闹的蚂蚱，后闹的霍乱，蚂蚱多得很！有人吃，吃完脸虚，脚肿。

咱这里有日本人，到村里来过，民国32年以前在北边梁庄打了一仗，咱的九军，闹不清国民党还是共产党的，埋伏在梁庄。日本的飞机在天上飞，没上村里扔过炸弹，都往城市里扔。

那时候喝砖井的水，日本人也喝井水，他们在炮楼修的井。

采访时间：2008年1月28日
采访地点：威县梨园屯镇南王曲村
采访人：李 琳 孔 昕 滕翠娟
被采访人：庞兴顺（男 81岁 属兔）

庞兴顺

民国32年的事我记不很清，闹灾荒知道，旱灾，没下雨，蚂蚱吃了庄稼。有日本人，日本把咱这里闹毁了。

咱这里没淹，光淹的河沟，叫运粮河，上了一次水，头年灾荒上的，那时我都十五六（岁）了。吃不上饭，饿死的人多，村里没多少人了。我都逃河南去了，民国32年春天去的，家里没法过。

病咋不知道？霍乱转筋，闹霍乱时我在家，那时候光下雨，我也得过。光喝水，大夫不叫喝凉水，那时没柴火，没法喝热水，我后来提了一桶凉水喝下去了。上哕下泻，后来就好了，也没治。我没抽筋。有死的，也不知道谁死谁活。民国32年我家里七口，没大些饿死的，都跑出去了。村里得那病的多，俺家里没人得，俺有个姐姐和姐夫得那病，姐姐扎过来了，姐夫死了，他们离这里十来里地。

闹蚂蚱记得，日本楼上跟村里要蚂蚱，光怕咱不打，给咱要任务。

见过日本飞机，不扔东西，在北屯，清河县，落了一架日本飞机，把清河炸毁了，炸了好几天。日本人不坏，中国人皇协军坏，跟咱要东西，不拿东西就揍你。日本不大到村里来，他不敢来，村里有子弟兵。光皇协军来，抓人修炮楼、修汽车道。

采访时间：2008 年 1 月 28 日
采访地点：威县梨园屯镇南王曲村
采访人：李　琳　孔　昕　滕翠娟
被采访人：杨廷怀（男）

杨廷怀

灾荒，上半年地里耩的棒子、豇豆，棒子都旱死了，光剩的豇豆，到后半年光下雨，棒子死了，那豇豆爬一地。雨下了七天七夜，屋里房顶用油布挡。

下雨下得房倒屋塌，家里野草半人深，人死都埋不及，刨的坑都不深，我见那后边都还露着脚，都饿死了。

民国32年六七月里，光下雨，得霍乱，那会儿不兴打针，就是那土医生扎旱针，西头有个叫王老文的，他会扎，扎不及。东院里他爹半夜找俺奶奶，俺奶奶会拔罐子，他上哕下泻，肚里疼，把俺奶奶叫起来，给他拔罐子，拔着罐子请先生去，天还没明他就死了。霍乱转筋快着哩，上哕下泻、肚里疼。

头先里旱的，到后来下雨得霍乱，我没得，我那时候12（岁），小。俺娘跟我说，她当年光跑茅子，后院里那个大娘和俺娘挺好，说"老妹子，你肚里不好，我给你半碗高粱，你拐成面，放点红糖喝喝就好了"，给了点高粱，俺娘喝了就好了。

第二年还是没吃的，家里没粮食，正月十六俺就走了，俺爹、娘，还有个奶奶四口人。俺爹三次下关外，头先没过灾荒，他在关外待了一年，一挨饿，他知道那里粮食好，他就去了，和村里另两个人。他在那里待了一年，到民国32年过秋，谷子正黄，他又回来，俺奶奶都60多（岁）了，在家里光想他，一两个月得病死了。过年没粮食，到正月初六，俺爹说"走吧，家里反正没粮食"。

正月十六俺就上关外了，找了户人家，他家里有个老头，60多（岁）了，和他闺女三口人，有30多亩地，我和俺娘在他家，我给人放猪，俺娘给人做饭，去了吃饭就不成问题，吃的不好，但不挨饿了。待了一年，第二年就回来了，在那里和高丽人在一堆住着，人家说话咱听不懂，反正挺好的，跟老乡一样。

1944年（我们）就回来了，1945年日本人就走了。日本支持不住了，败了回国了。日本人见咱年轻人他就裹走了，裹走不叫你回来，跟着当兵就走了，给他鼓捣东么的。叫咱给他垫道去，去晚了，在当街用个大棍子就打，遇见小孩就问"你爹呢？""俺没爹，俺爹死了。"给他盖的那楼，周遭有大沟，五米多宽，两米多深，里边栽着枣树枝子，怕八路军晚上摸他去。俺去给他做活，那楼外边挂着人头，吓得简直没法，那会儿还有法过吗！

我上过日本的学校，学生都戴着五色帽，红的、蓝的、黄的、白的、黑的，我去了，他问"你的帽子呢？""还没做好"，他上来就给我一巴掌。

采访时间： 2008年1月28日

采访地点： 威县梨园屯镇南王曲村

采 访 人：李　琳　孔　昕　滕翠娟

被采访人：杨兴业（男　75 岁　属鸡）

杨兴业

我没上过学，不认字。民国 32 年挨饿了，咋不知道当年的事？那年收不了，没井，有日本人来回要，收点东西都要走了。给日本做活做不好就挨打。

天旱，不下雨，到后来下雨了，连阴天，人得霍乱都死了。八月里下的雨，下了七八天，没上河水。吃不饱喝不好，就得霍乱转筋，我就得过，腿、胳膊都抽筋，先生扎旱针扎过来的，不出血。光抽筋，不拉肚子，不哕，家里就我自己得了，过去六七十年了，记不清哪天了。村里得那病的不少，死得快。

记得撸蚂蚱，揪头揪翅膀以后吃了。

我逃荒到关外了，到河南、东三省。

翟庄村

采访时间：2008 年 1 月 28 日

采访地点：威县梨园屯镇翟庄村

采 访 人：张文艳　李　娜　薛　伟

被采访人：翟震岭（男　73 岁　属鼠）

翟震岭

我上过学，穷，民国 32 年才八岁。

那年啥情况？饿得都没人了，都逃出去了。也有日本、老杂。收成那会儿光靠天，雨下了七天七夜，民国 32 年，那会还唱歌嘞，"八月二十八日阴了天，接接连连下了七八天"。房子都漏了，在窗台上站着，搭个席，蒙着小孩，窗台还宽点，那吃饭还吃好了？那赶紧蒙着，想法吃一点。

那会儿得病的人多了，都抬不及，得"扎病"了，就跟"非典"一样，是传染病。那会饿的饿，我那会小，也就七八月下雨前得的，下雨以后就闹不清了。霍乱转筋有说是扎病的，村里得病的有 50% 吧，那时候医生也说。那时也没钱，霍乱转筋发病快，人是饿死的。我邻村也都有得这种"扎病"的，都挺重。

那时候都喝砖井里的水，喝凉水的多。有待沟里的就灌进去了，赵王河里没怎么断过水，没浇，没井。

水多深，记不清了，又淹又旱，旱就六七月份的时候，八月二十八下的雨。先前旱，种上了也都旱死了，地里也招蚂蚱，盖了天。吃枕头秕子，没吃的就吃蚂蚱，也吃高粱，都出去逃荒了，都上茌平了，剩下没几个了。腊月二十三，有我娘，我院里的叔叔，走了三天，那边还好点，住了两三年吧。我一个姐姐也跟着去了，回来时都解放了，解放后回地，共产党给钱，回地，房也能住了，我没房了住人家房。

东边这个就是河，通尖庄，也通卫河，往北就通清凉江、老沙河。那河不大，下雨水多，那年尖庄那开口子了，我听老人说的，都那东边大洼子，都是水，水都跑出来了。

采访时间：2008 年 1 月 28 日
采访地点：威县梨园屯镇翟庄村
采 访 人：张文艳　李　娜　薛　伟
被采访人：翟子运（男　73 岁　属鼠）

家里那会有五六口子人，妹妹、兄弟都饿死了，下七天七夜雨那年死的，谷子黄头的时候。有那霍乱转筋，谷子带壳就吃，那有毒，夏天晒点菜，冬天就吃。那会才七八岁。

那三年，不收粮食，炮楼上还要，家里没点么。日本皇协军要东西，没有就拆你的房。旱，后来又淹，就高岗露点地，洼地方都淹了，那是庄稼快熟的时候，河里来的水，这东边跟赵王河挨着，不知道叫啥名。

民国32年那会儿，死得连埋的人都没有，饿的都没劲，给人点饼子吃，挖个坑就埋了，那会村里就剩下30口子人。得霍乱转筋，浑身肿，那会儿没医生，没那条件，

翟子运

兴许老远有一个，叫来人就死了，那种病一得就没治。咱那会儿还小，那会儿霍乱转筋多，地上潮，没啥吃的，上吐下泻，人死得快。俺父亲就是得那病死的，就是下七天七夜雨那会，没几天就死。闹不清村里有多少人得那个病，得有50%吧，就是伏旱天，一立秋就没有了。

灾荒年第三年又上的蚂蚱，我那会才八岁，向上看跟飞机一样，从北边过来往南飞，你要是开开门，屋里都是蚂蚱，庄稼都快熟了，都给蝗虫咬了。

那会都在外边，俺上的东北，到东北的时候，苜蓿刚露头，俺走的晚，民国33年春天走的，回来后村里就剩了30口人。去了没别的，去吃苜蓿，民国32年逃外边的人海去了。

赵营村

采访时间： 2008年1月28日

采访地点： 威县梨园屯镇赵营村

采访人： 张文艳 李　娜 薛　伟

被采访人： 李恒山（男　82岁　属兔）

灾荒年上半年旱，都招蚂蚱了，麦子都叫蚂蚱把头咬了，民国32年。到八月下了七八天雨，房子都漏了，人都到庙里住了，河里水倒不很深。下的水不少，出村就蹚水，庄稼地倒没淹，可地里就没东西了。

李恒山

下雨后人都得霍乱，这不编了个歌呀"民国32年，人人得霍乱"。光俺家就死了两三口子人，一个老人，俺一个哥哥，都是受潮湿，得的什么病，咱记不得了，反正都说是霍乱。到了八月以后有的这个病，没下雨可没有，过年就没了，俺村里死了百十口子，原先就四百来人。那会儿喝井里的水，砖井。

得霍乱死的人不少，没说传不传，就因为受潮湿得的那病。那年水老深，这东边有河，叫赵王河，下雨的时候有水，不知道卫河水怎么样。

生活光挨饿，不逃荒去啊？俺过了年出去的，到了茌平那里，过麦以后回来的，回来就种地，收点东西。

采访时间： 2008年1月28日

采访地点： 威县梨园屯镇赵营村

采 访 人： 张文艳　李　娜　薛　伟

被采访人： 李敬山（男　70岁　属兔）

李敬山

灾荒年那会儿的事记不很清了，那会儿没收成，一个是收成不行，一个是八路军要，炮楼上要，收了点东西又各处要，那会国民党执政。那会没井没水的，秋后收了点，麦没收了。下大雨是过了灾荒年了，房都漏了，土房子。

那会儿得霍乱，那时候又没医生，村里有会扎针的扎扎，就算高级医生来了。民国 32 年以后，一吃新粮食就得那个病，得霍乱上吐下泻，一脱水，人非得死。俺父亲就得那病死的，到炮楼给人干活，病那里，没人抬，抬回来就晚了，血都黑了。炮楼上住的都是皇协军，人家不得那病，人都吃新粮食。村里死的就剩 260 口人了，得霍乱死的，饿死的也有，先饿，一吃新粮食，又潮，就病了。

那时候吃土井里的水，下雨能灌进去，没盖，喝凉水的多。

民国 32 年上过一回水，房没倒，下边场里都有水，没倒房，水从漳河那过来的，就割谷子来，水没进家，从南边过来的，村周围有赵王河，下雨那年河水都出来了，就是那一年秋后。

出去逃荒的不少，上山东的不少，我没出去，到山东南部过济南了，去了汶上县，也有上茌平的。

祝家屯村

采访时间： 2008 年 1 月 28 日

采访地点： 威县梨园镇祝家屯村

采访人： 李 琳 孔 昕 滕翠娟

被采访人： 马书庭（男 74 岁 属狗）

马书庭

我以前在学校待过，教过书，教了有十来年，解放以后教的，现在退了有十来年了。1988 年入党的。

我知道民国 32 年灾荒的事，那是 1943 年吧，日本人到村里抢，要东西，又歉收。1943 年大旱，从过麦就没收好，一直到七月七，那庄稼都旱的啊……那谷子一点就着，没水分，干了。七月七下透了，七天七夜。没淹，清凉江是后来1956年、1963年才淹的，民国32年那时候主要是旱。

还有蚂蚱灾，那蚂蚱大约是1942年，麦子都咬了。人拿着绳，一头一个人，去拉麦子，让蚂蚱落下来，吃下边，别吃上头。有时候在地里挖沟，挖沟把蚂蚱往里赶。后来还吃蚂蚱，干炒，反正又没油，吃了没什么反应。还吃花种、树叶子、草根，人都饿死。

俺村现在是八九百人，灾荒年头里得500多口，那时候还剩180口，一个是饿死一部分，再一个是往外逃荒，朝河南、山东逃，上东北的不多。到山东茌平、东平，那里比这里好点。人都拉着小车，拉着值钱的东西到那里卖去，卖了换点粮食回来吃。下了雨以后，庄稼收了一点，1944年往后生活就好一点了，不饿死人了。

那年闹过病，叫霍乱转筋，死的人不少，七八月里。后来吃新粮食也死了一部分，人饿，吃不熟的粮食，再一个新陈一接，人就受不住。光这么说是霍乱，具体是什么情况说不清。当时我在家里，有个邻居叫庆瑜，比我大一岁，好几天就在我门口躺着，饿得没劲，结果他饿死了。我没得过霍乱，家里也没有人得霍乱，那时候也没药，没先生。

当年都喝井水，砖井，日本在公路上有自己的井。咱村里都是砖井，大约是两丈多深，有的是半间屋大。那时候喝冷水，也喝热水，那个病是因为生活不行，不是喝水喝的，俺长期喝那水，以前喝，以后也喝。

日本人到这里光抢东西，北边就是炮楼，离这二里地，从清河到威县有公路，他在旁边修了炮楼，老高，周遭挖沟，叫老百姓给他挖沟，他怕共产党打。那沟跟这屋子这么深，这么宽，白天就弄上吊桥，晚上吊起来。一解放（炮楼）就拆了，人都抢东西去，抢砖、抢木头。

快解放的一天，八路军从冠县吃了早饭，到了咱这边，来到咱这街上，就喊老百姓赶快跑，俺就上南跑了。南边不打，公路在北边，八路在小王曲打起来了，来的人不是很多，走得又累，死了不少人。

闹灾荒的时候日本不打仗，因为蒋介石不抵抗，皇协军跟日本随便在这里糟蹋，有村长、联络员伺候他们。

采访时间：2008 年 1 月 28 日
采访地点：威县梨园屯镇祝家屯村
采访人：李　琳　孔　昕　滕翠娟
被采访人：祝子正（男　84 岁　属牛）

祝子正

　　我上过小学，上了两年，四书一改洋学，连书都没有，两个桌上一本书。我 1940 年入的党。

　　民国 32 年旱灾，旱了一年，那时候到河南、临清东、茌平都没事。上水了，不是民国 26 年就是民国 27 年，南边漳河里来的水。民国 32 年没上水。

　　那时候没下雨，地里净野庄稼，绿豆、黍子，蒸窝窝吃。以后光下雨，光阴天，就是这一年，七八月份的。一吃新粮食，跑茅子、闹肚子、闹肠炎，光泻肚子，下完雨，长了新粮食，就到死的时候了，闹那个霍乱转筋，抽筋重的就死了。我没得，家里也没人得。我推着小车出去卖东西，到汶上，那边没事，过去临清就没事了。我看见过得病的，净死的，我前院那人两口一起都死了，就是闹这个肠炎、霍乱转筋，治不过来，他俩是两口子，一个叫祝长安。我在家里推点东西出去卖，换粮食，跑一趟是 22 天，人也没劲，过山沟的时候差点死了（哭）。

　　闹过蚂蚱灾，蚂蚱从西北往东南走，净那小蚂蚱堆，赶到坑里，它掉进去，就出不来了。闹蝗虫和得霍乱不是一个时间，闹蝗虫晚，过了麦子才有的。

　　日本人在的时候，后边也是炮楼，二里地一个，还有皇协军，就是咱中国人。也不是经常来抢，来了以后就抢、打人。修汽车道，弄个大沟，好几丈深，怕八路军过。那会儿八路夜里叫人破他的路去。

干集村

采访时间： 2008 年 1 月 27 日

采访地点： 威县梨园屯镇干集村

采访人： 胡 月 何 科 宋 剑

被采访人： 李子臣（男 78 岁 属羊）

李子臣

民国 32 年闹灾荒，日本人天天来扫荡，家里都没人了，都吓跑了。有去河南的，都不在家，饿死了不少人，咱也不知道多少，灾荒年以后剩了没几个。饿死的饿死，逃荒的逃荒，一般逃到河南蚌埠。那时光逃荒的，家家户户都没人，我也被大人领出去了，逃到了河南。

饿死了多少咱不知道，有生病的，也没个医生，没药，下雨的时候光涝，受潮。得霍乱转筋，一会儿就死了，抬也抬不了，都没人了，家里有粪坑就埋家里了，饿得都抬不动了。那时都说是霍乱转筋，我没见过得这病的人，那时我还小，没见过，家里也没有得这个病的。

这儿有扎针的，有扎好的，也不知道扎好的人是谁，那时候都没啥人了。那时治病的人姓史，现在不在了。扎了针以后，流点黑血，没见过流黑血的人。不知道霍乱传不传染，也不知道得了这个病是什么样。那会儿还不懂，病名也不太清楚。

那时候喝砖井里的水，那时喝水喝生的还是开的不记得了。这村子附近没河。

那时候有旱灾，旱了好几年。闹过蝗灾，蝗虫厉害着呢，不记得是什么情况了。

那时有日本人，一里地有一个炮楼，李元屯那儿有炮楼，日本人几天一扫荡，日本人来了就没好事，很多人都逃出去了，（日本人）在这村也杀过人。

采访时间：2008 年 1 月 27 日

采访地点：威县梨园屯镇干集村

采访人：胡 月 何 科 宋 剑

被采访人：李金相（男 74 岁 属猪） 李玉亭（男 78 岁 属马）

　　　　　　房福全（男 80 岁 属龙） 梁金建（男 74 岁 属猪）

　　房福全：大灾荒，那知道，日本人进中国了那会儿，旱灾都成灾荒了！

　　李玉亭：有蚂蚱，那寸草不收，死人可多了，旱了两年，什么也不收，人都死了。两年过去，下了一场雨，都收好了，这人都缓过劲了，长好了这个庄稼。

　　李金相：八月那会雨下七天七夜。

　　李玉亭：七天七夜，那会儿下了雨，大，房子都漏了。

　　李金相：街上光水，倒了多少房子，净土房，这会儿这房子多好啊，你看，跟金銮殿一样。

　　房福全：那会儿，水没多深，倒是那草长满了，家里胡同都长满了

左起：梁金建、李金相、李玉亭、房福全

草，一人深，水没大有。

房福全：病死的多了，灾荒时死的人多了，有霍乱转筋，下大雨不晴天，那不光得病啊。

李玉亭：得霍乱转筋的我记得，现在都知道，我家里我奶奶得病死了，她叫什么我不知道，死时多大说不清，咱那会小咧。

李金相：我家里都死了，都那过灾荒时，死了七口。他们是怎么死的？饿死的！可不吗，没吃头。我家没有病死的，都是饿死的。现在这胡书记，你看多来劲啊。

李玉亭：那时候有医生看不过来，扎旱针。

李金相：那时候光兴旱针，没这个西药，霍乱转筋，得病了，让人扎扎吧，有扎过来的，有扎不过来的，都饿坏了。

李玉亭：有治好的，治好的，谁知道啊，这时候都忘了，治不过来的不多。都下雨那时候得病。传染？谁懂得那个，小孩还懂得那个？

房福全：那老人都饿得，有病了都饿得得病死的，那会儿没粮食吃，又没人管。

李玉亭：光听说过，没见过。什么症状咱说不清，抽筋，呕吐啊？我说不清，那会儿小。

房福全：我知道，霍乱转筋那都跑茅子，见过，我咋没见过，我那时十六（岁）了，那会儿。还不记得一个？那会儿没人治病，那死都死去吧，死的埋了，那咋办啊？有人抬，也有人埋，埋地里，各人上各人地里埋，埋家里粪坑里就行了，埋家里。

李金相：饿得没点劲，谁抬啊，没人抬。

梁金建：谁得这个病？那个都这些年了，那时候小，那才九岁，你看看是不是啊，你问年轻的，他什么也不知道。死了，谁死了埋，抬不动，都往坑里，粪坑里埋，埋了好些年，再抬出去啊，是吧。

房福全：张金华的大爷上地里去咧，死到地里了，埋在那了。都是过灾荒那一年，不是得病，反正是饿得耗劲了。

梁金建：清凉江那会儿不满，人喝井水。光下雨，阴的那个天，七天七夜，黑夜也下，白天也下，下的人都有了病了，有病了他不死啊，死了都埋家里拉倒了。没吃的，你跟现在一样光吃卷子还有什么事啊，是吧，你看吃了馍馍吃点菜。哪个他不死，都饿死了。那会儿日本来扫荡，石军团都抢，还有好过?! 那会那个八路少，打不了人家。

李玉亭：那时候喝井水，不喝河里的水，煮好了，煮开了再喝。谁喝凉水啊，这大冬天里喝凉水?! 那个时候都咸水。

梁金建：那水喝了光闹肚子。

梁金建：净喝生水，那会儿打井，打个井那水又咸又苦，这会多好啊，打个大深井。

李玉亭：霍乱传染不传染那说不清，我那会小。

房福全：不传染，没事。吃那个树头叶，吃点野菜，吃的人身上有毒了，是那么个意思，一阴天人就要死。

李金相：日本人没干过好事，杀人，俺街上一个叫孙朝林的，连头都砍了，人杀掉了，他是报告的。

梁金建：情报员，报差了，砍头了。他头一天来扫荡咧，碰上八路了，就打开枪了，一打枪，他害怕。你说没八路，（实际）有八路，日本人到那村里，就把他头砍下来了。

日本人去的时候问，你村有八路吗？他说没有，他一说没有，这里有了，到那就杀，要是没有那都没事，有了，都毁了。放火，咱这后边，一个区长，这共产党的区长，这不给他立了个碑啊，连他头也给砍掉了，叫日本人，一说是区长，他就来了，就点开火了，连人的房都给点着了。日本人没有糟蹋妇女，没见。

李金相：那个还不见？那个多了，抢妇女，抢了去他随便祸害。

李玉亭：这个村里没有炮楼，离这八里有，梨园屯有，刘疃有，王世公有，都是八里远地。

梁金建：王世公、小王曲、梨园屯都有炮楼。

李玉亭：日本人不住村里，人住炮楼上。

梁金建：八路黑夜才出来，俺这一个庙，都聚成一堆，你见那个，那个锤子当啷当，那日本人都砸那个，看着这年轻的了，都往头上敲，这么个铁东西这么大的，还敲不破?！凡是八路的，都关他一个屋里，关那个庙里，都敲头，灌辣椒水。好比你这么年轻的，你灌辣椒水你不跑啊，一跑，使枪打死了。

梁金建：闹灾荒时，光闹蚂蚱，那个多得很，吃的庄稼什么也不收，都给吃了，蚂蚱是民国32年以后吧。脚底下一踩都是一层，掘个这么深的个坑，一会就满了。

梁金建：都知道，民国32年下雨，光霍乱转筋的，见过，下了七天七夜的雨，民国32年时，都说霍乱转筋，人都没劲，那人都死了。还有埋到家里的，粪坑，都埋那。霍乱转筋都死了，没治，没有医生，什么也没有，饿得你都没劲。反正一会就死，那谁知道是什么症状。跑茅子？我出去了，出去逃荒了，他俩在一块儿，俺俩（李玉亭和梁金建）在一块儿，去的惠民。

李金相：我是去的定州。

房福全：我也逃了，去的茌平。

采访时间：2008年1月27日
采访地点：威县梨园屯镇干集村
采访人：胡月 何科 宋剑
被采访人：张长和（男 76岁 属鸡）

张长和

民国32年下大雨，下了七天七夜，不大，反正天天下，那会儿房都漏了，做饭也做不了，都没柴火烧，又不兴煤，不像这会有煤，那时候没煤，都是光烧柴火。下得那屋里，都是水，在家里，在屋里支着窝棚睡。

我那会儿11岁了，那一年没大水，发大水是1956年，1963年上的大水。庄稼那年下雨下的晚，春庄稼，就是早庄稼，都没耩，到以后，到四五月里，阴历的四五月里才种上苗，都收的晚庄稼。下雨的时候都到阴历的八月份了，都下大雨，那时庄稼才收，收了半个年景。那时候又有日本人，又有八路，又有老杂，老杂就是土匪，那时候你有床被子也给你拿出去。那时候日本队伍多，那时候八路还没施展开咧，八路有，有都藏着，在地道里藏着，不敢出头露面。

远处，俺这远处都是炮楼，都是敌人，最近的地方就是东南角里王世公，王世公有一个炮楼，小王曲也是八里地远，一个炮楼，这个梨园屯，也是八里地，正南，也是一个炮楼，红桃园，也是那八里地一个炮楼，刘瞳，也一个炮楼。俺村大，他不敢在俺这安（炮楼），本村没有。俺三村大，属于一个大镇，俺村里七千口子人，俺村里六个大队，俺东北街，东北街大队，过一个坑那边，都是西北街大队，西街一个大队，孙街一个大队，朱街一个大队，东街一个大队，这六个大队。他不敢在这安，他地面大，看不过来。哪有炮楼他住在哪，都是修的楼，有几个小队，一个炮楼，那会儿也就一百二百的人，"皇军"。那时候老百姓可受苦了。日本人有的是，在俺干集村里，都是问你村里有八路吗？你说没有，他一来扫荡，如果有，他都枪毙你。

老百姓都是饿死的，那时候下大雨，下了七天七夜，连得霍乱转筋，现在说这都一下子发达了，有病上级也给来治，那时候没人治。咱庄上有会扎那旱针的，扎针的，也治过来一些，那抬不及啊。都饿得人家里没吃的没喝的，你得上外抬个人，找两个人给吃一斤高粱，才给你埋去咧，上地里，还下着雨。

过贱年的时候，咱这人吧，都上山东逃荒，那时候说逃荒，老到那，这个年轻的，都说给那找个亲家，给点粮食吃，维持生活，都老到那了。俺村在那的，还得有好几十口子，老到那地方。我那年逃荒了，我出去了，去了山东惠民，我爸爸、我妈妈、一个妹妹，去那河南、东三省。

霍乱转筋多，俺干集村死了多少啊，那可没数，俺街上都是四五百口子人吧，连死带出去的有一半子，连出去带死的剩下一半子人，连病带饿死的多。我家里有得霍乱的，我的大爷就是霍乱啊，我大爷家哥哥两个孩子都是饿死的，还有我这个妹妹，在东北到现在都没回来。下边的孩子也饿死了，一家子不能说全死，百分之七八十的人家都少人。也得病，有霍乱死的也有得病死的，有饿死的，还有打死的。

俺前院这一边反正是烈属，他家里也是地主，都叫炮楼上打死的。在陕西人家跟着毛主席嘞，毛主席还没施展嘞，给毛主席送过信。

我大爷下雨天在地里种瓜，死到瓜地里，没回家来，就埋地里了。我见过霍乱病，抽筋，伸不开手，眼也斜斜愣愣的，瞪得，眼也是怎么，也是不得劲吧，斜愣八怪的。抽的那劲，肘也伸不开，走的时候，饿。家里没吃的没喝的，都饿死家里了。

霍乱转筋，连嘴里哕带下边拉，挺厉害，厉害到死就完了吧。再说肚里没食，饿得。那病也传染，那时候人都说招，我家人离得不很远，年轻的小伙子年纪十来岁，别上他家去，招上你了，对，就这么个意思。

扎针的有，会针法，那时候老旧社会都说针法，扎旱针，扎那个就咱那么长，精细那针，这会儿也有旱针，这都不说旱针了。

有一部分治过来的，不多，治好的人都没了，这伙人有尹廷元、潘贺祥、石文清，活着得一百多（岁）了。他们得病是下雨的时候，都是民国 32 年，民国 32 年那时候，下雨，连阴带下都是半个多月，在本村，上哪去啊，没地方去，都没医院，现在来说这大医院，那时候什么也没有啊。

那年有蚂蚱，蝗虫可厉害了，过贱年以后，蝗虫是在民国 34 年。头一年来的这，这蚂蚱会飞，都大蚂蚱，都遮住天。到麦子熟时，麦头都给咬掉了，在地里，它都下种了，到第二年，到 1934 年的时候，蚂蚱卵子就出来了，它上了子，到第二年一暖和都出来了，出来那一年收麦子，麦子都给吃了。（老百姓）都挖壕，挖这么宽，这么深，那小蚂蚱在壕里都一撮一簸箕，没翅，光蹦跶，它蹦跶掉坑里去吧，一捧，一捧捧的。那吃不了，大的能吃，小的一点点的怎么吃啊，掉坑里都拍它，大的翅子老长了，都逮，都吃，都剥了干炒，来了在锅里炒。

喝水，那时候是旱井，各街上都有井，砖井，也不很深，现在来说四五米深都有水，地下五六米都有水。这时候不是砖井，都是机井，那时候刨一米，刨两米深，地下都有水，现在是没了，没地下水了。那时都是喝那砖井水，那时候啊，水吃不完，那水啊，有的是，那时候不缺水吃。没煮，喝凉水。日本人也打砖井，那楼上人都打井，住上，也得吃饭吧。

这有河，清凉江，这河向正北，远了去了，冲着黄河。那时候啊，下雨大的，都是一片水，那河还没挖，从毛主席一看说是挖河，老河才挖起来，那时候还没挖嘞，还没河，光知道是清凉江。挖河、掘渠，这是以后了。

有日本人那时候我小，还记不很清楚，到后期，到后期那八路军一兴开，打的时候，打退的时候，那时候我才记清楚，他日本一过来的时候，俺都小孩。进来光来扫荡，抢东西啊，什么也抢，鸡也给抓着，不干好事。打年轻的，二十来岁小伙子看着不那，说是八路军，都抓你楼上去，抓走问你，这一块有本地的皇协军，都说他是八路，都枪毙了。也给咱要东西，跟老百姓要东西，他不给东西。

那时候啊，都念日本的书。那时候也有八路军，他建学校，有日本人的时候，也有八路的学校，那小书，一点点。咱中国有小书，我上学的时候，有日本的时候，那时小，一个算术本，一个语文，都是那么长，那么宽。

什么人没有啊，也有中国妇女，也有上那个炮楼上去的。那时候有本地皇协军，咱本地人在楼上就是皇协军，从日本国来的就是日本人，日本是有皇协军，皇协军都咱中国人，咱中国人给人家抗战去，给人家牺牲去。有妇女主动去的，年轻的什么人没有，这时候也是，那年轻的，不要脸皮，有妇女救国会，也带去，落人家楼上了。

采访时间： 2008年1月27日

采访地点： 威县梨园屯镇干集村

采访人： 胡 月 何 科 宋 剑

被采访人： 王金来（男 82岁 属虎）

王金来

　　我家那会儿穷，没上学。灾荒年那还不记得，是民国32年大灾荒年，旱了，旱两三年咧。咱这歌上那不都编上了，"民国32年大灾荒，阴天下雨，下了七八天"，这个都记得，都是那时候，也是上级给编的。

　　民国32年，又是大灾荒，又是阴天下雨，下了七八天，七八月里下的。那会都挨饿，都没吃的，地里收不了，再以后又生那个蚂蚱，厉害，那蚂蚱都往地里跳，连庄稼都给吃了。什么庄稼也吃，倒是不吃这个豆叶。那时种谷子、高粱了，还有棒子，地里没打些庄稼。

　　咱这边没河，大河没有，小河也没有，都是村东里这个，要是下的雨很大的话，倒是能留点水，旁的河没有，也没挖的河，那会儿不兴挖河咧。那会没井，打井是以后，这么些年才打的，打这井我还跟着打去咧，以后打的井，以后我也跟着打井了。那时候喝水使这井里水，那会儿不都是砖井啊，都是砖井，不是一户，是一个街一个井，都吃那个水去。那会，这家里什么水也喝，那还分开水凉水啊，什么水也喝。那会这个老百姓可没那个条件，他也不行啊。

　　得病？得病反正人是伤得不少，那会儿不是没吃的，都是饿死的。那会儿或是吃蚂蚱，还有的吃地里长的小籽粒，谁知道那个叫什么的，吃什么的也有。菜叶子都吃，什么也吃，是东西就吃。虫子有，虫子不少，那会儿，谁知道那个叫什么虫儿，反正都是地里那个，虫儿还有香的？！哪虫儿不臭啊。

　　得病那时都是浮肿病，都是饿的，净那个浮肿。霍乱转筋，那都是饿的那个劲，没吃的了，得这个病的不少，多去了，光俺这一条街只剩了几口子人。我家里，我那会也是将（差点）死了，那会叫人给扎过来了，扎哪忘了，我还叫他们扎咧，那会都是饿那个劲，你这么高的那孩子，都这么硬饿死的。症状闹不很清了，我那会才多大咧，还小，都这么高，不知道是咋了，你反正是多少年了，也记不准了。

下雨时得的病，下雨以后就少了，家家户户这房都漏。扎旱针，那会儿都使那个针。医生早死了，我那时是个女人给扎的，都是谁呢，是小青子他妗子，我扎过来了，那一个都没扎过来。有死的，一看没气了，这都卷出去，都埋了。传染不传染，那会儿咱也闹不很清楚了。

灾荒是厉害，死人多去了，逃荒上南边逃的多，上南边都去河南，上那里逃的多，再以后，上武井府（音），上东北，也有去那的，反正净上南去的多。我没去，那会儿小，没去。没有吃的，咱这都是这收菜叶子去，那送菜叶子去。

日本人来了啊，人反正是见了都跑啊，一说日本人来了，都跑了。抢东西，也忘怎么着了那会儿，这些年谁想那，想不起来了，俺也糊涂了。杀人放火都是，在西北街闹了一回，忘了怎么着了，想不起来了，这么些年了。

得病那时候，日本人也都来转悠，穿没穿白色衣服的，那倒没怎么注意着。那上面都飞着飞机。

日本人啊，俺这一溜都有，都八里地，这还再晚，民国32年这还没有咧，民国32年那在城里咧，那会儿，那这里还没修那大炮楼。炮楼晚，那是多少年了，这闹不清。他一走都给他拆了，那都种地的种地，村里地都盖房了，这看不出来了。

日本人家都带着那小壶，咱不见人喝不喝，那咱见不了，你说是吧，反正都带那小壶。这以后又修的炮楼，土匪啊，土匪那会儿都饿的那个劲，还能有没有的吗，那都是么了，都是看谁家有粮食，都去，都偷点。皇协军有，这个炮楼上都有，都是那个，咱咋知道人叫什么名字！不知道。

采访时间：2008 年 1 月 27 日

采访地点：威县梨园屯镇干集村

采访人：胡 月 何 科 宋 剑

被采访人：张禄亭（男 78 岁 属马）

张禄亭

我没当过兵。

民国 32 年那咋不记得，反正是挨饿，下河南。咱那会也不是说都旱，也不是说不旱，一个有日本人，有老杂，有国民党有共产党，这三四家子，光闹，那都饿坏了。有日本人，也有八路军，都跟老百姓要啊，再个还有个本地老杂来抢抢，再砸屋，都那么回事。

民国 32 年不收，我在家种的金瓜，一个长十来斤，那一年到后来都不旱，耩的晚棒子，反正是没供好，就是铺开碾子碾了，压压吃。后来下雨了，过灾荒以后收得好。

灾荒年下雨，下了得七天七夜。那雨还不大，那会儿又没好房，反正都漏了。

人死了以后，反正是埋，就将人埋在外边地里都。霍乱转筋，人那会儿都说是得霍乱，人都那么说，都说是霍乱转筋。有扎过来的，有扎不过来的，那会儿又没医生，反正是扎旱针，都是光叫人扎旱针。那会儿也没药，这不就熬不下去了。这病谁知道传染不传染啊，都饿的，下雨反正是受潮湿，反正是吃没吃的，没住地方，都那个劲。

扎好的也不少，扎过来不少，张四亭，他是俺叔伯弟兄，他比我小一岁，属羊的，这才死了。那时候死的人多去了，那死的，这一胡同人，连逃荒带死，都剩了不很多了。俺没得霍乱，我一个妹妹死了，扎没扎过来，叫玉环，在正下雨那时候，哗哗下。俺哥家挪那边去了，俺小婶挪那边去了，这院里住着好几家子人咧。下雨它漏房，我那房漏得轻，妹妹得那病时，也得有五六岁了吧。那会儿抽筋就扎旱针。有没有跑茅子？那时咱不怎么在家，光在地里打窝瓜，这都记不清了。

那时候光水，这坑里，出村得蹚水出去。这有河，在北边有河，也上外走。那年有水，淹了，那是八月里淹，发了水，北边这河三年有两年淹，那会儿那河跟现在不一样，浅，清凉江，从那到那这河都有名，一段一段。

那时候就俺这胡同人多，一般的胡同都没人了，有逃到河南的，逃到山东、东北、武定府，那里现在是惠民县，这是滨州那里，还有逃到南徐州的，哪的没有啊。我没出去，我有哥哥，也有俺父亲，俺在家嘞。反正棒子碾到家里喝糊糊，它没长好，又下霜了，都冻了，都磕下它来，在碾里轧轧，都喝那个糊糊。

那时候有井，水都烧开了喝，有喝生水的。你看，这个情况就不一样，凡是能动弹点，拾点柴火弄点么的，就喝热水了，他动弹不动了，他不喝生水喝么个？能动弹谁喝生水啊？

那时东边庙里都是日本人，这人净饿死的，给东西都不吃，那时候七天七夜下雨净饿死的。那会也不好治，有当官的，那当官的这一片也不好治理。

有日本人，这西边八里地也有日本人住着，在小王曲、王世公、梨园屯、刘疃，光来，在咱这待了好几年，死人多了，光俺村死老些人。来扫荡啊，也不是光来日本人，也有中国人干那事，比这日本人还孬咧，他这是光抢光砸，光偷东西，光要东西。有糟蹋妇女的。

他在这闹一会就走了，他不在这住。那时候他也成立学校，也叫上学。皇协军净外地的，威县的多，他有家眷就在这儿抢，都威县的人在这闹，正式的部队，都不抢。蝗虫都是民国32年，蝗虫厉害着嘞，人都在地里挑沟，往沟里垫，埋它，那春庄稼，麦子，麦苗都让它吃了，这是民国33年。民国32年大蚂蚱来的。蝗虫，过年都出来了，它再闹一下子。人光逮蚂蚱吃，那会儿也邪，它不上别处去，都上北走，民国33年那小蚂蚱会爬吧，它都上北爬。有那蚂蚱，按阴历说也得五六月份吧。

那会都是日本人，那会要不闹，就收得好了。

洺 州 镇

东河洼

采访时间： 2008 年 1 月 24 日

采访地点： 威县洺州镇东河洼

采访人： 牟剑锋　张　茜　刘　群

被采访人： 王福庆（男　80 岁　属龙）

　　　　　　孙墨林（男　71 岁　属牛）

王福庆

　　民国 32 年春天，耩不上地，光刮风，民国 31 年、民国 32 年麦子没收，春风多，一刮把麦秆都露出来了，刮一场南风，都露出根来了，把麦子刮死了。到民国 32 年立秋十天才下的雨，收了荞麦，收了也不能顶啥，不能收，都叫城里"皇军"、村里管事儿的要走了。

　　那会儿雨下得大，下了七天七夜，地上有积水，地里泄得不能下脚，棒子还不成粒，（庄稼）都瞎了。

　　八九月十来月的，下了七天七夜雨后，人死得多，人饿得都脱相了，房屋都漏了，

孙墨林

一天往外抬五六个。有饿死的、病死的，都饿得够劲了，饿得都皮包骨头了，反正都是那时候死的。有几个是跑茅子什么的，那咱不知道，啥病也不知道，家里没人得那个病的，走不动，也没人治，再说也治不起。都得痢疾，拉肚子，下雨的时候痢疾多，没抽筋的。得了痢疾病，吐，上吐下泻，不抽筋。当时没闹过霍乱这个病，民国九年闹霍乱。以前这村有500口，剩了300多口人，民国33年还不到300多人。

四五月，人逃出去了，逃不出去的，七八月都饿死了，去山西、河北定县。有一家死了三口，邻家三口都饿死了，逃到山东、山西、河南，到后来不行，都回来了。

民国33年收成好了，大部分都捡点儿，收点儿麦子，光收绿豆、豇豆，谷子都一尺半高。

那时候三方面，老杂儿、八路军、"皇军"在这儿，有东西皇军要，不给就闹，还有老杂，八路天黑来了，也都要给吃的，八路军不打人。送点东西，三方面要。皇协军没在这儿住，在碉堡住。

没有穿白大褂的日本人，都穿绿军装，日本人不抢粮食，炮楼上的皇协军抢，当地伪军拿你东西。日本人不吃咱这粮食，光祸害，烧、杀、抢掠。这有几个被抓去做工的，只回来一个，抓到东北抚顺煤窑，上工，吃喝不让出院。这都听他说的，他后来回来了。

采访时间：2008年1月24日
采访地点：威县洺州镇东河洼
采访人：牟剑锋　张　茜　刘　群
被采访人：孙耀堂（男　74岁　属狗）

民国32年，没收成，天旱，一直天旱，挖一米深，刨不到湿头，我记着两年没下雨，记不清多少天，这两年就是民国31年、民国32年，都旱。到民国32年阴历七月下了大雨，下雨不管事，种也没收成，没种头了，大雨下了七天七夜，路面上水是不少，坑里都是水，地里都进水了。下雨前青沙白地，下了雨明天就没事了，都是雨水。

孙耀堂

灾旱前这村有 500 多口人，灾荒后三百来口人了，有逃荒的，饿死的，逃哪的都有，向北边逃到定县、定州、保定地区、河南、山西。饿死的人多了，民国 32 年饿死的最多。没吃的，人都把枕头里装的秕子，有的装的荞麦皮，都吃了，有的饿得都没法了，连被窝刨了都吃。

很多人都饿死了，大部分人都饿，一饿就引起病来，大家都逃荒，再饿就扎针。你说他是病死还是饿死的？都是饿死的。那时候谁跟谁都不通气，这家不知道那家的事。死了都没人抬，抬不动。霍乱转筋还早，是民国九年，民国 32 年也有，但说不清多不多，没见过，那就不要提了，那时饿得都脱相了，瘦得皮包骨头，没肉了，走路都没劲了，饿的。

80% 的人都没逃荒，我没逃，我也没啥吃的，那时候就是糠，吃糠。民国 33 年收成不赖，生了一次蚂蚱，飞蝗盖天了，从南边过来的，那时候麦子发黄了，飞蝗全把麦子头咬了，收成不赖，那是阴历四月，小绿豆、谷子、高粱。

日本人在威县，日军的宪兵队、治安军。有土八路，八路军自己都顾不了自己，跟中央联系不上。日本人和中国人一样不吭气，不说话，穿大黄呢子衣服、大皮鞋，和电影里一模一样，没穿白大褂。日本人不祸害村，要是再往南几里地，他抢。

土匪也有，土匪也抢，你不开门，把你门整开，是东西就抢。八路远了，就不敢说，日本人听说村里有八路以后，非把你这村废了。不管好人、孬人都要修据点，我去过，有很多据点。没听说过日本人抓人，那时候净剩老头、老太，日本人抓那也没用。

采访时间： 2008 年 1 月 24 日

采访地点： 威县洺州镇东河洼

采 访 人： 牟剑锋　张　茜　刘　群

被采访人： 孙寨方（男　78 岁　属马）

孙寨方

民国 32 年没收好，收的荞麦、玉米，玉米净半仁，没长好。荞麦收了，那年光吃荞麦，棒子掰下来，不成个的就在碾子上碾，带面带皮的吃。民国 31 年，有荞麦，老百姓吃的问题不大，够吃，后来有点玉米面，这面那面，城里边"皇军"要，治安军要，村里三里地一个岗楼，七八里有个岗楼。"皇军"是日本人，治安军是中国人，宪兵队都要，老杂儿抢砸，乱要，谁家有钱，没钱砸你。

民国 32 年不下雨了，一点不下，树都吃得没有树皮了。逃荒都走了，去哪都有，向西去定县的多，地都闲了，他们后来都回来了。有当皇协军的，有当警察的，有当治安军的，混饭吃。灾荒前大约有四五百人，死的多了，饿死的多了，最困难的时候卖衣裳，买小米、高粱面、玉米面来吃。去县城的公路边上，死人可多了，年轻人有病的不多，可惨了。收小孩的，给你一个馍馍，小孩领走，倒卖小孩，被倒卖都幸运的了。

民国 32 年七八月下雨，七天七夜，秋天下了雨之后，死的人多，房子都漏了，埋人时，地坍得不能挖，我当时还小没法描述。有得病死的，他们都浑身浮肿。那时候连病带饿，死的人什么症状都有，跑茅子、上吐下泻、抽筋，不知道多不多。没钱请医生，这村里没医生，离这儿 20 多里地有一个医生。民国九年有霍乱抽筋，听老人说。民国 32 年没听说过这个病，说不清有没有抽筋而死的人，死的人太多了，小孩没人管，没准家里人都走了，走得晚的，都死在家。没钱没吃，家里先带着我了，后来又把我撺回来了，14 岁太小，我走不动，大人没劲了。

民国 32 年啥都没收，民国 33 年收麦子了，收豇豆了。蚂蚱收麦之前来了，把麦子头给咬了，盖地都是，往东北走。

日本人来过这儿，破坏太多，抓小鸡儿，烧房子，人都跑了，日本人杀人，一般是好人不杀。在家都是胆大的，给他日本人挑水、做饭。听说过被抓到日本的，没见到。

城里面有穿白大褂的人，有宪兵队，我没见过穿白大褂的日本人。

管安陵村

采访时间： 2008 年 1 月 24 日

采访地点： 威县洺州镇管安陵村

采 访 人： 韩晓旭　郭亚宁　吕元军

被采访人： 管廷方（男　82 岁　属虎）

管廷方

我小学毕业。我不是党员。

我经历过三次灾荒，找蚂蚱吃，旱，大水淹。民国 32 年，一个是蚂蚱，从六月开始时，一连下了七八天雨，房屋都漏了，下雨时地上没有积水，房子倒的不少，下雨的时候我在村里住着。13 亩麦子就割了一把。

俺村死的不多，都逃荒出去了，逃荒的人出去了三年五年，等八路军来之后，就回家了。刚开始村里有 360 多口人，逃荒到山西、石家庄，都在那里结婚了。我做生意。

民国 32 年闹的蚂蚱，蚂蚱吃玉米苗、谷子苗，一尺多高，蚂蚱过去，庄稼就没了。日本人在城里收蚂蚱。

民国 26 年，日本人进中国。日本人在我们村烧东西，烤火用，抢鸡，但不要粮食，连水都不喝，怕老百姓下药。

我们村当皇协军的多，有被抓去的，有灾荒年套过去的，干坏事，打八路，打人。咱村里没闹过瘟疫，北面十几里地闹过瘟疫，大宁村闹瘟疫比较厉害，我们这里霍乱转筋不多。那时喝的是土井、砖井的水。

郭安陵村

采访时间：2008 年 1 月 24 日
采访地点：威县洺州镇郭安陵村
采 访 人：韩晓旭 郭亚宁 吕元军
被采访人：郭鸿太（男 80 岁 属蛇）

郭鸿太

我上过小学，民国 31 年上的。我一直住在郭安陵。民国 32 年老百姓不好过，我这一家全都出去逃荒了，民国 32 年阴历三月出去的。民国 32 年刚开始天旱，七月份开始下了 20 天的雨，房屋倒塌。我跟父亲走到北京，逃到了呼和浩特，大约四月份，又回来了，才知道下的雨。

我母亲、兄弟、妹妹跟着我姥姥、舅舅到了呼和浩特。我爷俩去的时候天还一直旱，回来就下大雨，积水特别多，有一尺多深。那时候村里有200 多户，死了 50 多户，下雨前后死了 50 多口，死的人都是跑茅房拉肚子、抽筋，看病看不起。邱天义家死了七口人，他母亲死的时候 40 多岁，兄弟都死了，他家没逃荒。听说过霍乱转筋，咱村也有，但我那时小，不知道。得病的一天抬好几个，下雨的时候死的人多。死人之后，日本人没来，没人管。

民国 33 年天天下冰雹，民国 34 年是黑蚂蚱，过去一片，庄稼就没了，连着闹了三年灾荒，收成是啥也没了。

日本人经常来，咱村那时有围子，鬼子、皇协军来打人，抢东西。赵七里东头有一个炮楼，白伏村北有一个炮楼，都住着皇协军，日本鬼子住在县城，一个连有百十个人。威县县城北街是皇协军，西面是监狱，东南街住着治安军，东街路北是宪兵队，给日本人办事，是最坏的，比日本人还孬。

罗安陵有人被宪兵队抓走杀了，看他是共产党吧。咱这里有八路，暗地里来，都是地下党，我是党员，1967年入党，现在是退休干部，在村里当干部当了30年，1991年退休。

采访时间： 2008年1月24日
采访地点： 威县洺州镇郭安陵村
采 访 人： 韩晓旭 郭亚宁 吕元军
被采访人： 姜殿超（男 57岁 属兔）

姜殿超

我小学毕业。听老人说的，民国32年，村里闹饥荒，连着三年，死人就是因为瘟疫，就是霍乱抽筋，抽筋的都跑茅房，拉稀。一个人不敢去报孝，怕一个人在路上抽筋，死了没人管，那东西传染，没治。一得上就没治了，一两天就死了。

三年灾荒是旱一年、淹一年、蚂蚱窜一年，第一年是旱，第二年淹，第三年蚂蚱，这都听老人说的，那时没灾荒，村里有200多人，一天出过两口棺材。

闹瘟疫的时候日本人没来过，日本人民国26年来的，民国34年走的。

采访时间：2008 年 1 月 24 日
采访地点：威县洺州镇郭安陵村
采访人：韩晓旭　郭亚宁　吕元军
被采访人：赵华增（男　85 岁　属猪）

赵华增

我没上过学，不是党员。

我那时在东头村，挪过来的，那时在王安陵，现在这个村都没了。俺弟兄仨，那时王安陵人少，顶多不过 20 口，都随到这边了。

这不下雨的年数多了，三六九成天一个劲不下雨。20 多岁的时候下过大雨，下了七天七夜的雨，地上水深，平地里有一尺到两尺深，洼地里有几尺深。

下了雨的地里收了百十斤粮食，不下雨一点不收。有逃荒的，去石家庄，年轻的妇女都嫁到那里去了，那边有井水能浇地。

民国 32 年死的人多，饿的，我见过死的人，身上瘦，脸也不好看，得啥病的也有，瘟疫的时候死的多，连饿带有病。五六月闹蚂蚱，记不清哪一年。

那时日本人在城里，我见过日本鬼子，进城要有照片、良民证，没有就进不了。

十五六岁时，日本鬼子来了，要柴，跟当头的要。皇协军有，哪个村都有当皇协军的，有干坏事的，有不干坏事的，当皇协军的现在差不多都死了。有老杂，要东西，抢东西。日本人来，都抢东西，日本人不杀老百姓，杀八路。

皇神庙

采访时间： 2008 年 1 月 24 日

采访地点： 威县洺州镇桑家庄

采访人： 胡 月 何 科 宋 剑

被采访人： 贾小改（女 80 岁 属龙）

贾小改

  民国 32 年咱记得啥?！咱早忘了，光记得没啥吃，没收成，都编成歌了。灾荒年，民国 32 年没什么收成，我记得我 15（岁）了，我还在娘家咧，皇神庙，离咱这儿过庄五里地就是。二十八日下雨，都编歌了"二十八日下大雨，连连阴阴，昼夜不停下了七八天"，下了多久那咱不知道啊，不太清楚，反正是下了七八天，屋里都搭了暗屋。

  民国 32 年俺没见过日本人，那是小的时候，（日本人）打来了俺才九岁，俺光跑咧，俺大人跑，俺光跟着跑，到后来咱又不进城了。大人倒是见日本人了，都在那村儿里住，大人见天杀日本人，日本人在皇神庙住咧，俺跑西边去了，皇神庙没炮楼，附近有没有俺不知道。

  灾荒年死了不少人，那年是霍乱转筋，跑茅子，那一年我记着，"民国 32 年，灾荒真可怜，连连阴阴，昼夜不停下了七八天，人人受了潮湿，人人得霍乱"，跑茅子在下雨前还是下雨后那谁知道，那都记不清了。俺家里人没有，反正有跑茅子的，有得霍乱的，俺不知道谁跑茅子死的。

  灾荒年有向西走的，也不少，我没出去，在家咧。别人家那俺不记得，那时我还小咧，那日本人来的时候我八九岁。

姜霍寨

采访时间：2007 年 7 月 21 日

采访地点：威县东街

采 访 人：李 斌

被采访人：姜桂兰（女　72 岁　属狗　娘家姜霍寨）

　　民国 32 年没收，下雨下了七天七夜，房倒屋塌。地里薅黍子的时候，七月份，雨下了七天七夜。下雨什么都没收，光收点油菜、荞麦。

　　霍乱转筋，人浑身不好，上吐下泻，一天埋好几个，十来个。俺娘那年死的，月子病，她到地里薅黍子，地上有水，凉着了，回家死了。

　　俺村逃荒的不多，外面逃荒的多，那时候俺姥娘整锅花籽窝窝，打发要饭的，俺姥娘心眼好。俺村死的人不多，邱霍寨死的多，死了 300 多口子，霍乱转筋，我那时小，9 岁，听老人说的，邱霍寨离姜霍寨不远。

采访时间：2008 年 1 月 24 日

采访地点：威县洺州镇姜霍寨

采 访 人：张文艳 李 娜 薛 伟

被采访人：李子容（女　78 岁　属马）

　　民国 32 年那时候我家一大家子人，有我父亲、母亲、四个哥哥、一个妹妹。俺父亲是共产党，参加工作牺牲了。日本（人）进中国，俺一家都抗日，后来分了十亩地，是中下农。

李子容

民国 32 年，那都没耩上地，找野菜籽，哪有粮食？那时出去的少，走不动，饿的。俺哥十月回来的，把衣裳卖了，带些粮食回来，那都十一月了。

霍乱，又吐又泻，下雨的时候，我母亲得那病死的。腿也抽筋，在地里找些野绿豆，又吐又泻，接着不行，又抽筋。那时候尽得那病的，她那还不算快，病了 12 天。有会扎针的，扎那旱针，有过来的，头一天上吐下泻，以后就不是这样了。砖房里都下雨，俺奶奶六月死的，（当时）还没开始下雨，俺爷爷八月十九死的，那都下着雨，九月初三刚停，平地上水也没多少。

周围邻居也有得（霍乱）的，谁也没法管谁，尽得的，死不及，也没人埋，这病传染，得的多。听说民国九年也有这回事，那年还有吃的，没人抬，没劲，大人得的多。八月死了一阵子人，就没事了，雨停了就没事了。

那时候喝砖井的水，河是干河，没水，雨水落不到井里，井高，下雨后庄稼都晚了。那共产党就管了，发麦种、油菜籽，下雨后还收了点，撒点荞麦，白地多，种上的少。

民国 32 年闹的蚂蚱，头一年从西北向东南飞，白天飞过去，天黑又飞回来。第二年，有蚂蚱仔，把麦头都咬了，收了点。八路军号召打蚂蚱，打了就埋。八路军势力不强，穷，说话很好，没啥吃的，就倒点热水，给他烫烫脚，给点窝窝，俺少吃点，不吃，也得叫八路吃。

这边人都逃荒上河南、定县，有回来的，有没信的，落下没一半，第二年收麦子时回来的。

日本人活动厉害，打人，普通老百姓也杀，说你是八路。一个卖油的老头，被杀了找不着头，老嬷嬷也杀，有尸首。皇协军抢东西，皇协军抢远处，日本人不抢，拿老百姓的粮食喂马。那时候粮食不多，藏不及，皇协军见了就抢。日本人一来就跑，日本人走了就回来，屋子都烧。

那会儿俺跟俺爹上馆陶了，等第二年八月里，俺爹牺牲了，才回来的。俺不敢坐日本人的车，都步撵，推着小车，一天 60 里，晚上住店，就是房子，在地上铺的席，给的不是很多，俺父亲给出证，便宜点，开店的都是老百姓。

采访时间： 2008 年 1 月 24 日

采访地点： 威县洺州镇姜霍寨

采 访 人： 张文艳 李 娜 薛 伟

被采访人： 张贵臣（男 79 岁 属蛇）

张贵臣

　　我上过几天学，那会儿日本人还在这。那时家里七八口子人，三亩地，光给人打工了，生活不行。

　　那一年上蚂蚱了，第二年，民国 32 年，不下雨，那旱得老深都没湿土，后来八月二十二下的雨，下了八天雨，下得房倒屋塌的。没种上，饿死的饿死，逃荒的逃荒的，逃到保定、定县。俺这村没得霍乱的，南边多。

　　那时候何梦九是县长，他儿子就是宪兵队队长，治安军和皇协军不是一个头，治安军在县城不出来。那时候用老枪，那些地主都有枪，后来都跑八路手里了。

　　那生活也不好，离威县近，有的是外逃的，有的是做些小生意，赶会、赶集，三毛钱一个裤子，三毛钱一个褂子，到北京去卖。卖的东西做个本，再到北京去卖，坐日本人的车，司机是中国人，也卖票，先西上邢台，再上北京。

　　过城时，日本人不管，日本收蚂蚱，给两个钱，想落个好。我还上城里卖过蚂蚱，死的小蚂蚱堆。

罗安陵村

采访时间：2008 年 1 月 24 日

采访地点：威县泾州镇罗安陵村

采 访 人：韩晓旭　郭亚宁　吕元军

被采访人：贾长林（男　82 岁　属虎）

贾长林

我没上过学，不是党员。

日本人来的时候，我 12 岁，十六七岁给日本人做工。日本人在这住了八年，被八路军打跑了。日本人在这待几年，我就做了几年的工。闹灾荒的时候日本人还在威县。

民国 32 年，我 18 岁，我逃荒出去了，正月出去的，腊月回来的。到石家庄藁城县，我家五六口人出去要饭了，家里还有一个哥哥。藁城县那里有水浇地，下过大雨，谷子都倒在地上了，下的时候不大，下了三个钟头，回来时民国 33 年，都收了。

民国 32 年下大雨，下了七天七夜，八月二十八下的，民国 32 年以前闹的蚂蚱。

霍乱转筋是民国 32 年，雨下得潮湿，人人得霍乱。那时村里有一百七十来口，死了一半以上。那时八路军还没来。

采访时间：2008 年 1 月 24 日

采访地点：威县泾州镇罗安陵村

采 访 人：韩晓旭　郭亚宁　吕元军

被采访人：贾俊成（男　74 岁　属猪）

我没上过学，不是党员。

我小时候见过日本人，我三岁的时候，日本人把我抱在马上。

闹灾荒时我 11 岁，连闹了三年灾荒，蚂蚱闹一年，下冰雹打了一年。民国 32 年阴历四月闹旱情，不下雨，这里不是水浇地，民国 30 年或民国 31 年下过冰雹，差不多也在这时候闹蚂蚱。

民国 32 年开始旱，一直到八月份，后来开始下雨，八月份开始下，下了七天七

贾俊成

夜，屋子漏得不能住了，屋里又搭下暗屋。这以前有个老河，没跑过河水，都是下的雨。

人们受潮得霍乱，有一百七八十户人，人都是饿死的。刚开始有人抬死人，后来都死了没人抬，堆在屋里，抽筋抽了两个小时就死了，挺过来就跟好人一样了。有先生治这个病的，吃药、扎针，治好的不多，十个人里面治好一个，不是光咱这一个村，哪个村都有得的，得霍乱死不了，也得饿死。有长干疖的，有生脓包疖的，可能是吃野草中毒，那不是人吃的菜。

日本人来，老百姓害怕，都跑了。管安陵有日本人司令部，（日本人）来村里逮小鸡、猪，日本人穿呢子皮靴，戴钢盔。日本人没杀过人，不知道有没有皇协军、老杂儿。

我逃过荒，村里人有出去的，有上北的，有上南的。

采访时间：2008 年 1 月 24 日

采访地点：威县洺州镇罗安陵村

采 访 人：韩晓旭

被采访人：罗修和（男　80 岁　属龙）

我上过高小，民国 32 年灾荒年，那年旱，没怎么收，七月里没收啥，没啥吃。民国 32 年后来下雨了，下了好几天，地上那没水，坑里有水。咱村有 200 多口人，死了一部分，逃荒逃出去一部分，到石家庄，我没逃荒。

咱这没闹瘟，得病死的少，饿死的多，霍乱转筋有，可多了。民国 33 年又闹蚂蚱。

日本人来了，见过，下村站岗。日本人不出来，皇协军出来，抢粮食，抓人做工，白做，不给钱，跟村里要，咱这没被抓到日本去的。

西村有炮楼，在村东北角，李家寨有一个，白伏那也有一个。

罗修和

马安陵村

采访时间：2008 年 1 月 24 日
采访地点：威县洺州镇马安陵村
采 访 人：韩晓旭　郭亚宁　吕元军
被采访人：王玉敬（男　80 岁　属龙）

我没上过学，那几年没学校。不是党员。

我就是生长在马安陵的，民国 32 年大灾荒，连着三年灾，都没人种地。逃荒的逃荒，那时不到 100 口人，民国 32 年四月，谷子长得很高了，我在那里看着，一会儿就没了。城里收蚂蚱，后来又打蚂蚱。到八月二十八，下了七天七夜大雨。

王玉敬

受潮后得霍乱转筋，死不少人，我还得过霍乱转筋，后来扎针就扎好了。我是抽筋，憋出疙瘩，扎针就好了，没拉肚子。俺嫂子也得转筋了，病症跟我一样，后来也治好了。我是中午推面的时候得的病，当天得的，当天就治好了，我嫂子也是，那先生叫张德修。嫂子今年83（岁）了，嫂子也没什么症状，得病时，她在西屋，我在北屋。

村里其他的还有六七口得过这病，白天发病，有治好了的，吴老杰、马吉太、罗凤、王刘氏。死的人不少，差不多都是老人，记不清死了多少人。其他得病的人干吐，没有上茅房，得病扎一会儿，治一天就好了。霍乱转筋是下雨之后得的，雨是连阴天，下得不大，房子倒塌的不多。

逃荒出去的少，有一家去了山西之后回来的。在家吃荞麦皮、小枣，枣还没红就吃，枕头里的秕子都吃。村里有跑马做小买卖的，去北京、邢台，卖旧衣服糊口，我是种地的，我母亲是跑马的。

日本人经常来，跟你要东西。鬼子来时我逃到宋庄了，那里有果木林，日本人看不到人就不扔炸弹了。在咱们这里没怎么杀人，皇协军、宪兵队经常来要东西，还要人。那年他们来要粮，正打粮食的时候，俺父亲说把簸箕送回家，他们不让，还把我父亲打伤了。

日本人我见的多了，东南面来了一架飞机，飞机落地，下来的都是日本鬼子。宪兵队、皇协军经常抓人做工，抓到城里去，不知道有没有人被抓到日本去。我十几岁的时候，有一个同伴赵凤官被宪兵队抓走了，灌了辣椒水，装在麻袋里，再揍一顿。

马 庄

采访时间：2008 年 1 月 28 日

采访地点：威县固献乡白二村

采 访 人：齐一放　苏国龙　蒋丹红

被采访人：李继箫（男　85 岁　属猪）

日本（人）进中国时，我才 15 岁。灾荒那年，地里没收东西，日本人来要，八路军也要，总得让他们吃得饱。那时国民党跑了，一见日本人就跑了。老天不下雨，苗都耩不上，没收。

李继箫

逃荒的可多了，都上山东逃荒了，我 15（岁）结的婚，出去逃荒了，我老家在东南的马庄，离这 13 里地。灾荒年逃荒到茌平，待了一年多，我自个去的，灾荒年我在马庄。

那年先旱后下雨，后来，七月下雨，八月下霜，那年下了七天七夜。没粮食吃，吃糠，饿死的人不少。

有人得霍乱转筋，我老爷爷得了霍乱转筋，我见过得病的，本来还没事，说死就死，邻居有得的，姓潘。死了多少记不清了，那会儿没药，跑茅子、抽筋、吐。起先不下雨，下雨后得的这病。那会儿都扎旱针，有扎好的，也有扎不好的，死的人多，会扎针的没几个。听说这病传染，有一家子死光的。

那年没洪水，第二年收的庄稼够吃了。有蝗虫，盖着天飞，从西南方过来的，待了一天，一块地很快就被吃光。

鬼子来了不抢粮食，他有吃有喝，那会儿我小，不怕。日本人都掏出饼干摆摆手给小孩吃，抢鸡吃，抓劳力，他说你是八路。日本人抓人，都弄死了。皇协军不少，日本人不多，一个炮楼上没几个。

有皇协军、治安军，日本人得受治安军的气，治安军打日本人，日本人不敢吭气。皇协军不敢，得听日本人的，我亲眼见过。河西有炮楼，在大葛寨正北，离这 12 里地，高村，离这 12 多里，东南方向临西县也有炮楼。

采访时间： 2008 年 1 月 24 日

采访地点： 威县洺州镇马庄

采访人： 胡 月 何 科 宋 剑

被采访人： 王夫振（男 70 岁 属虎）

王夫振

我上过学校，没上过高小，光上过农村的学校，我上学上到 14（岁）。不是党员。

民国 32 年我才六岁，那时候记事还不多，光知道饿死了人。当时在咱这个村，灾荒闹得特别厉害，大部分都逃出去了，村里 300 多口人饿死了 200 口，我跟着我娘出去了。我现在跟着我大爷，我家里没人了，我爹、我娘、姐姐都饿死了。

那年是头年没搆上麦子，旱，第二年到七月里才下了雨，下了七天，水不很深，咱这村高，村高没有水。下雨前下雨后都有死的人，都是饿死的，有死到外边，有死到家里的。我没见过死了的人，反正见过俺家俺爹死了。我还记得那个下雨，我没注意有没有跑茅子的。

那时候吃树皮啥的，乱七八糟吃得都没了，吃糠也没了，吃啥也没了。我没有看到抽筋的症状，那时候我六岁了，记不很清，光玩了。我记得。反正俺家东西都卖掉了，舀饭勺子都卖了，没钱没啥吃，俺娘都出去了，逃荒去了，逃荒出去都饿死外边，一直到现在都没信儿。我跟着我大爷，我大爷在这，反正吃点菜了，吃糠了，弄着点，一天吃一顿，弄着没饿死。

我没见过日本人，光听说那时候日本人来，人都跑到庄稼地里去了，趴地上，日本人我没见。一般他来，都是抓人来了，那时候有八路军或者是党员啥的，抓这一类的，咱村里有，马庆祥、马洪祥俩堂兄弟都被抓走了。马庆祥不是让皇协军给枪毙了嘛，马洪祥被活埋了，后来日本人走了以后，俺村人急忙起来刨开了，活了，活了以后，后来又抓去了，第二回救不了了。下雨前还是下雨后抓的人那都记不清了。

采访时间：2008 年 1 月 24 日
采访地点：威县洺州镇马庄
采访人：胡 月 何 科 宋 剑
被采访人：王丙恒（男 76 岁 属猴） 王夫申（男 78 岁 属马）
　　　　马凤顺（男 91 岁 属蛇） 马庆山（不详）

　　民国 32 年那时候没有洪水，民国 32 年没收的了，大旱。它不下雨，下大雨那是解放以后，民国 32 年没有下大雨，那地都种不上，那地都旱得那时候。那时候没雨，有雨还算贱年？

　　到后来民国 33 年下了，能耩麦子了，下雨也不很大，能种上麦子了那时候，收得不多。这没有下过大雨，三年没收着，要不都逃荒出去了！? 死的人多不多？俺村都没人了。

　　旱以前，咱村里有七百来口，民国 32 年回来以后那剩了三百来口，灾荒年出去后回来的。都饿死的，有点东西的死不了，吃不上都饿死了，你出去要饭都走不动，饿得没劲。那时候都囫囵着埋了。人都走了，我没出去，我家里有跟着出去的，俺大姑、四姑都出去了，都出去逃荒了，逃到西边去的，去山西、石家庄。

左起：马凤顺、王丙恒、马庆山、王夫申

跑茅子那还是光绪的时候，那时候霍乱转筋，我听人聊过，那时候我听老人说的，老人不在了，都没了，那是民国九年，那也是个灾荒年。那个灾荒年我还小，那时候霍乱转筋。抽得那手啊，那腿肚子转，扎一针他就好了。日本人那时候还没有来嘞，那时候没有。民国 32 年那时候没霍乱转筋，都是饿死了。

民国 32 年那是旱年，那不下雨，那时候蚂蚱成片，吃蝗虫，煮煮吃，炒炒。七天七夜下雨？那我不清楚了。那时候人都饿死的，有病没处看，这边埋了，那边又死了。逃荒去还没走到，就饿死了。今天没吃的，明天还没有，就这样饿死了。

民国 32 年那时候，日本人在这儿，咱这村里没有，日本人来过，那年来时把房都烧了，那是白天来的。日本人杀人，黑夜不敢出来。那城里边杀人杀得多了，在咱村里还没杀过。那时候马庆祥当八路军，把他带走了，把他头砍了，马庆祥在外边村被抓的，不是在本村。王世岑也给抓了。

洺州村

采访时间：2007 年 7 月 21 日

采访地点：威县南街

采 访 人：李　斌

被采访人：郭金峰（男　79 岁　属蛇）

我小时候在县政协对面的威县关岳庙，关公和岳飞的庙，在那里边上学，模范学校，伪政府办的。教算术、语文，中国人教，有日本人的翻译官，一个礼拜教几回。没灾荒的时候能上起学，也被逼的，也是到了年龄想学个字，有文化。

民国 32 年都没啥吃，没收粮食，先是干旱，后来下大雨，下七天七夜，种东西都晚了，有的在家里的，种点荞麦，种点绿豆。一般的人都逃荒出去了，逃到西边定县那一带，有上山东、河南、山西的，阴历七月人逃荒。七月才下了雨，再想种点啥也种不上了，种了也收不上。大部分都逃出去了，我们这到定县的有三四个，都不回来了，那里的人对咱很好，不回家了。有的不回家了，有的妇女逃出去了就许给人家了，有的七八岁就跑了，我没逃。那年除了逃荒的，人口能减了一半。

我哥是警察，他是被抓去的，被伪政府抓去的，在里边给人家干事，不干不行。逼着他干，不干走不了。我在家也没法，出去也没奔头，我哥说让我到警察局里挂个名，当警察。我 15（岁）了，问"你多大了？"我说"18（岁）了"，冒充，一个月能给 53 斤谷子，伪政府给的。

霍乱病有，少，有了以后，日本人在街上站着，人不叫进不叫出，隔离。在南大街那守着，隔离，得病的人出不去，不叫你出去，怕你把病菌带出去。这得病的不多，人不叫咱看，咱也说不清。霍乱是日本人进中国以后那几年，1939 年、1940 年那会儿。民国 32 年有霍乱，连饿带病，小孩都死了。日本人监狱天天向外抬，抽鸦片抽的人，瘦了，再一病，就都死了。街上小孩都死了，狗都拖着出去吃了，狗吃红眼了。民国 32 年的霍乱不是一个两个的，一个两个的时候还没有慌。霍乱病我没看见过，有什么症状说不清，持续了一年多。

民国 32 年光沥了，没有洪水，房倒屋塌，是土坯房。霍乱在下雨以后，人连冻带饿就死。

上学的都要打针，大人没打，都是小孩，在田汉一中那打的疫苗。日本人说是疫苗，牛痘的疫苗，日本人给打的针。我小时，十三四岁，上学，打了一针，打的左胳膊这，打了一针以后给了很小一点的胶布，粘住了不能触，后来蹭掉了，受了风，病了三四个月，应该是 13 岁的时候，1941 年。

民国 32 年死的人不少，人都没啥吃的，那时候有传嘴的，传嘴就是你正在街上吃着东西，他从后边一下把你东西拿走，在上面吐上吐沫，你不吃了，他拿回去吃。

采访时间：2008 年 1 月 27 日

采访地点：威县洛州镇北街

采访人：张文艳 李 娜 薛 伟

被采访人：刘雪莲（女 83 岁 属虎）

王吉梅（女 73 岁 属鼠）

王吉梅

民国 32 年我还小，才 16 岁，一天到晚地下雨，下了七天七夜，水不深，它不是哗哗不停地下，下的漏房子的雨，他也并不下大的雨，房子都倒了，人有砸死的，那会儿没河。

那秋天里，谷子都吃光了，吃什么咮？山药根，就吃那个，没啥吃的，饿得都逃到西乡去了，饿得把孩子都卖了。我六岁时，跟刮风一样，来了一群蚂蚱，爬在麦地里吃，那是头灾荒年的事了，灾荒年就是下雨，人都抽筋，那是刚过灾荒年，吃不好喝不好，还传染，到后来都没人挖坑了，人都没劲了，没有治好的，等着死，那会没医院，我那老人说是霍乱转筋。得那病的时候就是阴天，大雨小雨一直下，下的人没吃没喝的，有逃出去的，有饿死家里的。那会我小，要说抽筋啥时候停的，不知道。得了那病就是拧，就是没啥吃饿的，抬不过来。

那会儿得的就是感冒，拉稀闹肚子，谁有钱治啊，民国 32 年起前还有啥吃的。去哪的都有，向北的，向南的，向东的，向西的，死外头的也有，有的死半路上了。

日本人下村去，离着 30 里地他也去，日本人倒不发孬，就是皇协军（孬），日本到哪里去了，吃你牛，吃你鸡，光找八路。那会八路军不敢见人，见了日本人必死无活。我哥是干八路的，干八路不敢穿军衣也不敢挎枪，整天藏着。

采访时间：2007 年 7 月 21 日

采访地点：威县洺州镇东街

采 访 人：李　斌

被采访人：杨凤琴（男　75 岁）

我老家在南街，从南街搬到东街的，民国 32 年在东街。

这民国 31 年就是大旱，一直到农历七月份才下的雨，一年成不了灾荒，一年有点存粮，第二年没收，民国 32 年又没收，这就不行了，逃荒了。年轻力壮的在家做点小买卖，还能维持个人的生活，我们西边这个胡同里逃荒的好几家。民国 32 年，这个胡同里一共六户，死了 11 口。大部分都是饿死的，那年得那个霍乱，没抵抗力了。

东街这逃荒的都是上定县、定州，当时听他们说逃荒的有两家，一家姓张的，一家姓杨的，跟我们不是一家。他是两个妇女领着两个闺女，一人领两个闺女逃荒，走到南和，从那边来了两个年轻人，姓杨的这家问，"你要媳妇不要？领着走，管吃就行。"就扔了一个在那，他那个大一点的闺女也就是十几（岁），这就给人家了，给人家一个，这就讨一个活命，接着又走了，走到定县这两个闺女都许了人家。南和那离这三里地，那时候交通不方便，再就是城市都是日本人，外边乡下的都是八路，来回走动都不行。

那个时候我父亲就是做点小买卖，弄点粮食，弄点家里的衣裳、被褥，上山西太原去了一趟，上北京去了一趟，在那卖了，买点粮食，维持生活。倒腾最苦，那个时候，我父亲从山西弄了几十斤粮食，多了拿不动，从山西走到邢台，又从邢台背到家里来，这些粮食还不能都吃了，卖一部分，吃一部分。

民国 32 年下了一场大雨，下雨以后咱这高粱、谷子都不能种了，只能种荞麦，晚了，什么东西都不能种了。农历七月份下雨了，民国 32 年下雨以后别的庄稼不能种了，到后来等到民国 33 年，年景就好点了，民国 33 年闹蝗虫，闹的特别厉害。咱这没河，没有河里来的水，没有决口子的事。

民国33年麦子长的挺好，收麦子的时候闹了蝗虫，那会儿就是在地里跟蝗虫抢粮食，麦子都黄了，麦头都让蝗虫给咬掉了，我那时十几（岁），我记得哪一块地里种的谷子，那谷子都长快一尺高了，这边把麦子都抢着割完了，那边一看，地里什么都没有了，蝗虫就有那么厉害。蝗虫不吃豆子，谷子、玉米、高粱它都吃，这个都没了，那一年光剩豆子，还有麦子算是丰收了。

那几年闹霍乱病的挺多，抽筋，浑身抽抽，那时候没有医疗条件，医生都是中医，治不了这个病。人硬抽筋，抽的都蜷蜷了，有的都抽死了。那一年这个病死的多，先是旱，后半年有雨水，下了七天七夜；下完雨后人就得了这个霍乱，听他们说这附近有个叫葛富有的，得霍乱病死了，他在西边胡同里住。光听说他肚里疼，闹霍乱病死了，他是农历七八月份死的，下雨之后。得了霍乱日本人不管，不但不管，还不让到街上去，都说那玩意儿传染。

威县城门上站岗的有日本人、皇协军，还有个治安军，治安军是国民党的队伍。日本人也不犯着治安军，治安军也不犯着日本人，谁也不管谁的事。南门也没伪军，也没警察，光有治安军。日军、伪军、治安军都对付八路军。那时候经常杀人，杀八路，不管真的假的。四个门杀人，日本人杀人在东门杀，治安军杀人在南门，伪军杀人在北关，衙门里的一个监狱，监狱里杀人在西关杀，把你抓到监狱里了，打你，折磨你，你不招就不行。一打你，你承认了，就杀人了，杀死的大部分还是老百姓。

我还是小孩的时候，上学时打过防疫针，中国人给打，那也是日本人叫打的，哪一年说不清。那时候小，也不知道打的是什么针。

日本人操练的时候，戴那防毒面具，防毒面具整个把头都裹住，露两个眼睛，这块儿跟个象鼻子一样。有个大操场，他们在操场上操练的时候戴，除了操练，其他时候不戴。小孩都看，我见过，还打靶，养的军犬，练狗，哪一年说不清了。

采访时间：2008 年 1 月 24 日

采访地点：威县洺州镇马庄

采访人：胡 月 何 科 宋 剑

被采访人：李春梅（女 72 岁 属鼠）

李春梅

　　我 1953 年嫁过来的，我娘家在威县城里。还记得灾荒年的事，那时旱，因为旱年才是灾荒年嘞，就是旱。没发洪水，下雨，七月才下了一场透雨，下了七天七夜。

　　有得病的，得霍乱转筋转死的，反正饿死的多。不记得什么症状，我也没见过，那时候我还小，都是没啥吃饿死的。俺家里饿死的还是少。也不记得得病后有没有人治，反正光记得是没啥吃，病死的也不少，反正都饿死的多。那时还小，不知道霍乱的情况，都听大人说，都听大人说谁谁得霍乱转筋了，没说什么症状。

　　那时候有日本人，穿的是黄的，不记得是不是有穿白衣服的人了，那时候小不记得了，日本人在城里住着，下雨前下雨后一直住着。是不是有日本人得病，那咱不记得了，那时候我小，不是跟现在似的，那么开放。

　　日本人做过的事那也不记得了，还小。

戚霍寨

采访时间：2008 年 1 月 24 日

采访地点：威县洺州镇戚霍寨

采访人：张文艳 李 娜 薛 伟

被采访人：戚焕庆（男 76 岁 属猴）

　　俺上过小学，旧社会时，那时这就叫戚霍寨，以农为主。那会我家人口还多，有九口人，种地不多，有 20 多亩地，种的谷子、麦子，种点棉花，种点高粱，够吃。

戚焕庆

日本人来，我刚记得，日本鬼子在这住着，时间不长，就走了，住老百姓的房子，撵别人家去，祸害你，烧你东西。（日本人）不抢粮食，不打人，抓八路，那会有良民证，说你是八路，你就是。有治安军，反共产党的，有皇协军，日本狗腿子，抓老百姓当皇协军。

民国 32 年，我十一二（岁）了，天气正不行呢，收成不行，吃不饱，地里不收，不下雨那收啥呀。旱的时间不短，半年还多了，从春旱到秋后，闹蚂蚱，麦头都吃了，那蚂蚱一群一群的，过麦以前闹的，闹了有个数月，秋天没收。八月下的雨，连下带不下有七八天，地面上的水没多深，庄稼都种不上了。

下完雨，往外逃荒的不少，有 100 多口子，逃出有一半，饿死不少。那时候，医生说得霍乱，雨前后都有，得了就死，死得快，得了几天就死了。俺家没得的，谁能看起病了？没钱，有十几口二十几口得的，有逃出去的，要个饭，打个工，回来一部分，那会解放了，有落那的，在定县，石家庄，在那给人做地活，那有井浇地，咱这没井。

采访时间：2008 年 1 月 24 日

采访地点：威县洺州镇戚霍寨

采 访 人：张文艳 李 娜 薛 伟

被采访人：戚九柱（男 76 岁 属猴）

我家里那时候种七八亩地，种些谷子、高粱。那时家里没几口人，吃不好，瞎对付呗。

民国 32 年收成不好，吃蚂蚱，有蹦达的蚂蚱，有飞的蚂蚱。不下雨就收不了，光靠老天爷下雨。暖和时候，高粱一人多高，闹蚂蚱，它吃高粱，不吃豆。人都出去要饭去了，有上北京的，有上石家庄的。

发大水也有，下七八天雨，房屋都下漏了。下雨了就漏，也是暖和的时候，庄稼收不好，房屋都漏。

戚九柱

霍乱是个啥？吃不好，受潮湿，死的人不少。抽筋，就是头痛。别说没药，就是有药也买不起，没大夫，治不起。这病有快的，有慢的，快的停不两天就死，慢的大夫看看啥的，治不起。这病咋不传染呀？厉害。俺家没得这病的。邻居有得的，得那病的不少，下雨了得那病，民国 32 年以前就不知道了。

那时候不是光日本人，有日本人和治安军，日本人占东边，治安军占南边，他不是一派。

邱霍寨

采访时间：2008 年 1 月 24 日
采访地点：威县洺州镇邱霍寨
采 访 人：张文艳　李　娜　薛　伟
被采访人：邱金江（男　78 岁　属羊）

俺从小就住在村里，民国 32 年下过雨，八月里下的，连阴带下雨七八天，房倒屋塌，以前没下，编了个歌，真事。

成年不下雨，民国 31 年都没下透雨，头一年，没种上麦子，旱，从七八月到第二年七八月，没收麦子。要不都逃荒出去了，石家庄、定县、河南、山东，从三四月就开始逃了，走的不少。小村原来有几百口子人，剩五六十口子，我没出去，有那胆小的，早早就逃出去了，逃荒出去也有死的。民国32年下雨后，种了点晚庄稼，时间短，到八月了，没收成。逃不出去的，瞎对乎呗，有卖地的，有卖房的。那时候没闹洪水，这村周围没河，没听过开口子，那没水。

邱金江

霍乱听说是听说过，没见过。民国九年也是灾荒年，得霍乱，那时候，听老人说，那灾荒年还苦，民国九年晚庄稼都没有。

我不光听说，还逮过蚂蚱，吃蚂蚱，那是有晚庄稼的时候，热的时候有的，下半年，蚂蚱咬麦头。

那年为啥这么苦？威县城里都是日本人。白天日本人给你要，晚上八路要，八路要粮有数。听说过治安军，不知和皇协军有啥区别，还有宪兵队，就穿便衣，更坏。

桑家庄

采访时间： 2008 年 1 月 24 日

采访地点： 威县洺州镇桑家庄

采访人： 胡 月 何 科 宋 剑

被采访人： 王夫申（男 90 岁 属羊）

民国32年，灾荒年，那时候贱年，都没啥吃，都逮那蚂蚱，买包盐，煮蚂蚱吃。民国32年那一年，上了一些蚂蚱，那蚂蚱吧，把庄稼都吃了，吃了那一年后来又刮的大风，刮的那大黑风，麦子都刮没头了，都在地里。

那人都死的多了，那时候得霍乱转筋，都没法说，下雨，潮湿，吃不饱，一转都不能走，一会儿就死了。有饿死的，都死外边了，这村都没人了，都抬不了，抬出去一个死一个。

咱家还是没怎么死人，那会儿我都当兵了，那会儿我二十三四（岁）了，家里没死的，过去70年了。王金保他爹是饿死的，

王夫申

他得的霍乱转筋。王华中，他那是得个病没啥吃，都饿死了，他那个小孩王保恩跟着他姐姐长大的，谁知道是霍乱转筋啊不是，反正都没啥吃饿的。病死以前的样子那不注意。

采访时间：2008 年 1 月 24 日
采访地点：威县洺州镇桑家庄
采访人：胡 月 何 科 宋 建
被采访人：徐金柱（男 72 岁 属牛）

民国32年那时候旱三年淹一年，村里水都到大腿那么深，到膝盖，下雨积水。那一年死人很多，都是饿死的，有霍乱转筋，饿死的奇多。跑茅子，吐，上吐下泻。发水

徐金柱

以前得的病，后来更严重，俺村里剩了240人，那时候人奇少，灾荒以前咱就不知道了，净土坟。民国33年，蝗虫都盖满天了，看不着天。庄稼都吃了，那都没啥吃了，那蝗虫都吃了。

那时候都知道这病叫霍乱，有医生，医生说的，村里有医生。日本人

的医生不来，大水之后日本人还过来，过来干啥？过来要东西，日本人来抓鸡、杀人，没有给发过吃的。

王恩广，他会扎，就他会扎，扎霍乱转筋，有治好的，谁被治好了那不知道。得病的人的名字那不记得，死的比治好的人多，就是使针扎，扎腿、放血，黑血，扎出黑血来后能好了。好了多少不知道，好了后现在还活着的很少，我家里没得这个病的。

那时候没河，这有旱井，有仨，够喝的，这儿俩井，那里一个井，井现在还有，那村儿这个看不着了，给土遮住了。

那时候死的人很多，都逃荒了，逃到北边，南边也有，卖儿卖女。他那时候和我同岁的，他爹把他卖了，活卖了，他爹把他儿卖了，怕饿死呗，换钱。

有炮楼，俺村西头有炮楼，现在没有了。炮楼里有日本人住，有皇协军在那住，日本人也在那住，有十来个皇协军，这皇协军是中国人。日本人穿的那黄衣裳，穿白色衣服的没有。日本人杀过人，那时候县长是何梦九，日本人杀的人我不知道了。没有见过日本人的飞机，日本儿也没有发食物。有八路，八路奇穷，奇穷，他发不起（粮食）。日本人没有来给打过针。（日本人）很少进村，发水以前没有进村。

采访时间：2007 年 7 月 21 日

采访地点：威县东街

采访人：李　斌

被采访人：冯银柱（男　85 岁　属猪）

我小时候在桑家庄姥娘家。那时候地都卖了，我老爹吸毒，十四五（岁）时日本人就来了。我母亲纺花织布，挣钱吃饭，我父亲在城里边，吸毒，我给财主打短工。

民国 32 年老天爷没下雨，以后皇协军来要粮食，也没收粮食，家里没法过，逃出去了，逃到邢台。我十五六（岁）、十六七（岁）逃到邢台，在邢台也是要饭，没有差事做，小，没活干，还是要饭。几天不吃饭，招工的时候给你一斤馒头，先吃着这斤馒头再说。

煤矿上招工人，我到煤矿上挂了个号，那时候煤矿上死人多，光知道叫人干活，不知道叫人吃饭。找工作的有招上煤矿的，有招上铁道的，修铁道的。那会儿煤矿不跟这会儿一样，那会儿塌方多，死人多，光说叫你背煤，不说叫你吃饭。招工的招一个工送去，他就能得多少多少钱。

我没下煤矿，去修铁道了。到湖南岳州修铁道，也是招工招的，吃高粱米饭，长绿毛，也没菜。湖南归日本人管，那个地方净水，潮。（我在那儿）扛铁轨，抬石子，干这个，吃大米饭，大米饭都发霉，大米都成黑的了，一直修到日本人投降，没人管了。

一去的时候说一天给五块钱，吃大米饭，一天一盒烟，还有白糖，到那一去，啥都没有。你不干？都是亡国奴了，不干就揍你，跑，岳州那么远，跑不回来，逮住就打你个半死。工头替日本人招工，他要钱。工头他跟日本人要多少钱那咱不知道，工头拿着这些钱跑了，到日本投降就没人管了，工头都跑了，我又要饭回来的。

那几年真不容易，早晨一露太阳，国民党的飞机就去了，扔会儿炸弹，打会儿机枪，就走了。国民党的飞机就是炸桥，炸车站，你没地方跑，人一死了，一个大坑就埋了。没人给看病，一般有拉痢疾、羊毛疔这几种情况。

扛铁道，一头四个人，有的钉钉子，道木底下填石子，在道木上面铺铁道，有的排道木。日本人看着，见你不干活就揍你，他叫你干啥你干啥。

没时间，除了吃饭的时间和睡觉的时间，就叫你干活，觉也别睡。人饿得走不动，还要干活，有的时候晚上睡着了，把你叫起来干活。飞机一会儿去一趟，飞机上有机关炮。那个家伙有多厉害！火车上有那个挂钩，那个都给穿透了，打身上就死，打死了没人管。

那时住的是稻草屋，一屋住十来个人，蚊子大的很，这就是咬的（指小腿上一块长癣的地方），现在到阴天下雨还刺痒，脸上都是疤，身上没有点好地方。那边天气潮，没晴天，这样天（威县的雨季之中，稍微有点阴天，闷热）就算好天了，净水，浑身都是疮疤，以后慢慢好了，到咱这边以后水土服了。

生病了得检查检查，你是真病了还是假病了。没病，你说病了，揍你，真病了给点药片。你要这破了，那破了还行，要是啥症状没有那不行。要是铁道把胳膊砸坏了，要歇歇，那就歇歇，挨打是经常的，几个人累了在那坐着歇歇，他看见了就揍。

那里火车轧死了十来个人，光叫干活，不乏啊？乏，睡觉的时候地上净水，在铁道上睡。两根铁道，头枕着一个，脚在那个上，火车到之前还有三四里地铁道响，乏的都听不见，震的铁道响都听不见，乏的不行了，火车来一轧，脚也掉了脑袋也掉了。

王 庄

采访时间： 2008 年 1 月 28 日
采访地点： 威县固献乡马河北村
采访人： 宋 剑 胡 月
被采访人： 王淑芳（女 80 岁 属龙）

王淑芳

灾荒年，我咋不知道灾荒年的事啊，咋过的？哎呀，说那也得哭了，说灾荒年也得哭了，别说了，一说那掉泪。灾荒年的时候都没死了，说那艰苦啊，说那灾荒年艰苦的事啊，哎呀，挺难说啊，我那时候在娘家咧，娘家是这里的王庄，那时候我 15（岁）了，俺娘家 18 口子人，俺叔叔也饿死了，俺奶也饿死了。

民国 32 年七月里，谷子黄的时候，下七天七夜雨时受苦了。下七天雨的时候跑茅子，俺叔叔那是转筋、抽筋，俺奶奶拉痢死的，都光拉痢唻，不唠，都不大吃么，俺奶奶死的时候 60（岁）了。那时不知道得的什么病，反正也是整天吃药。我的叔叔他喊俺娘唻，"嫂子我还光唠"，他唠，唠血。俺爷爷会治病，他一摸脉，说"二小不中了"，唠两口血，到晚上就死了，那手抽筋抽的，多半黑夜死的，他叫子明，王子明。

那时候饿得谁管那啊，那一天死好几口子，那村大点儿，咱不知道那是啥病。得病是下雨以后，俺叔叔他八月十九死的，俺奶奶是七月十八，那时雨不小了。

俺娘家在这，俺姥娘家没人了，我在这伺候我姥娘了，下雨我在这住着了。俺光知道那都饿死的，我反正没饿死，我四天没吃一个煎饼，下七天七夜雨的时候，我光喝过一口水，也没柴火了，也没东西，俺姥娘是半月没吃一个煎饼，我光在这伺候她。

西边有河，不都是这个大河啊，西边这个大河，距离这三里来地。下雨那时候当街都漂着叶子，当年俺这个街也全是水，那井被水泡着了，那下七天七夜雨的时候，我也摸不着井，我也没了舅舅，也没姥爷了，光剩一个姥娘，我都放个盆，在俺那院里接点水。那四天没吃的了，只喝点凉水，那我可受屈了，那几天就喝凉水，没柴火。

下七天七夜雨的时候日本人没来，我就记得上这村里来了一拨，从这过，一天就过三四回，在俺前街里过。他不咋着人，也没打过人，他经过那时吧，我才九岁唻，他没盖这个炮楼唻，他就光在俺王庄，从威县来，上临清，也走这街。以后，再过一年都安上楼了，安上楼以后没来过。没杀人、糟蹋妇女，那没在这过唻。

俺王庄里，他姥娘死了，叫人跑来报丧唻，远，在东边。他来时，日本人也在这唻，那时有个八路军头，他腰里掖着个枪，他也从这过唻，他进村了，骑着个车子，那会日本人不能见车子，他就跑了，这里有一个苇坑，他跑那苇坑里去了，日本人都上苇坑打，打他们，没打死，他俩被围住了。那小坑不大，围住了，也把他俩逮住了，逮住了都弄威县去了，保也保不出来。王庄去了七个人去保的，这七个人又扣那了。养老院那奶奶，她一个儿叫日本人砍了，没给头。

有蚂蚱，天天轰蚂蚱，那蚂蚱都盖了天，到第二年那小蚂蚱都一层，都在脚底下，当院里胡同里，那二亩高粱都这么高了，都到腰这了，一晚上就被吃了，都手指头这么粗了，一晚上就咬了。那小的，那大的，俺王庄耩了二亩黍子，也黄籽了，那都掉了，俺跟着他媳妇，俺俩去的，都吃的那穗，都咬掉了。

头一年来，到第一年又吃的麦子，把麦子吃得都捋了叶子，都光秆，艰苦的那不能说了。我跟你说，我这大岁数的也少了，是艰苦，都过来了。那蚂蚱，掌个笊篱去扣的，扣来了都也不揪翅儿，也不揪那头，倒锅里盖住锅，都烧火，烧烧，它死了，这都吃，那人饿得，连屎都吃了，那头都不揪，也不说有病了，那蚂蚱都带着头，都吃那个。

连着旱了三年，都说："民国32年，灾荒真可怜，阴阴连连下了七八天，大雨受了潮湿，人人得霍乱。"霍乱转筋，受潮湿了，人饿得没劲，这村里没有。

俺叔叔跟俺奶奶死了，一个死于七月十八，一个死于八月十九，俺叔叔32（岁）了，老奶奶不是60（岁）了就是59（岁）了，俺奶奶没抽筋，都俺叔叔抽筋了，那眼都抽了，吓得我又不敢去，抽的那手，都抽抽的，那腿都直挺了，吓得我哭都不敢哭。那俺叔叔抽筋，俺奶奶没有，俺奶奶跑茅子死的。俺姑姑有俺娘伺候，我没伺候过。

咱这村里没有医生，王庄就我的爷爷给人家治病，治不好，俺奶奶也没治好。他又叫了一个治病的大夫，俺奶奶那时叫了人家两趟也不中。俺叔叔那是没治及时，得病了，到晚上死了，掌针扎扎，扎手指头。反正哕血了，一得病就哕血。

俺家里出去了六口子，逃到定县去了，谁知道哪个省啊，光是说，逃哪去了？逃定县去了。我没去，俺姊妹五个咧，俺姊妹五个去了，她四个，俺婶儿那屋里一个兄弟也去了，去了七口，我这还有个姥娘咧，我在家伺候着姥娘。人去逃荒，都饿得瘦得一点劲儿也没有。俺王庄逃荒的多，我想不起来，都这家子，都逃那去了。

西河洼

采访时间： 2008 年 1 月 24 日

采访地点： 威县洺州镇西河洼

采 访 人： 牟剑锋　张　茜　刘　群

被采访人： 郭成华（男　78 岁　属马）

郭成华

　　民国 32 年天气干旱，种不上地，民国 31 年就干，民国 32 年更干，什么都没收。俺这都逃荒了，逃到无极县、邢台县、定州县，人家那行，水能浇地，咱这没井，水刚够喝。灾荒年之前这里 400 人，后来 200 人。

　　阴历六月下开雨了，下了六七天，啥也种不上了，连下小雨，路上有水，街上来回不能走。有得霍乱死的，那人抽筋，老中医扎针灸，不出血，扎旱针有一个法，一个村里有一个有名的。日本人不给治，得这个病的不少，反正我们村的人折腾了一半，连病带饿。那时天气旱，一下雨，身上就跟中毒似的。抽筋，扎不过来就得死。人光饿，连饿带得病，一家都抬俩。传染不传染？反正死的多，不知道传不传染。俺民国 32 年正月逃出去的，秋收以后回的，下雨的时候在本村。民国 33 年秋天生了蚂蚱，光收了豇豆、绿豆，谷子让蝗虫吃了，蝗虫三月来的。

　　这村向东四里地有一个炮楼，像是日本人占的，向南三里地也住的日本人，向西南七里地也有炮楼，也是日本人的，县城更多。白天是他们，晚上是八路，来要吃的，不光是日本人，这里边皇协军多，都是中国人，给人顺事。老杂儿把你衣服扒了，被窝抖了，冻你。你有点米，有点面，都抖你的。

　　有到东北、日本国去的劳工，俺这村去了一个，回来了，不知道啥时候，往日本国扔炸弹的时候回来的，那时候日本没有投降，给他们做苦工。

采访时间：2008 年 1 月 24 日
采访地点：威县洺州镇西河洼
采访人：牟剑锋　张　茜　刘　群
被采访人：周庆法（男　78 岁　属马）

周庆法

　　民国 32 年我们这个村那时候根本没人了，很少了。当时我在村，这灾荒年之前原有 400 多人，后来当时只剩两人，能逃荒的都逃荒了。

　　当时，前半年大旱，后半年连阴天下了七天七夜雨，大约阴历七八月份。那时候和现在不一样，地种不上，这里离县城有五里地，城里有日本人、皇协军，村里人都逃走了。我见过日本人，他们穿的就和现在电视里的一样，没见过穿白大褂的日本人。

　　民国 32 年雨不大，地上没有水，主要是连阴天，只是一直下，人在家没啥吃，一下雨，更没啥吃，房子也漏了，那时候生活比较难。地上的水都是天上下的雨，天天下，人也不能出去，那时候村里都没什么人了，逃荒逃到最后，就剩两人。我是民国 32 年雨后走的，民国 33 年秋后回来的。逃荒走是大部分，逃到无极、定县的比较多，还有去山东的也不少，去山东禹城、鱼台的比较多。当时村里这个路上都是草，各户院子里都是草，没有路，连门窗都没有了。

　　大部分是饿死的，十二三岁的小孩，饿得只剩皮包骨头，挺着大肚子。大的传染病没有，有小的传染病，大部分都是饿的。霍乱转筋，民国 32 年没有，据说民国九年有，大部分都是饿死的。

　　那时候蝗虫一来，简直把太阳都遮了，有些不会飞在地上蹦，那一绺一绺的，那一片庄稼一会都没了。下晚雨，地上的庄稼有，但不多，那个庄稼等不着收就祸害了。

日本人他们抓壮丁，抓去当兵，抓到日本国当苦力。听别人说，有人到日本去砸石头、挖煤。皇协军来村里要东西。日本人杀人，但他们不是经常来咱这儿。给日本人盖炮楼那是常事，那时候，村里都有管事的，都跟你要民工。

肖侯庄

采访时间： 2008 年 1 月 24 日

采访地点： 威县洺州镇肖侯庄

采 访 人： 牟剑锋 张 茜 刘 群

被采访人： 侯保全（男 70 岁 属兔）

侯保全

民国 32 年基本上绝收，旱，庄稼旱死了，头几年收了点，收的少。民国 32 年就绝收了，没下过雨，整个河北省的面积不是很大，像保定那块儿收成就挺好。

人浑身抽，一会就抽死了。那时候生活不好，没吃的，有点嘛就吃嘛，吃树叶，树叶都捋光了，吃的中毒了。都抽死了，跑茅子，上吐下泻。陈路保的妈妈得霍乱转筋病死了，他爸爸领着三个闺女一个儿逃荒了。传不传染我也说不清，但得这个霍乱转筋死的，一会就死了。

有人治，怎么没有？但都请不来，比方你是个医生，我也请你，他也请你，你就顾不得。刘庄有个治这个病的，七天七夜没合眼，差点累死，那时候请医生赶大车，赶个大车，赶个牛车，请医生，都跟着，磕头也不行，治不过来。扎针治病，扎旱针，有没有黑血我不知道，那时候我还小。得病的挺多，都是饿的，听说传染。

民国33年收了，割麦子的时候有蝗灾，下霜的时候，种麦前的时候，下了点雨，雨不大，但收不收都得种。蝗灾多的一脚踩死好多，都不带翅，挖个沟，一会就埋好多，抢收了一些麦子，秋后收了，我城里净亲家，回来晚了，出不了城了。

那年见到日本人了，从城里过来有皇协军、治安军、日本人，光部队就三种，这皇协军都是地方人，他出城远了干坏事，城边村好点。日本人在炮楼上不出来。在这个村没抓人，抓走的人到日本国，解放后又回来了。徐村的刘端炎，抓到了日本造船所，那时候日本是供应制，你需要啥供应啥，不开工资，钱给的很少，跟着一个工程师，来回给他跑腿。在矿上受罪的，解放后回来了，不同的地方情况不一样。河洼有一个，在矿上受罪，吃不饱，光干活，睡觉也睡不好，每天工作超过12个小时，你干也得干，不干也得干，强制性的。

民国32年旱得最厉害，前面这趟街有几个死的，过了民国32年，民国33年春天，得这个病死的不少。人逃到山东高唐、夏津这一带都没什么事了，茌平这一带，还有往山东、保定地区逃的。更远的咱就不知道了，明成上东北了。这村之前多少人不知道，过了灾荒年后街就剩九家了，原先也不多。

采访时间：2008 年 1 月 24 日
采访地点：威县洺州镇肖侯庄
采 访 人：牟剑锋　张　茜　刘　群
被采访人：周新成（男　73 岁　属猴）

周新成

民国32年那时候啊，就拿咱威县说吧，我当时在威县。那时候别地方也有好地方，（逃荒）往邢台，这些地方比咱这强，哎，都逃荒的人，饿死的人多，威县往东比较厉害。

那时候是双贱年，过了两贱年，头一年，春天到秋天都没下雨，这之前旱，那时候和这时候不一样，那时候，可能有点地，它都旱死了。到七月那时候下透了，下雨不小，下透了就种了庄稼，种了小菜，种荞麦，开花那个荞麦。

当时那雨下的小是不小，就下了那一场雨，贱菜完了，小菜和大拇指那么粗，它都长不了多少菜。地里都能浇上了，都能收点，这雨啊在八月，都到秋天了，那都不长了。人家种得多的能吃一个多月，他种不多，那小菜和荞麦没长好，有的到九月就没什么吃了。

有霍乱，那得病太急了，都抬不出去，都没劲，以前也没有太好的药。一死两个人就抬走，找个地儿一埋。那时候都是饿死的，那时候就叫霍乱抽筋，不知道传不传染，一会就死，那是饿的，饿得没劲了。那会儿那年不下雨，干燥，干燥他吃不好，从下雨也没有菜，从树上勒点树叶吃，咽也不好咽。

看病？那时候谁有钱？那能不跑茅子，有东西，他跑茅子？它没东西才跑茅子？他吃不上！那种年代是人吃人的年代，没有治病的，你看病不，谁看？你不要说没钱，就有钱，那有日本人或皇协军，你还得拿良民证。日本人那边能没有医生？有医生给你看？他能给你老百姓看病？我没看到穿白大褂的日本人，那时候除了农村的给你扎旱针，或者给你瞧瞧，那么慌乱，死个人那不算个事。

上吐下泻那时都是些四五十（岁）、五六十（岁）的人，这些人不能像年轻人一样往外跑。都到九月出去的，都往邢台跑，走得快的、有劲的，体格还壮一点的人，20来岁、30来岁，到邢台，他晚上就上火车了，往北京、涿州、梁县，有去石家庄的，那边年景还好一点。那女的，她都卖自身，给她两个钱儿，都往山西太原走了，远的更远。有蚂蚱那是第二年的事，转年收蚂蚱，第二年还是一个贱年，只剩下90多口人，那原来200多口300多口。

那时候光死的，那院里的草，那臭蒿子都长起来了，家里没人了，我民国 32 年冬天都没啥吃的了，我就到邢台住了，那时候我还小，到年我就回来了。当时下雨时在家，雨下的不小，邢台比咱这大，有一天多，邢台下了好几天，有两三天，有紧的时候有慢的时候。麦子黄了，还没割，就收蚂蚱了，都那黄蚂蚱，那时候都逮那个吃。那时候一个劲地落，那院里，那平房上，一会儿都落那么深。

我见过日本人，他都戴那钢盔，他并不高，他比较喜欢小孩，你要是 20 多（岁），他就祸害了，都打死了，一会儿都把你给撕烂了。他那时候规定三六九扫荡，那时候你跑，他们都骑的马，往南走 15 里地 20 里地他也去。那时候，白天村里没有人，晚上才回来，那时候日本人都回城了。

有抓劳工的，这个侯庄抓去不少，抓到了伪满洲国，抓到日本国，运到日本国就回不来了。死不了的，到解放军解放后，毛主席就把他们给搬回来了，这个东河洼有个叫殷富仁（音，已故）比我还大五六岁，他去日本国了，最后回来了。

张霍寨

采访时间： 2008 年 1 月 24 日
采访地点： 威县洺州镇张霍寨
采访人： 张文艳　李　娜　薛　伟
被采访人： 张尚节（男　79 岁　属蛇）

张尚节

民国 32 年，俺在这住着，家里剩下没几口人，有十多口人。那时候，农民也就种地，那会儿有 20 亩地，没有种子，光吃了，都不收啥，旱，日本也要这要那。

我光知道八月下的雨，下的天数不少，有七八天吧。咱这一片都不淹，光淹村不淹地，下雨下得房漏。（屋里）

没地站，天天死人，户户都有饿死的，算不过来。人到城里要饭，半点办法都没有，瘦得不敢看，我那时 15（岁）了。

那会儿都是饿的，听过霍乱那个病，没见过，那会儿下雨来。我这个叔叔，他死了，32（岁）就死了，刨了个坑，也浅点，没劲刨坑。

蚂蚱有，闹了，那蚂蚱都掉沟里，搓搓就吃，在小锅里拨拨就吃，从西南来的，往北爬，剜蚂蚱壕。

这里东边有一个老沙河，西边有个釜阳河，没闹过水，光旱，光想要水，要不来。喝水，有的是坑里的，有的是井里的，水不够喝的，俺村那有井，是个苦水井。

逃荒，哪里都有，我跟俺母亲、俺婶子，带着小孩，俺家四口人去了定县，家里人都死了，祖父，祖母，父亲，我叔叔俩孩子。那时是民国32 年，不是腊月就是十一月，我 17 岁回来的。

那会儿，兵正往西退，那会都是皇协军、治安军，咱这解放了，邢台没解放。皇协军和治安军不是一个头，治安军他和日本人是一回事，比皇协军还正规点，治安军都属上边管，都是中国人。宪兵队是日本人管，有日本人，有中国人，还厉害，还坏，出来很少，人被抓里边，都死了。日本的便衣队，收了一部分中国人，就是特务，头儿是日本人，皇协军头儿不是日本人。

七 级 镇

大里罕村

采访时间： 2008 年 1 月 25 日

采访地点： 威县七级镇大里罕村

采 访 人： 张 伟 王 焱 董 倩

被采访人： 李庆堂（男 85 岁 属狗）

李庆堂

　　我叫李庆堂，今年 85 岁了，属狗的，一直在村里，上过几年小学。日本人来了我上小学，念的咱这儿的书，咱村办的。村里人都恨日本人，小孩也恨日本人。日本人来了办学校。

　　那时我家人还不很多，家里那会儿有我、妹妹、三兄弟、父母。民国 32 年闹的主要是旱灾，天不下雨，没法浇地，靠天吃饭，以前咱这没井，就两个砖井，光靠天，下雨收，不下雨就不收，那年俺村逃荒的人很多。旱了几十年了，成辈子的旱，后来打了井。

　　从民国 32 年上半年，旱到过麦以后，旱得麦子不收。我有一叔叔，比我小一岁，种了五亩麦子，母亲和奶奶去收麦子，一个带了一个镰刀，连麦秆都背回来了，收的连麦种都不够，就一点。

　　灾荒年雨不大，到后来赶了年头下的雨挺大，能栽下红薯了。民国 32 年前前后后下的雨，到下半年，山药刚能收时下的雨，吃山药干、红

315

薯。那会儿，我也就是17（岁），收成不好，也有蚂蚱，蝗虫可来劲了。

饿死的人不大多，传呆病，就是霍乱、转筋，得了病要扎腿肚子，流黑血，那时候没药，拿做活的针扎，没医生，就自己扎，有的躺那了，一会就好了，有的死了就埋了，有死的，用席子卷起来，抬出去，挖个坑，埋了。好的挺多，我的爷爷治好的，我爷爷也是雨前饿的，还能不得这个病，都六七月了，扎针扎好了，扎腿弯，扎那个筋，一扎血流出来就好了，不治，死得很快，都是天热的时候得病。那时候喝井水，生水。

民国32年，1943年，闹灾，树头上叶子都吃光了，地里没有青草，野菜也吃光了，人都逃荒走了，到丰收的地方，跑了，有上山东、河南的，哪儿也有。那时候没钱，都穷。

要说日本人，在我们这，大战香城固，火烧苏家林，烧、杀、奸、淫。小日本来俺村，来了就跑呗，我一个叔叔往太平庄跑了，有人没跑了，让日本人一枪打死了，打死俺村人，还抢东西。看看谁是共产党员，把老百姓圈起来，谁是，就灌辣椒水，一个皇协军，说把他抬走吧，回来后缓了缓就跑了，这个皇协军好心，只打死了一个人，另一个人灌辣椒水没死，把他媳妇给吓死了。

灾荒年前后，抓过劳工，俺村有个让抓走了，在邢台东边干活，在那儿饿死了，又不给饭，饿死了。

日本人在东边气极了，用囚笼战术把共产党囚笼起来了，修了公路，挖了界限沟，共产党打游击，打日本人。

东七级

采访时间：2008年1月25日

采访地点：威县七级镇东七级

采 访 人：张文艳　李　娜　薛　伟

被采访人：李　洞（男　78岁　属羊）

我上过高小，后来上的威县师范，灾荒年十一二岁，我在北边那胡同，也是这村，我那时候没走。

灾荒年是民国32年，那年不收，那会儿不能浇，不下雨，那我小时候，耩棉花不下雨，后来种了香菜，到六月底下的雨，下雨大，种粮食晚了，下一两拃深的水，能种蔓菁、萝卜。

李洞

听人说霍乱传到了章台镇那里，就没再往北传。咱村里没得，饿死的不少，光听是霍乱，死得不少，我们离得远，没见过。

那年出去人不少，现在还有没回来的，有死道上的，上德州卖东西，卖被子、衣服。人饿得出去，有本事的做买卖，没本事的要饭。

大蝗灾，民国33年有，叶子、谷子叶、高粱叶都被吃光了，减了收成，能收100斤收三十来斤。那时来了个狼，把一个小孩吃了。

后古成村

采访时间：2008年1月25日
采访地点：威县七级镇后古成村
采访人：张 伟 董 倩 王 焱
被采访人：陈朝言（男 79岁 属马）

陈朝言

我叫陈朝言，今年79岁，属马。民国32年，日本人已经来了，有炮楼，在中街。皇协军厉害，日本人不厉害，八路军来时，半夜来，半夜走。皇协军知道谁是八路，谁是共产党，带人来抓。威县人何梦九，日本人走时，把他带到了邢台。

那年年轻人都跑了，收成不孬，我十四五岁，有一年，那集市搬他日本人那儿了，做买卖的在他的范围内做，俺这历史上有。那时候共产党来，不是公开的，是秘密的，可不容易，我哥哥、弟弟、舅舅是共产党，我挖地道掩护共产党跑。我上了两天半学。

收成不好，八路要、日本人要，你不给不行，两下来要，百姓能吃上？饿死的不多，不能说不死一个，原来收十分，现在收五分。

日本人来抢、拿，咱就跑，我跑南边去，十二三岁时。日本人离这儿有三四里，抢到东西就拉走，回炮楼，那是个七级大钉子，炮楼就两个人，抓共产党，抓到据点里，把咱共产党员整死了。

我给他干活，一边一挺机关枪，何梦九说，坚决全部消灭，一个不留。抓人有得是，前街一个赵金，儿子叫赵四根，有30来岁，他是共产党，把他抓到日本了，后来又送回来了，日本无条件投降。有正西三里地，邱庄的邱遇春，没信儿，整死了，那时候20多（岁），30多（岁）。不抓赖的，不抓小的，就抓年轻的。

那年七月下的雨，天旱不下雨，收成差，大旱六月，还照样收，这有井，旱了就浇，没井也是旱，没法浇，有吃的水，没浇地的水，收得少，到七月的雨，是阴雨，老百姓都说阴历，后来光下大雨了，下了，停一会儿，又一阵。雨下得不大，大了不收，能种麦子了，没淌水。

就那年，饿死了十来个人，饿得霍乱转筋。小时候听说民国9年也有，过去得有几十年了，（得了霍乱就）扎针。

采访时间： 2008年1月25日

采访地点： 威县七级镇后古成村

采 访 人： 张 伟 董 倩 王 焱

被采访人： 王廷普（男 77岁 属羊） 杨永海（男 72岁 属鼠）
　　　　　　 王廷振（男 71岁 属牛）

左起：王廷振、杨永海、王廷普

王廷普：我叫王廷普，今年 77 岁了，属羊的。

杨永海：我叫杨永海，今年 72 岁了，属鼠的，我们差五岁，一直在这村里，在这儿种地。

我记得，那年收成不太好，八路军、日本人都要。天旱，下雨少，不能浇地，光靠天，种地也长不了。五月二十八雨下透的，六月初长上的，后来下了点，下得不多，我十二三岁，所以记得比较清。下透了，小谷、小棒子收了点，下不透，怎么长啊？

吃菜吃糠，没东西吃，大部分出去逃荒了，饿死的不很多，也有死了点。民国 32 年，霍乱，腿上抽筋，抽抽就死了，没医生，治不了。（老百姓）吃的孬，生活孬，营养不良，抵抗力不足。我没见过病人，那时候还小，不晓事儿，听大人说的，腿抽筋，扎针一流血就好了，只是听说，不知流的什么血，要吃中药。

王廷振：我叫王廷振，今年 71 岁，属牛的，也是这村的。那年赵青江得病死的，当时三十来岁，不知是雨前有，还是雨后有，五月二十八下的雨，不知道还有谁得病死的。李福玉扎好了，张大娘给他治好的，他 1966 年死的，五十来岁。

民国 32 年不记得几月份得的病，就记得这几个人，传染不传染俺不知道。那时候人吃不饱，抵抗力差，吃糠咽菜，我们都没有出去逃荒，把地卖了，把灾年过去了，民国32年卖地，民国33年就回来了。八路军把地要回来了，民国33年、民国32年贱卖，民国33年还是那些钱。

闹过蚂蚱，埋蚂蚱，灾荒年以后五六月闹的。

日本人在东头修了炮楼，大洋楼，炮楼子，挖沟，有吊桥，每逢三、六、九来扫荡，抢东西，抓人，打，把人当八路打。有被抓到日本国去的，有放回来了，有人死在日本了，回不来了。

后魏疃

采访时间：2008年1月25日
采访地点：威县七级镇后魏疃
采 访 人：牟剑锋　张　茜　刘　群
被采访人：高书茂（男　71岁　属牛）

高书茂

那年是往东走八里地收了点高粱，往西走嘛都没有，民国32年旱，先大旱，后来再下了点雨，主要是雨来得晚，后来也透了。我父亲是党员，给共产党搞点粮食，家里没饿死人，地里有三亩蔓菁，长点小米，油菜还收了点，秋季收了点。民国33年收了麦子了，那时候老百姓光吃麦子，种谷子。

那时候喝甜井水，没发过河水，地面上没太多的水，下雨一两天，不很大。

民国32年我们这一胡同饿死了五六口子，有的夺吃头儿，看你有吃的，夺。人都饿得浮肿，有病死的，一般是浮肿病，饿死的比较多，死的人没钱看病，我见过上吐下泻这种情况。之前这里有400多口，后来剩了二百来口，死了三分之一，有逃荒逃到东北、奉天、沈阳、梅河口的，现在还有没回来的，还有死外边的，还有到石家庄煤矿的。

日本人一来老百姓就跑，日本人光来扫荡，一出村就是炮楼。还抓人，抓妇女祸害，抓年轻人修炮楼、修公路。我那时候才七八岁，修过公路。俺这儿有一人去东北，拉走他了，没死了。

民国33年上了一次蝗虫，俺舅舅打蝗虫，让日本人逮着了，捆当街，后来出来了，没死了，没死里头。

日本人经常杀人，一进村一打听，就得举手投降，主要是皇协军厉害，日本人利用中国人欺负中国人，一个炮楼有一两个日本人，还有从韩国、朝鲜带来的人。

俺这村里有地下党，经常在俺这村里住着，八路军那时候也不要（粮食）了，要了也没什么。

老杂儿那时候都是到临沂，那有部分老杂儿，老杂儿都是从那块过来的。后来才有日本人，老杂儿还得往前，穿的跟日本人差不离。

采访时间：2008 年 1 月 25 日
采访地点：威县七级镇后魏疃
采访人：牟剑锋　张　茜　刘　群
被采访人：高智锁（男　80 岁　属蛇）

高智锁

民国 32 年我逃荒逃到了东北辽宁，那人少，也没闹灾荒，咱这人去了，都到那儿打工去了。

民国 32 年可以说全国大灾荒，这里最厉害，三年没收，1941 年、1942 年都收成不行。旱，连续大旱，没有井，有井摇辘轳浇，只有一个也浇不了几亩地儿。民国 43 年也旱，农历七月十二才下透雨，立秋老些日子了，才下雨，雨不小，下了三四天，路上没水，这里净坑，坑里有水。

灾荒年前村里有 800 多口人，走了有 30 口，不多，死了也得有 20 多个，饿死的，这村里饿的还不厉害，蒋家庄那个庄里死得还剩几口，那是个穷村，沙地多。那时候吃点菜和糠馍馍。

那时候有霍乱，死的人不多，我也得过霍乱，霍乱头一天腿酸，第二天好了，给我扎（针）的那个人说是霍乱。这里霍乱不厉害，没听说谁是霍乱死的，这村里人都在下雨之前得的病。没跑茅子，我也不知道是霍乱，他们说是霍乱，没传染，可能是轻，放放血就好了。

咱村西二里地就有炮楼，住一个排日本人，皇协军多，真日本人少。真鬼子还不闹，是皇协军，中国人打中国人，打人、骂人。这里是敌占区，到威县二里地一个炮楼，（皇协军）穿一身黄，和日本人一样，没穿白大褂的，就一个中队，一个中队长。

我十几（岁）就给日本人干活去了，一家去一个，他不打小孩，大人没眼色儿光挨揍，揍还是皇协军揍，皇协军不好。有八路军、地下党员，地下党员多，党的活动厉害。

日本人没从咱农村找过劳工，没听说过，抓劳工都抓游击队、地下党。

1944 年高粱发红的时候，闹了蚂蚱、蝗虫，真厉害，蚂蚱多，一窝一窝的，大约在六月份。

七级堡

采访时间：2008 年 1 月 25 日
采访地点：威县七级镇七级堡
采 访 人：张文艳　李　娜　薛　伟
被采访人：谷治国（男　78 岁　属羊）

我小时候上不起学，家里穷，没工夫。这村名没改过。

谷治国

民国 32 年，地里都是干土，反正没收庄稼，地里没井，下不透，到七八月才下透，咋不漏？都是土房。七月七下透了，地面没水，都流河里去了，种了收不多。（老百姓）要饭，上东、上西、上南、上北都有。

那年有传染病，什么病都有，咱闹不清。霍乱，有这个病，民国九年，听老人说的，一天死好几个。民国 32 年这病不多，都是饿死的，吃糠吃菜，没什么症状，都是饿的。

周围没河，都喝井里的水，谁喝生水。过了 32 年，没闹过蚂蚱。

前魏疃

采访时间：2008 年 1 月 25 日
采访地点：威县七级镇前魏疃
采 访 人：牟剑锋　张　茜　刘　群
被采访人：李保森（男　75 岁　属狗）

李保森

民国 32 年，日本人在七级，那时候没有井，日本人光要（粮食），咱八路军要是有数的，知道老百姓剩不多了。

那年旱，春天老天爷不下雨，三月的雨贵如油，到了后半年下雨都过事儿了，秋后下的雨不小，光连天，说下了多少天说不上，一天到头，还都是大雨，雨也不小，阴历六月底、七月下的雨，种了高粱，种花儿，但种得少，谷子不高，结了小穗。地下水不少，拿桶挖水去都行，都是雨水，房子都倒了，人压在下面。下了半个月的雨，水都流走了，到城东洼子里。

饿死的人不少，有病的，有饿死的，吃树头叶子，刚出头，老百姓都捋光了，都吃那个，吃野菜，锅里就几粒米粒，就吃这个。饿死的人得浮肿，有上吐下泻的，这也有，抽不抽筋咱不知道。我那时候才十来岁，没吃的，吃野菜，闹肚子，跑茅子，不吃野菜能这样？死了席子一抬，就上地里走了。听老人说有过霍乱转筋，不记得当时有没有，民国32年之前有过，死过很多人，传不传染咱不知道。当时喝井水，夏天喝凉水，冬天喝热的，用舀子舀点水就喝了。

老百姓有的就逃出去了，逃到了河北石家庄，逃到石家庄周围，有没回来的，有在那儿落户的，剩了200多人，之前多少人我不知道。那时候我也吃不上，枣叶、榆叶，嘛都吃过。

那时候没啥蝗虫，我见过日本人来扫荡，我母亲挨过揍，要公粮，要你的衣裳、布匹。日本人有穿便衣的，穿黄衣的，也有皇协军。

民国33年那时候好点，民国33年、民国34年日本人走的，日本人住了三年才走的。

采访时间：2008年1月25日
采访地点：威县七级镇前魏疃
采访人：牟剑锋 张茜 刘群
被采访人：赵庆西（男 80岁 属蛇）

赵庆西

那八年，哪一年也不强，也能收点，收的少，老天爷不下雨，那时候就靠天吃饭。这里民国26年才打的井，有钱的人才能自己打井，年年都闹蝗灾。

民国 32 年收成不好，天光刮风不下雨，没有井不能浇地，到了立秋才下的雨，秋憋的雨，下了 40 天，光下，也有晴一天两天。雨不小，遍地是水，深的有一米多，都雨水，这里没河。

饿死的多，雨淹不死人，有了病没钱治，就死了。得霍乱转筋，肚子疼，上吐下泻，跑茅子，一会儿就死。我家没人得这病，村里死的不少，死了好几十口子嘞。有人治，扎旱针，扎针灸的给治，扎针放黑血，过了就好了，过不了就死了。各个村的都有这病，得的人多，吃不好、喝不好才得这病的。民国 32 年之前没有这病，民国 32 年春天得这病死的人多，下了雨后就不多了。

那时候哪个村里都有得霍乱的，我那才十一二岁，过了灾荒年有 270 多口人，之前也得有三四百口子人。（村里）有死的，有活的，活的都逃出去了，这期间都死了六七十口子。姓赵的两口子饿死的，都得病了，没钱看。那时候吃井水，水够吃的，没浇地的，人在地里喝生水，在家里喝热水。

俺这里没有日本人，（日本人）就正月住了两次，一住就是一宿，来找八路。鬼子来了，咱都跑东边地里了，皇协军是探路先锋，后边跟着日本人，日本人进攻中国，就他来这些人，要是中国人不当汉奸，光尿泡尿都给他淹死了。一个钉子有十个日本人，后来只剩一个日本人，就汉奸多，皇协军多。西边有一个楼，炮楼，你得管他吃喝，皇协军管他吃喝，游击队你得管他吃喝。这八路军多，咱这是八路军的根据地，日本人经常过来，烧房子就烧了一个村，有被日本人抓走的，逮着游击队就到日本国烧煤窑去，下煤窑。日本投降了，各国人回各国了，他们就回来了。肖风学被抓到日本国了，抓游击队的时候去的。

太平庄

采访时间： 2008 年 1 月 25 日
采访地点： 威县七级镇中七级
采 访 人： 张文艳　李　娜　薛　伟
被采访人： 徐绣珠（女　77 岁　属羊
　　　　　　老家太平庄）

徐绣珠

　　灾荒年，我还在娘家里嘞，俺上学上了两三年，日本一来炸七级，就不上了。那会家里有六七口人，我那会儿小，不干地里活，灾荒年分的地，俺跟俺姑姑过生活。

　　小时候收成不赖，有窝窝头，白面，能吃饱饭。有个歌："一升高粱，二升糠，窝窝刺挠的，飞了小树上，窝窝，窝窝，你回来吧，俺不掺糠。"

　　那日本人还没来呢。后来日本人来了，日本人在这住了十来天，也不赖，他不抢粮食，一直都不赖。灾荒年收吃的了，不赖。那时俺三人，俺姑夫推着小车卖粮食，弄粮食。

　　民国 32 年天气不很强，大旱灾，收的萝卜多，还有山药、蔓菁，俺小村种菜，大村不种。灾荒一年就过去了，不下雨，前八个月没雨，后半截有雨，春天里没雨，地里没井，不能浇地。上蚂蚱，那是后来，那会儿我都嫁了。

西魏疃

采访时间：2008 年 1 月 25 日

采访地点：威县七级镇西魏疃

采 访 人：牟剑锋　张　茜　刘　群

被采访人：魏清连（男　81 岁　属龙）

魏清连

　　民国 32 年，那时候还有日本人，我们村原来有 185 个人，死了七八十人，有逃荒饿死的，38 个人饿死的，40 个人逃荒出去没回来。逃到北边，我逃到石家庄卖衣裳去了。民国 32 年四月份逃到石家庄的，待了半个月就回来了。家里没吃的，俺爹，还有一个叔叔，他俩打井，开园种菜、种瓜，俺家没饿死，吃小菜、吃瓜。

　　村里饿死的多，当时，民国 32 年没下雨，六月二十四下的雨，长庄稼、长谷子，下了两天雨，六月长庄稼，地上没有水。民国 31 年就没下雨，没种上庄稼，打围井，用井水浇地，才种瓜种菜。

　　民国 32 年那时候吃地里的草，民国 33 年连下雨，收成好了，缓过劲来了。民国 32 年之后来的蝗虫，盖着天了。

　　那时日本人来了垒小楼，也破坏，家里面有嘛要嘛，我养蜂、卖蜜，日本人来了给整走了。日本人常来，日本人要被子，（老百姓）交被子给日本人。日本人并不多，净皇协军，俺那会儿有村长。日本人站当街，给俺们开会。皇协军坏。

　　日本人来了就没土匪了，日本人走了，有土匪，土匪头子在七级，土匪头子叫李店三，后来也死了，逮住了。

　　那时候没病死的，都饿死了，没上吐下泻的，差不多都是饿死的。饿得连走的劲都没了，都饿得喝尿，那时候吃花生饼，吃蚂蚱。

这没水，没河水，没有河。有井，起早抢水去，喝开水，烧水喝。

民国 34 年，日本人走了。1947 年八路军大扩兵，从各村要兵，俺村八个，那时候我 18（岁），俺家没人，要我去，我没去。

银边庄

采访时间：2008 年 1 月 25 日
采访地点：威县七级镇后古成村
采访人：张 伟 董 倩 王 焱
被采访人：宋秀云（女 91 岁 属马）

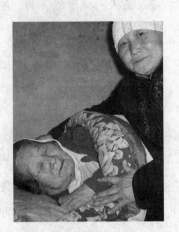

宋秀云（左）

我叫宋秀云，今年 91 岁，属马，娘家姓宋，夫家姓王。娘家是银边庄的。

民国 32 年日子没法过，四处跑，那年死人多了，都饿死了，没东西吃，收成不好。日本人来了抢东西，皇协军也抢，抢东西吃，衣裳都卖光了，连洗脸盆都抢了，筷子都抢了。日本人在村中间盖了一个炮楼，日本人把一个闺女祸害了，逮到男的就打。

民国 32 年灾荒年，没收东西，七月下的雨，一直到种蔓菁、荞麦，下雨晚了，啥东西也不能种，下的雨不大。都上山东逃荒了，我没去，有孩子，丈夫去了。

那年死的人不少，有霍乱转筋，抽抽，一抽，不一会就死了，扎不过来就死了。得病的人很多，俺大娘抽，一直抽，扎不过来，一会就死了。有治好的，死的不少，没几个治过来的，不知道传染不，俺大娘好几个孩子得病死了，俺大娘是得这个病死的，还有她闺女。她得病那时候下没下雨不记得了。

打过蚂蚱，不记得啥时候闹的。

张庄村

采访时间： 2008 年 1 月 25 日

采访地点： 威县七级镇张庄村

采访人： 张 伟 董 倩 王 焱

被采访人： 张唤存（女 86 岁 属猪）

张唤存

我叫张唤存，今年 86（岁）了，属猪。

灾荒年的事记得，那年家里饿的不行，就跑出去了，我刚过 20（岁），我是本村闺女嫁在本村，我家里那年饿死了一个。家里两年不下雨，连个麦子粒也没收，第三年下的，麦子两年没收了，不下雨，又没水浇地。

民国 32 年天不下雨，有蝗虫，下雨到第三年。我没在家，我灾荒年在外也待了两年，第三年才回来的，二十三下雨就又回来了，二十来岁出去的，还有一个孩子死外地了。

在家的不多，在家没吃的，都到有水浇地的地方要饭去，宁津县，要着吃，外村的也逃，也不光是俺村。那是灾荒年的事，唱着歌"民国 32 年灾荒真可怜"。

村里饿死的人多，饿着孩子的，还不能说，小孩真饿，孩子光哭光叫，叫不响，吃菜吃糠，能叫吃嘛？那时没说有霍乱，我那时还小啊，霍乱转筋腿肚子一拧一拧，一天到晚抬人，那俺就记清了。

日本人俺记得，日本人抢东西，抢鸡吃。日本人和皇协军没常来，来三回，到了南宫，离本村有五里地。叔叔学玉当劳工了。

张梓磊

采访时间：2008年1月25日
采访地点：威县七级镇张庄村
采访人：张 伟 董 倩 王 焱
被采访人：张梓磊（男 74岁 属狗）

我叫张梓磊，今年74（岁），属狗的。

1943年就是民国32年，那时旱，秋后下的雨，晚了，雨下的时间不长，也不是很大，我下雨之前时走的，那时候咱岁数还小。灾荒年逃的不少，有旱灾，蝗灾，先是旱灾，然后蝗虫，然后是人祸。

日本人来过，抢东西，特别是来了以后，到各家奸淫妇女，那时我十多岁，能记一些。日本人白天来，抢东西，夜里八路军来，给他们东西吃。白天应付日本人，尤其那时候啊，还早一点。那时候，邓小平指挥那个什么战役的时候，闹不清楚。

我那时10岁，也得干活，修围墙，钉子的围墙，应付他们，给他们干活，自己带吃的。我们同龄人那年死了，张立秋，他是老二，老三叫立春，浮肿，又没东西吃，死了，给日本人修炮楼死的，成年人记不清了。

我弟兄两个，兄弟饿死了，没办法了，我一家人也讨饭去了，到赵县、栾城、石家庄，那是水浇地，那时快过秋了。张立春，我兄弟张梓范，都是饿死的，那时村里多少人我不清楚，霍乱，没见过，听说的，说死的人多，究竟死了多少，我也不清楚，连饿带病死的。

我们那井水，直接打过来喝，井水比较好，也没砖井，挖几尺就出水，那时还能喝开水？

我光记得咱村有个劳工，是谁不清楚，叫什么闹不清，旁的没有。每天得去多少人，配人给日本人干活，所以应付日本人。有时候小孩和老人去，去充数，小孩干不了活，把我们集中一块，连吓唬带打，他不叫我们去，不要小孩，没办法，我们还是去，应付日本人。

我在外面待了一年吧，后来就不挨饿了，我从外地回来的时候种了点绿豆，谷子出穗的时候来的。

八路军打蝗虫，蚂蚱堆，会飞，一般不飞，一飞满天，把太阳都遮住了。

中七级

采访时间： 2008 年 1 月 25 日

采访地点： 威县七级镇中七级

采 访 人： 张文艳 李 娜 薛 伟

被采访人： 李金玉（女 82 岁 属兔）

民国 32 年，不下雨，地里没井，后来不收。光吃菜、蔓菁、白萝卜。天气很冷就种不上菜了。那会儿下雨，几天一场，几天一场，壕里都满了，院里没有水，房都漏了，都土房，能不漏？弄个窝棚住。

这村周围没河，光靠天，饿死的不少，那时霍乱，一得病都是一家子，刘清振一家子死得不少，都说是霍乱。这个没好了，那个又来了，他姥姥没得那病，我没见过，谁敢去？怕传染。

采访时间： 2008 年 1 月 25 日

采访地点： 威县七级镇中七级

采 访 人： 张文艳 李 娜 薛 伟

被采访人： 肖振涛（男 77 岁 属羊）

我当过校长，原来在南头教书。

民国 32 年，看不着吃的。我家种地的，家里五口人，五亩半地，种五谷杂粮，收成也不行。

灾荒年大旱，下雨就收，不下就不收，1943 年前比 1943 年强，不够吃的。旱，种蔓菁、萝卜，到秋后，种的庄稼收不了，后来下（雨）了，能种蔓菁了，秋天下的，雨不很大，地面没有水，坑里、壕里有，地能种了。逃荒出去的不多。

上吐下泻，霍乱，一跑茅子就死，那是快病，腿肚子一转筋就完了，闹的时间不短。那时卫生条件差，腿肚子转筋，有老中

肖振涛

医在腿肚子上扎针，用旱针扎血管，轻的就治好了。那时都皮包骨头了，摸不着肉，俺家没得这个病的。那时村里是一个大村，多少人闹不清，光俺那一片就死了好几个，买不起棺材，席一卷就埋了。先前没这病，后来就不怎么得了。

都喝砖井的水，那会提出水来，烧开了喝，以开水为主。日本人也喝咱老百姓的井，井都在村外，日本也让别人打。

日本人没事，他有吃有喝的，他在这住着，也不随便到老百姓家里去，常住这，不抢，扫荡才祸害呢。

闹过蝗灾，也是灾荒年的时候，日本在的时候，也旱，蝗虫多，有飞的、带翅的、不带翅的，吃叶子，长高粱了，都吃光了，咬高粱、麻籽。

采访时间：2008 年 1 月 25 日
采访地点：威县七级镇中七级
采 访 人：张文艳 李 娜 薛 伟
被采访人：肖振汀（男 75 岁 属鸡）

我上过小学，在街里住，那会儿这也叫七级。俺们家农民，家里六七

口人，一分地也没有，做些小买卖，卖煎饼，一天两顿饭。

1943 年日本人在呢，来了光闹腾。在这个村里有炮楼，那多。有皇协军，欺负老百姓，日本人，皇协军，相中了就拿，上老百姓家抢鸡，到炮楼里烧着吃。日本人还去扫荡，抓八路，不天天去，有时打，有时也不打，碍着他就打，杀人还当回事呀。

肖振汀

民国 32 年，不下雨，地里都干，种不上粮食。下了雨也养不了庄稼。前半年旱，構不了，不下雨就抗起来。灾荒年收不多，多少有点，有本事逃出去，没本事饿死，逃哪也有。下雨了，第二年还不收，后来下透了。那会儿没井，一下透就有水了，具体下几天记不清了。

有传染病，可多了，死的可多了，发疟子、痢疾、霍乱，一会就死。秋后下雨，就是灾荒年，死不少。民国 32 年那年，得那病腿肚子转筋，传染，谁也闹不清，那也得埋，他埋人去了，回来他就死了。没钱治呀，（医生）给地主看，有钱的看看，挡不住好了，日本人没得的，那主要是饿的，没抵抗力。

这村有井，人工打的，砖井，吃生水，谁烧开水，有井都担水。有点（脏东西）都淘出去了，浑水，回去镇镇喝。日本人也喝井水，喝老百姓的水，扫荡时一般不喝。

闹过蚂蚱，那是小的时候，尽是黄蚂蚱，那时候来了都长翅膀了，老百姓扑了一部分，没吃蚂蚱的。那时候有共产党了。

枣 园 乡

东里庄村

采访时间： 2008 年 1 月 28 日

采访地点： 威县枣园乡东里庄村

采 访 人： 张 伟 董 倩 王 焱

被采访人： 李寿山（男 77 岁 属猴）

李寿山

　　我叫李寿山，今年 77（岁）了，属猴的，一直住在这村儿，上过学，上了两年抗日高小。

　　1943 年日本人在这横行霸道，打人、杀人，抢东西，孙庄有炮楼。灾荒年没下雨，地里没收，人们都没饭吃，他们烧杀抢掠，粮食东西都让他们抢走了，人们没得吃。有抓劳工的，抓到日本去的没有，抓到炮楼上的倒有。

　　第二年下了雨，旱了两年，"不怕过贱年，光怕连年贱"，连起来了。我那年 11（岁）了，加上他们抢，人们都没法过，饿死的饿死，逃荒的逃荒，我到山东茌平、博平逃荒，到山东那边，那边也不好混，又回来了。我民国 32 年腊月二十四走的，走之前家里没粮食吃，没下过雨，腊月二十九下大雪，到膝盖上，到第二年正月初五又回来了。出去要饭谁给啊，逃荒的多得不得了，咱家里俺娘仨儿都去了，母亲、妹妹都去了，俺爹饿死了。那时谁也不知道谁死了，都埋了，也不知道得什么病。

这村病死的也有，不知道，死了就埋了，死了都说是饿死的，霍乱病是有，都是饿的。霍乱病，上哕下泻，跟这会儿流行感冒一样，谁给治啊？没法治，没医院。霍乱病传染，都得，得病的人很多，发病快。霍乱病难活三天，一会儿就死。姓石的石伟，比我大一岁，当时就十一二（岁），头天还玩了，第二天就埋了，得这病的多了去了，谁也不想看。村里孩子大人死的多去了，有一家好几口得的，不能说这个，说谁谁也不愿意。一家家地死，三口、五口地死，一个村只剩二十来口人，霍乱加饿都死了，谁也不知道谁怎么死的。那时候吃地下井的水，泉水井，怎么喝的都有，没柴火喝凉的，谁有工夫把它烧开喝啊。

得霍乱是九月、十月吧，开始有这个病，没过灾荒年时候，那时候有个百十口人吧，死了一大半，见天向外抬人，爹娘死了，连哭都没劲哭了。

蚂蚱更是经常了，不是一年，光滚蛋，那蝗虫叫，有声音，跟牛吃草一样，一过去，谷子高粱光剩秆，没叶了。

没发过河水，发河水是贱年以前。

东孙庄村

采访时间：2008 年 1 月 28 日
采访地点：威县枣园乡东孙庄村
采访人：张 伟 董 倩 王 焱
被采访人：陈天香（女 83 岁 属虎）

我叫陈天香，83 岁，属虎的，娘家在临西陈庄。没上过学不识字。我 18 岁来的，灾荒年时候我已经在这儿了，过去 60 多年了。

陈天香

1943 年闹灾，人饿得都得霍乱转筋。没吃的没喝的，没井，天旱，地浇不上。那年老百姓唱戏求雨，什么时候下雨忘了，（雨）下得不大。麦子用手拢，不收庄稼。

那年没水，原来成天说不下雨，那年下了七天长夜，庄稼都生芽子了！屋漏，七月里下雨，七天七夜没停，都漏，没什么东西盖。

得霍乱转筋死了没人埋，没吃的没喝的，不得饿吗？都叫霍乱转筋呢，抽筋死得快，传染，有传染性，得病的人很多，下雨得的病。

采访时间： 2008 年 1 月 28 日
采访地点： 威县枣园乡东孙庄
采访人： 张　伟　董　倩　王　焱
被采访人： 孙金亭（男　78 岁　属马）

孙金亭

我叫孙金亭，今年 78（岁）了，属马的，上过那时的小学。我是灾荒年以前上的学，那会儿没日本人，我上的学校没了，没私塾了，但书本不变，那会儿数我大，他们还小。

1943 年挨饿，1942 年没种上麦子，到了 1943 年麦子没收，下雨下得晚，一到秋天，连阴天，下了七天七夜，种了点绿豆、黍子。房漏，过秋以后，又挨饿，吃树叶子，吃糠。我往河南逃荒了，没日本人的时候回来的。

我记得阴历七月十几下的雨，以后连吃新粮食，连阴天，人的毛病就多了。村里没医生，扎针，穷人抓点药吃，一共 300 多人，死了七八十口人。那会儿，人一吃新粮食，又连阴天，闹肚子，有传染病。杂病也就是霍乱、瘟疫，浑身疼，转筋，有的是浑身发烧。我母亲就是得的这个病死的，有扎针的，有扎好的，也有扎不好的，我有个大爷就是扎针的，传染。

那死的多了，有七八十口子，有大人，有小孩，都死了，一般从1943年秋季下雨后有的。一个扎针好不好，也有扎过来的，治好的，孙金镜，治过来了，扎好了。不知道扎哪，扎人中、脚心、关节。孙文斌他爹、他兄弟，得病死的，他父亲那会儿四十来岁，他兄弟十来岁，就剩他和他娘了，俩人一块得的，他爹先得的，八九月得的病。

那时候我在家，父亲在外，母亲和我们在家，五口人。我母亲死了，也治了，没扎好，没扎过来，发烧，她不疼，浑身没劲，吃不进，扎也没扎过来，阴历九月份，九月十九死的。

孙志全他家，他两口子俩小子，二儿子比我还大，都得病死了。这村儿里不少一家死好几口子的，邱堂牛他媳妇、小子都得这病的，都是那年死的，他儿子比我小一两岁。西边还厉害，王世公、葛寨、梁庄，赶集（时得病）都挺严重的。

上洪水，晚，1956年、1963年（发洪水），1943年没洪水。那年都是过秋时下了七八天雨，吃得不好，挨饿。

那会儿闹过蚂蚱，修炮楼以后闹的，一滩滩的，人都去掘沟，埋了。

俺村儿有炮楼，没日本人，有治安军，是国民党高德林的军队，不是和皇协军一路的。北边是皇协军，不打，也是日本的。没有被抓到日本当劳工的。

董里固村

采访时间：2008 年 1 月 28 日

采访地点：威县枣园乡董里固村

采访人：张　伟　董　倩　王　焱

被采访人：宋玉堂（男　77 岁　属猴）

我叫宋玉堂，今年 77（岁）了，属猴的。一直住在这个村，我在农村长大的，上过小学，没毕业。

宋玉堂

1943 年闹日本，在孙庄有炮楼，潘店、马店有炮楼，咱这里是治安军，北边是皇协军，治安军是汪精卫的兵，治安军光是中国人，皇协军是光听日本人的。灾荒年收得不行，八路军要，日本人也要，不够吃的，日本人跟你要钱，顾这不顾那儿，乱。往西死的还多，收成不好。

民国 32 年旱，没有洪水，没收好，秋天也没收好，没井光旱，地浇不上，靠天收。（雨）下得晚了，到七八月才下，都旱死了，下了七天七夜，到八月十五太阳露了一露。房倒屋塌，人死多了，一家有死三四个，饿死的，人饿得不要脸了，夺食。

那会儿得霍乱病的多，我那时才十来岁。闹不清楚霍乱转筋，光那个病，没听说传染不传染，净那个毛病多。死人都埋，埋都没人埋，饿得没劲。那会儿没有医生，没法治，扎针，扎旱针啊，吃草药，哪疼扎哪儿。那会儿吧，我家有八口吧，有奶奶、爹娘、大爷、大娘、兄弟、妹妹。那时候吃砖井里的水，喝开水，不少人也喝凉的。

有逃荒的，民国 32 年出去的不少，都上关外了，到现在有没回来的。中国人当皇协军，抢，替日本人卖力气。有人抓到枣园去了，抓到炮楼上了。日本人来了，皇协军看你不顺眼就抢。

蝗虫闹过，高粱一人多高，一会儿就吃光了。春天过蚂蚱，地还没种就过来了，挖了壕，赶进去埋了，蚂蚱都那一年长大的。

采访时间：2008 年 1 月 28 日

采访地点：威县枣园乡董里固村

采访人：张 伟 董 倩 王 焱

被采访人：张文须（男 86岁 属狗）

张文须

我叫张文须，今年86（岁）了，属狗的。上过学，在家上了三年学。1947年当的兵。

灾荒年地里没收，旱，没井，地里浇不上，收得稀松一点儿。秋天也不收，地都旱坏了，连阴天，记不清什么时候下的雨了。

那年死人不少，都有病，也治不起。吃得孬，身上没油水，有病就等死。干集、梁庄那死的人多，那会儿都是瘟疫病，是霍乱转筋，越饿越厉害，死的人也不少。人没吃的，得霍乱转筋，都死了，抽筋，往里揪，病的不少，都传染。俺大娘是得那病死的，死人多了，光俺家就死了两个，大娘是十一月死的，爷爷七月十五死的。年头不好，抵抗力也不行，也不见得是得那病死的，没钱吃药。那会儿我家也六七口子人。

那年逃荒的人也不少，穷人走得早，有下关外的，有的去汾河。一般的户在家不出去，死的多。

蚂蚱有，地里庄稼都给它咬光了，把谷子咬死了，那年谷子都没收，都吃光了，年头不记得，过秋时，灾荒年以后闹的。那会儿都日本人闹的，连八路也要，日本人更不用说。日本人来的时候蚂蚱还小，日本人也叫俺们逮蚂蚱，逮一斤蚂蚱给一斤盐，奖励一斤盐。过麦后，蚂蚱真厉害，在村东不远没吃，在咱这吃得厉害。

洪水遭过，咱家没淹着，水到后来被挡住了。这1958年、1963年闹过洪水。灾荒年没有发过洪水，那年旱，地里旱，没有洪水。

南辛庄

采访时间：2008 年 1 月 28 日

采访地点：威县枣园乡南辛庄

采访人：李秀红　范庆江　耿　艳

被采访人：张茂增（男　78 岁　属马）

张茂增

　　我叫张茂增，78（岁），属马，俺这是南辛庄，从前就属枣园乡。日本人没来的时候是曲周县、企之县，日本人快投降时才归到威县，离曲周 110 里。

　　我七岁上学，八岁日本人就来了，1947 年当国民党兵，后来复员回家了。

　　民国 32 年，1943 年，咱这都遭蚂蚱了，几月份记不清了，庄稼刚长，上了蚂蚱以后，把地里庄稼都吃了。咱这是最东边，越往西越厉害，大寨乡，离这十里地，那里蝗虫厉害。那年又旱，日本人住这，要粮食，咱八路军也在。

　　那年没怎么下雨，阴历七月底，收庄稼的时候下了七天七夜，雨也不小。死人先是饿死的，后来粮食一下来，人一吃新粮食就死了，人的肠子靠（饿）细了，一猛吃，撑死了。

　　到后来又得霍乱转筋，全村三百来口子，光南头就死 100 多，抽筋，那时候也没治疗的，扎旱针，有扎好的，那不很准。一天都埋三四个，两三个人埋一个，以前十来个埋一个。俺仨人，两人抬着他，我挖坑。我堂叔叔就是饿死的。摸不清霍乱传不传染，得那病的不少，人都说转筋，霍乱转筋。

　　俺叔伯兄弟逃到山西，现在还没回来，逃荒的不少，有逃到山西的，还有去河南、山东的，俺都上了山东夏津，离这 200 里地，那还能吃上。

　　1943 年水不是很大，零零碎碎下的雨，没河，顺着沟有个清凉江，离这十几里地，在西边。发大水是以后，民国 32 年那时候没发大水，没淹到俺这。南边吕寨有一条河。那时候水都是砖井，不讲究这个（井上加盖子）。

　　有一个炮楼，在东南角，皇协军在里边。日本人？修公路时有日本人，修好就走了。我房子叫日本人给烧了，我父亲跟现在村长一样，日本人来了，他不给他纳粮，日本人就把房子点了。

采访时间：2008 年 1 月 28 日
采访地点：威县枣园乡南辛庄
采 访 人：李秀红　范庆江　耿　艳
被采访人：张慎剑（男　80 岁　属蛇）

张慎剑

　　我叫张慎剑，快 80（岁）了，属小龙。这是南辛店，我从小就住这，没出去。我民国 32 年没在家。

　　我灾荒年走的，八路军解放这里的时候，就回来了。那年闹大旱，我跟大爷去的。蚂蚱把庄稼都吃了，秋天，虽然没收多少，也收了点，蚂蚱来了给吃了。收点（粮食），两边要，都要走了，种的有谷子、高粱、棒子。

　　村里出去了好几个，我那时候小，招工，招一个多少钱，去了就不给钱，去东北下煤窑。人都饿死了，去哪的都有，有去北京挣俩钱的。

　　这里有清凉江，又叫沙河，那没水，有河没水。

牛寨村

采访时间：2008 年 1 月 28 日

采访地点：威县枣园乡牛寨村

采访人：张 伟 董 倩 王 焱

被采访人：张子诚（男 82 岁 属兔）

张子诚

　　我叫张子诚，今年 82 岁了，属兔的。没上过学，那会儿上学上不起。我没有出去逃荒，我在家种园子，卖瓜。

　　民国 31 年修炮楼，下的雨，多少收点，新粮一来，人就死了。雨下得晚，秋天下了点雨，九月下的雨，晚麦子都收了一点。

　　灾荒年，不下雨，都饿死了。村里有 1300 多口子，剩下 800 多，霍乱转筋，一会儿就死了。

　　霍乱转筋，饿得脸肿，人吃杨叶、榆叶、槐叶。抽筋，得那病就死了。俺爹叫我去看谷子，到半夜，我哥来找我，说咱爹死了，就得那病死了。俺爹发病快，传染，那时候都叫传染病，到后来叫霍乱。抽筋下雨之后才有的病，一吃新粮，就有病了。

　　那会有老先生、老医生，现在去世了。得病的多了，张万华，他是得那病死的，耿秀林的母亲、姐姐也得这病，我家两个，父亲、姐姐也是抽筋，割谷子时死的，我父亲 58（岁），姐姐 20（岁）。耿秀林的娘 50 多岁了，他姐姐顶多 20（岁），都是这个病，都一天就死了。死的人多了，家家有，家家死。扎旱针，治不好，没好的。

　　那年我在村里，十几（岁）就入党了，17（岁）入的党。1942 年，修炮楼，我在家干活，种地，调查工作，给上级汇报。

　　我哥哥、母亲，那年逃荒了，在关外。这里去山西、河南、关外的多，都饿出去了。

有蚂蚱，大蝗虫飞的，一群一群地把庄稼都给吃光了。也是民国31年、民国32年闹蚂蚱，把大飞蝗赶沟里，埋了。

民国29年上过洪水，1956年、1963年也有大洪水。民国32年雨不大，没大些雨，旱得出蚂蚱。

潘店村

采访时间： 2008年1月28日
采访地点： 威县枣园乡潘店村
采访人： 李秀红 范庆江 耿 艳
被采访人： 潘成海（男 71岁 属虎）

潘成海

我叫潘成海，71岁，属虎，（上学）上到邢台老高三。

民国32年，那年死的人，没法统计，不是180口，就是200口。光逃荒的，得有七八十户，大部分去河南了，有逃到山西、山东的。春天旱，接近七月份才下雨，下雨也不大，也就是没下很透。

听说得霍乱转筋的不少，人吃花种、棉花粒子，拉不出来，拧筋，腿转悠，一会就死了。一般情况，跑茅子的不多。没菜叶子，树皮能吃的，都刮了。一般霍乱不传人，那年有得霍乱死的，也有饿死的。拉稀的不少，找谁去扎针？老医生比较少，顾不得治。有点力量的，能逃就逃了，卖儿卖女。

这没大河，有个小河沟，叫清凉江，通那大河，没听说决口，这河多少年前就有。

蚂蚱厉害，刮花粉的时候，蚂蚱晚，是32年以后，过了几年。

这有炮楼，1942年以后，也有地下党。那时候有几个店，去邢台或哪的，都在这村住脚，这村有点名。当地地下党权力有点大，各村有连乡长，跟炮楼联系，互不干涉。那个谁是皇协军，接近共产党，没伤过人，解放以后，他上调了，还说他是个党员。他是比较进步的一个连长，是皇协军。

日本人建完炮楼就撤走了，七八里地一炮楼，地下党挖沟挖战壕，破坏他的路，地下党天黑没睡过。皇协军有时给村里药，有时上级给，喝村里水，叫我们送过去。

何梦九是日本走狗，四川来了114名战士，一个连，全让他打死了，现在威县还有烈士墓。（何梦九）在下边糟蹋妇女，为日本服务，他是县长、伪县长、国民党县长。

四连长跟共产党合伙，明里是皇协军，其实是共产党，后来调北京去了，当官了。

采访时间：2008年1月28日
采访地点：威县枣园乡潘店村
采 访 人：李秀红　范庆江　耿　艳
被采访人：潘成合（男　80岁　属蛇）

潘成合

我叫潘成合，80（岁）了，（这里以前）是潘店区、片，以前没乡这一说。我在枣园区上了六年级，后来参军了，在部队的地方军政大校、党校。

民国32年我怎么不记得？那年我都要饭去了，老母亲还在，我那年十六七（岁），没逃荒，要饭吃。

那年有旱灾，蚂蚱都把谷子吃了，后边没粮食。蚂蚱向南走了，跟风一样。秋天有谷子的时候，蚂蚱吃了谷子，年景越来越不行了。东乡里有来要饭的，都死了，这家死了，那家死，有的都死那树底下，光我看见的，没人抬，抬不动，各顾各的。

（逃荒）的都上河南，上东北，我一个叔叔，出去要饭去了，到这也没找到，找不着了，没法儿。

那年也下雨，弄不清，下了七天七夜，这不得了，屋里弄个塑料布搭屋棚，房子都倒了。七天七夜，哪一年我也不清楚，都那一块，哪年哪月我记不清楚。

死的人多了，没人抬的，饿死的。后来又来那霍乱病，下大雨还不来病吗？发烧、胀、吐，死了多了去，没人抬，抬不动。我家没得的，他们都得了，有的一家家得。肚子胀、吐，连拉带解大手，上边吐下边拉，一天就起不来了。抽筋不抽筋，都走不动了，谁知道传染不传染？埋人就有死的，挖着挖着肚子疼，第二天皮包骨头，连拉带吐。得病的街上多了去了，俺爷爷、老爷爷都是，连饿带那病，我爷爷叫张光生。有治的啊，扎旱针，扎不过来，医生治不了，农村没三两个（医生），都是一说，解决不了，一没药，二扎不过来，人太多。

那时没皇协军，日本人来了，住这，日本人对小孩好，给糖给饼干吃。大人都跑了，没打老百姓，没杀人。（日本人）在这，逮老百姓的鸡、猪、羊，烧了还不熟，连喝酒带吃肉，老百姓鸡都被抓完了，待了一两天。修炮楼晚了，是1942年还是1943年，我记不很清楚。日本鬼子修个炮楼，周围挖个大坑，炮楼上是中国人，是皇协军。

淹了一回，后来又一回，第一回记不清楚了，前边有一回水灾。这没河，从南边黄河开口子，水那么大，街上这么深，到腰。头一回是瞎的，七天七夜，不晴天，房子都倒了，第二回是黄河里来的。俺不知道死多少人，房子光倒，有砸死的。吃不上饭，有霍乱病，那时第一次大水，我才十五六岁，大概记得这一过程。

我在咱这村参的军，1947年在部队，跟国民党打，参加了淮海战役，打济南、开封，然后渡江，渡黄河。番号是野战军，刘伯承的二野。那几年光去打，黑天白天去打，上大别山，把国民党围在大别山，去北戴河，研究淮海战术。打了淮海，俺去西南了，上云南、贵州，打过去的，赶到云南。

今天到这，明天到那，白天不走，晚上走，白天有国民党飞机，白天在老百姓家休息、擦枪。一晚上走 160 里地左右，我都走哭了，连长吓唬我："国民党来了，抓住你，剥了你"，连长、指导员帮着我背包，赶紧走。到九江，打一仗，把国民党一团都吃了，一个脚上起四五个大泡，领导给我背着包、枪，一路走，一路打，不停，遇着国民党就打。

淮海战役的时候，有 21 天在沟里，吃饭、睡觉不能出去，叫你打，你就出去，不叫你打，就不准出去。1948 年那块打完的，我 1948 年入的共产党，过江前入的党，过了江，转为正式党员。十一月，我打了 20 多天，把淮海战役打完的，然后往西南走，分得有地点，哪个时间要到哪个地方。我 1952 年转业，后来被调到德州。

司 庄

采访时间： 2008 年 1 月 28 日
采访地点： 威县枣园乡司庄
采 访 人： 李莎莎　张　艳　王　瑞
被采访人： 司金钟（男　82 岁　属兔）

司金钟

我没上过学，灾荒年是民国 32 年，当时我逃出去了，家里没吃的。我逃到山西太原纪上县（音）柴村。那年饿死的人不少，咱村饿死了一二百人，当时咱村一共 400 多人。我 16（岁）上的山西，在那里待了三年，当时还没下雨我就走了。

当年粮食没下来就下雨了，下了七天七夜，雨下得不小，地上的水不少，加上饿，人死的也多。大寨有霍乱转筋的，咱村也有得这病的。

那时有蚂蚱，不少，吃蚂蚱有得病的。

灾荒年时没来过大水，是后来上的大水。

司玉俊

采访时间： 2008 年 1 月 28 日

采访地点： 威县枣园乡司庄

采 访 人： 李莎莎　张　艳　王　瑞

被采访人： 司玉俊（男　76 岁　属猴）

我念过几天学，我记得民国 32 年是灾荒年，吃糠咽菜，那时不收粮食，不下雨，"民国 32 年，灾荒真可怜"，这是一个歌谣。当时生活差。

灾荒年时咱村饿死的人不多，当时哪个村都得死几个。村里有逃荒的，到山西逃荒，我没有出去逃荒。

有得霍乱转筋的，我没见过，只是听说过。我知道这个病传染，不记得是谁说的，得这个病，死的人也有，记不清是谁了。

来蚂蚱的时候也是灾荒，记不清是哪一年了。

我见过日本人，他们来时我 11（岁）了，他们来时跟老百姓和这里兵打仗。在我们村北角有炮楼，皇协军领日本人来抓八路。

当时咱村里吃的是砖井里的水，咱这发过水，是在建国后，建国前没有发过大水。

王家屯村

采访时间： 2008 年 1 月 28 日

采访地点： 威县枣园乡王家屯村

采访人： 张 伟 董 倩 王 焱

被采访人： 王登州（男 75 岁 属鸡）

王登州

　　我叫王登州，今年 75 岁，属鸡的。

　　灾荒年日本鬼子在这，1943 年，民国 32 年，其实灾情不大，日本鬼子一天来抢，八路军来了要吃，日本、皇协军更疯狂，一天一扫荡，什么也拿，什么也抢。其次，一个麦穗也没收，没有雨，没有收麦，一直没有收麦，日本人抢东西，有存粮的藏好了，不然就给你抢了，管你要，造成灾荒。

　　下雨到七月了，那年饿死一回，撑死一回，霍乱转筋死一回，死了三回，饿得把树叶都吃光了，再严重的，超过 60（岁）以上的有点东西都舍不得，挨饿都挨过了，秋天粮食下来了，见了粮食不要命地吃，撑得他消化得慢，死了一部分人，年糕吃了，枣核吐在地上，捡起来擦擦吃，抢东西吃，饿到那个程度。一下新粮食，撑死一部分人。下雨下了七天七夜，霍乱转筋得病死了一部分人，秋后下了七天七夜，特别大，有存水，连着下，屋都漏了，没有发洪水，雨下得大。

　　有生病的，那会儿有日本人，没有医疗单位，扎旱针有扎过来的，扎不过来就死了。行医的都饿得没力气救人，发烧、腿酸、抽筋。人不能吃，也没地方治去，自己没办法，找人扎，没别的地方去，扎腿弯子、胳膊弯儿，放血，有扎过来的，有扎不过来的。得霍乱病的不少，光这村连病带饿死了十口。

　　逃荒在外的还多，卖儿卖女的换点粮食，给人家当童养媳的，这个记不详细了。治好的人不多了，现在都不在了，记不清，死的人能说出来，到底怎么死的说不清，下雨期间得的病。那时候吃水有砖井，烧开喝。

那时候我家有父母、哥哥、嫂子、姐姐、我六口，还有一个侄子，七口人。逃荒的，有下东北的，去山东茌平、博平、胡屯，离这不远，160多里地，能跑的跑得远，过了临清就没事了。咱们家没逃荒的，也死了一个，大侄女小，没饭吃，三四岁，吃孬的吃不下，吃好的没有，饿死的。

日本人、皇协军几天扫荡一回，中国人当皇协军的也有的是，饿了，不顾一切，有的妇女都跑到炮楼上，找皇协军，为了换回饭吃，不死。炮楼挨着村修的，所以下来抢东西，回来养老婆。扫荡特别紧，十里地挑着大沟，非得走炮楼根底下，南北交通，否则过不去。年轻人要盘问你，那会儿有公民证，查你是哪的。往南一里孙庄有炮楼，治安军管着皇协军，不起作用，皇协军来了，报告他（治安军），拖延，等皇协军走了，也来到了，不是一个组织。治安军不抢东西，不知他属于哪个组织。

采访时间：2008 年 1 月 28 日
采访地点：威县枣园乡王家屯村
采访人：张 伟 董 倩 王 焱
被采访人：王连政（男 82 岁 属虎）

王连政

我叫王连政，82（岁）了，属虎的，过了年就83（岁）了。灾荒年我知道，俺家里没吃的，就扛活，卖力气，卖豆芽，在枣园，我这辈子就卖力气了。挑河时，我连着干了三季，干了三年，冬天看工棚，看着东西。

民国 32 年那会儿大贱年，没收什么，麦子就这么高，麦头一点儿，闹了大灾荒，那年收了一点，收了一点就了不得了。天旱，旱得不长，我种园子韭菜都干死了，没水浇不过来，都死了。那会儿没劲儿，还没吃的，把壶和被子都卖了，买了三四斤米，家里都饿着，来回26里地，回来熬点稀饭，一家喝点。

我姨来了，她家日子过得好，叫我给她干活去，一干就是三年，在余华（音）。俺姨夫没在家，在济宁，在这买了上济宁卖去，把我叫去了，领着干活，冬天去的，我17（岁）了，那灾荒年还没过去呢，正饿着呢。

黍子有了黄尖，枣红以后下的雨，回来连皮带粒吃，呵，真好吃。那会儿正旱了，以后大旱五六月才下的雨，黍子收的时候下的雨，下中等雨吧，下透了。

死人啊，别提了，那年我十七八（岁），那年下大雨连着下了七天，粮食收了，一吃粮食，坏了，都得病了，那年死的人可不少啊！枣红的时候，死的劲上来了，那年饿得一吃粮食就死了，人饿得没劲埋了，得有三四十个死的，连饿带靠，那会儿没钱治，跟瘟疫差不多。

哎，你说对了，那是霍乱转筋，手都抠破了，那霍乱转筋可了不得，都病死了，可多了，过来的都是少数，霍乱转筋，发烧，不传染会死这些？那会儿不知道传染，光知道是霍乱转筋，发烧，迷糊，得这病的都死了，都是六十来岁、七十来岁，整个街上数我大了。王福千，他个小，我才十几（岁），就去埋他，我光跑腿儿，里里外外来回跑腿儿，照应老人，病死的我埋的。

治好的有谁，迷迷糊糊记不准了，俺家有闹这个事，俺爹。过灾荒年，新粮食下来时，没有全家得病的，得这病的净老人。这个病吃新粮食后，连阴天下雨后得的病，下了七八天，人都吃不下。

逃荒啊，都跑，城东、茌平、博平，闺女还到年龄了，都安家了，过了灾荒年都又回来了。

蚂蚱蝗虫那年我在余华了，这个蝗虫，来了都不行，从西北上咱这来了，一落，蚂蚱多了，都跟牛吃草一样。我那会年轻，都逮蚂蚱吃，不叫吃，神蚂蚱，说该吃咱庄稼。说有个人在济州，叫王炳恒，走官上任去，碰着一个人，他问你上哪去，说上济州做官去，那人一听，也上济州，也做官去。那时候有城隍，一说咱这有蝗虫，怎么办，他到某天某日来，蚂蚱神，问各家要米，要不多，给点就行，熬成饭，弄成盘，放在灶上等蚂蚱神，也能变成人骑着小驴，穿一身红，呵，还是个女的来，就走了。城隍（庙）一下会等蚂蚱神吃，吃了就飞到咱这来了，从济州跑到咱这来了。民国32年大灾荒过了以后，又闹蚂蚱。

日本人啊，修炮楼，离这儿四里地，说揍谁就揍谁，在东枣园，挨村搜，搜俺村了，他说你来的慢，就揍。

魏家寨

采访时间：2008年1月28日

采访地点：威县枣园乡魏家寨

采访人：李秀红　范庆江　耿　艳

被采访人：刘树信（男　75岁　属鸡）

刘树信

我叫刘树信，75（岁）了，上过学，中学。

过贱年民国32年，我小，人都没吃的，天旱，吃绿豆。雨下了七天七夜，都淹了。头一年没下雨，没收，第二年下了雨，收点新粮食，人一吃撑死了。水不很大，坑里都有水，出不了村了，比1963年小。

民国32年死得最多。霍乱转筋不少，都是那年，那年没下雨，那时候叫霍乱转筋，起不来，腿动不了，人上哕下泄，跑茅子、拉肚子，传染。

有蚂蚱，过了蝗虫，人往沟里赶。

枣园有条河，小河，叫清凉江，离这远，现在还有河沟子，这两年没水，东边有桥。

那年有逃的，下关外、下河南，大部分在家，下关外的也多。

日本人来过，修了个炮楼，日本鬼子少，皇协军多。日本人没抢东西，光过来一下，要东西，保护农民。（日本人）要多少粮食，村长给送去，日本人就不过来祸害人。日本人抓人没听说过，抓去东北，挖煤、做工。

我1953年出去的，在部队，在绥化，在上海发电报，我不是党员，是团员。

采访时间：2008年1月28日
采访地点：威县枣园乡魏家寨
采 访 人：李秀红 范庆江 耿 艳
被采访人：刘益民（男 91岁 属马）

刘益民

我叫刘益民，91（岁）了，属马。是党员，1948年入的党。

灾荒年没下雨，没得收，那人都饿死多少。下雨也是灾荒年，那年八月下的，下太晚，庄稼没种上。

过了灾荒年，有蚂蚱，民国34年、民国35年有蚂蚱，也有虫子，黑虫子，都炒一盘。

民国32年，光下雨，没来水，没后来大，那时候没河道，南边有大沟，没小河，有沟从潘店村来，村东有条河，通到东北，都叫张王河。民国32年满了，都出不去村了，几天就流走了，渗下去了。

下过雨，发大水，俺这村都挡住了，水没进俺村，是1964年。1956年那时候雨下得大，人都出不了村，河水进村，连牛都牵出去了。

灾荒年，霍乱转筋见过，光抽筋，抽抽就死了。腹泻，没药，传人，传人也没法。死的人不少，总共三百来口子，死了 100 多口子。霍乱转筋，跑茅子，上哕下泻，光跑茅子，上边不能吃。没医生，有扎旱针的，有扎过来的，有扎不过来的。

出去的人多了，上河南了，黄河以南，有往东三省逃的，有的去唐山、丰县、山东回民地区。

这来了日本人，在这住过，天一黑，就走了，路过这，向南走了，上南边打中国军队。日本人炮楼就在南辛店，向北有一个，日本人修的。治安军还好点，皇协军他们要吃要喝要穿。咱中国人有日本人狗腿子，抓人要钱要东西，尽他们干的。

西里固村

魏洪河

采访时间： 2008 年 1 月 28 日

采访地点： 威县枣园乡西里固村

采访人： 张文艳　李　娜　薛　伟

被采访人： 魏洪河（男　74 岁　属猪）

那会儿穷，没吃的，灾荒年那年，两个钟头死两三个人，饿死的，一早晨就死两三个。收成也收一部分，日本人白天要，把老百姓的东西都要光了。

那会儿没井浇地，没下雨，不收东西，这会儿有肥料，那会不下雨就不收。那会死多少人，几百口子的死，光俺这小村，不大，还死了百十口子人。七月下雨下了七天七夜，也不大，就是不住下，房子都漏得没法住了，没塑料，用席子搭，水下得慢，都渗下去了，雨点不停。

有向外逃的，逃的不少，十八九二十（岁）的年轻人都逃到外头去了，日本人抓年轻人下煤窑，都饿死里头了。我九岁就给日本干活去了，修公路，不给钱也不给吃的，不去不行，（不去就）把你脑袋给削了。

那会儿说就是霍乱转筋，老人说叫这个，闹肠炎、抽筋、上吐下泻，我妹妹就得那个病死的。不能吃东西，肚里没东西也吐、泻，没几天就死了。村里没医生，有在道门的人会扎旱针，扎肚子，扎也不管事，治不过来，没中药，也没西药，中药吃不起，吃的都没有。那是民国 32 年六七月里，先闹灾荒，过去随着下雨，下雨的时候得这个病，饿的时候也得这个病。

民国 32 年没上过大水，光河沟里有，就 1956 年上大洪水，特别是 1963 年，这两次是大洪水。那会儿喝水都是砖井里的水，那水倒甜，现在吃的水倒不行，不如那时候水好喝，那会雨水就灌井里去了。

闹过蚂蚱，厉害得很，往上看，蚂蚱飞得能把太阳都遮住，墙上趴的全是蚂蚱，里三层，外三层的，盖住天了，树都吃光了，从南边过来的。

日本人打老人，不打小孩。日本人白天给村里要工人给他干活，不去不行，去个小孩也行，顶个人数，不去用劈叉棍子打你。

采访时间： 2008 年 1 月 28 日
采访地点： 威县枣园乡西里固村
采 访 人： 张文艳　李　娜　薛　伟
被采访人： 魏明科（男　80 岁　属蛇）

魏明科

我没上过学。那会儿，又闹老杂又闹日本。

灾荒年都在地里，挖点野菜吃，麦子都叫蚂蚱吃了，咬麦头。有逃荒逃出去的，我们没出去，都在家里来。那会旱，不浇地，下雨就长点，不长就拉倒。七月里，下了七八天雨，房子都漏了，做饭的地方都没有，下雨下得不是那么紧，一阵子一阵子地下。上半年天气不行，就是到了八月天里收了点，一吃新粮食，就烧心，死了不少人。

村东边有河，河里水不多，那会儿没上过大水，没听说过别的河发水。

村里有得霍乱的，扎得早的有扎过来的，下雨那会死的人多，扎得晚的，一扎就陷了，跟豆腐一样，肉就烂了，好像不多。得病就那一年，得病的净大人，不知道啥症状。俺家没人得这个病，不知道周围邻居谁得了这个，村里得有十个二十个得这个病的。

那会村子有四五百人，死了有斗子用斗子，没斗子用皮箱埋了，都埋得浅，没劲，人都刮风带倒的，连吐带泻，一会就拉死了，听医生说是霍乱。得病就是下雨那会，下着雨哩，反正就连吐带泻的。

那会吃的水都自己打的井，砖井，净甜水，吃那个水不闹肚子，雨水灌不到井里去。

采访时间： 2008 年 1 月 28 日

采访地点： 威县枣园乡西里固村

采 访 人： 张文艳　李　娜　薛　伟

被采访人： 魏庆茂（男　88 岁　属鸡）

魏庆茂

我家穷，上不起学，小时候家里是五口人，过得不行。

灾荒年逃荒，逃出去了，六月这时候，谷子结穗的时候出去的，天气不是很热，逃到了景县、德州。那一年没收什么东西，都叫蝗虫吃了，天气也旱，那会儿都是干河，没水。

死人多了去了，人都饿死了，那一年，这村里死人都没人埋，没劲埋。也有霍乱转筋这事，是急病，那会都兴扎旱针，咱也闹不清，连吐

带泻，亲眼见的，从我这一辈，没得过这病。（得病的人）肚里疼，又拉
又泻。扎旱针，没别的办法，有好的。

七八月里，下过七天七月的雨，民国 31 年那会儿，我那会儿不到 20
岁，十几岁，灾荒年六七月份出去的，待个数月又回来的。东头河里边也
来过水，不是灾荒年。得霍乱的时候是六七月吧，那一年病得不轻了。

枣园村

采访时间： 2008 年 1 月 28 日

采访地点： 威县枣园乡枣园村

采访人： 李莎莎　张　艳　王　瑞

被采访人： 关德龙（男　74 岁　属猪）

关德龙

我没上过学，那时候穷，要饭讨吃的，
上不起学。

灾荒年我记得，那会儿是民国 32 年，
为什么叫灾荒年呢？那会儿三边要（粮食），
麦子没耩上，耩上也没收好。那年我逃荒出
去了，去山西了，我是阴历四月底走的，一共在那待了三年。

俺这个村，那会儿东边有个炮楼，日本人在那，我去了，都给日本人
打工。他炮楼上需要东西，给他送吃的，送柴火，老百姓都给他修围子
墙。日本人来咱村里不干好事。皇协军厉害。皇协军他听日本人的，都是
咱本地人，来保护他炮楼，欺压老百姓。

我走那年咱这天旱，后来山西那边光下雨，咱这边我不知道。家里没
人了，我和父亲一起出去的。回家以后紧接着斗地主，分地了，群众运动
了，没在家的那些事就说不清了。

闹蚂蚱时我已经在山西了，山西蚂蚱多了，各处都飞了，咱这也不

轻，也被吃得不轻，庄稼都被吃光了。

咱这上过两次大水，都是建国后，水是从邯郸西边来的，房屋倒塌了。灾荒年来水时不淹村，那时水是从西南来的，从漳河来的水。只知道下的雨大，卫河在临清这块，头几十年不断决口。卫河以前是木头桥，它决口淹不到咱这。

霍乱转筋流行时我在山西，咱这我不知道，山西那里轻。咱村那会儿也死了几口，逃出去的不少，有逃到关外、山东、山西的，逃到山东、山西的多，山西那儿灾荒不严重，有从河南逃过去的。

咱当时喝的是小井里的水。

采访时间： 2008 年 1 月 28 日
采访地点： 威县枣园乡枣园村
采 访 人： 李莎莎　张　艳　王　瑞
被采访人： 陆文斌（男　76 岁　属鸡）

陆文斌

我上过四年小学，灾荒年是 1943 年，民国 32 年。那年为什么叫灾荒年？一是因为日本人进中国；二是"二战"蒋介石南逃了，本地无政府，没人管了，死了很多人。

从阴历七八月开始下雨，有得霍乱转筋的，死的人多，埋都埋不过来，前一天死的人还没埋完，又有人死了。后来七八月又下了 20 多天雨，房屋都漏了。蚂蚱多得遮住天，像粪球一样，是灾荒年阴历四到五月份，从北向南吃庄稼。

当时没发过大水，霍乱发病时抽筋，扎针时病人像扎豆腐一样，筋特别转、肚子疼、喘粗气、呕吐、拉肚子，主要是拉死了，扎也扎不过来。村里有扎针的医生，扎针时他三十到四十（岁），扎手、扎腿、扎肚子，没有扎好的。拉稀这病传染，当时饿得没劲，不串门子。我家人就是这样死的，我奶奶、我叔叔，他们都是在荒年下雨的时候得霍乱死的，等不到医生来就死了。从发病到死三到四天，奶奶先得的病，当时不知道是什么病，我叔叔也是后来得这种病死的。俺奶奶是在家里得病的，奶奶死的时候才五六十岁，叔叔也只有三十来岁。

在霍乱时日本人来过村里。俺村里死的少，西边村里死的人多，饿死了十几口，逃荒逃到山东、河南、关东。

日本人 1942 年修的炮楼，炮楼上有一个排的鬼子，一排的治安军。治安军是汪精卫的队伍，正牌的队伍，皇协军是日本鬼子组织的队伍，日本人是皇军，中国人是皇协军，治安军是深绿色的衣服，皇协军穿黄色衣服。

治安军是不错的，当时俺村里打死了两个八路军干部，八路军干部的妻子被鬼子抓住了，后来又被治安军从鬼子那带回来了。后来鬼子砍死了我们村长，把村长的头放在桌子上，并且摆在大街上三天。

日本人抓劳工运到东北去了，死在那里的有两个人，分别叫徐寿义和马俊，都叫日本人抓去，死在关外煤窑了。

采访时间： 2008 年 1 月 28 日
采访地点： 咸县枣园乡枣园村
采访人： 李莎莎　张　艳　王　瑞
被采访人： 时福辰（男　80 岁　属蛇）

灾荒年那时候旱，后来雨水又大，光下雨，七八月下的雨，下了七八天，有没有蚂蚱记不准了。解放后发过大水，灾荒年雨下得不大，西面有条小河。

时福辰

饿死的人多，有得病死的，都是霍乱转筋，什么样咱闹不清，见过得的，抽筋，有好的，有不好的，那会没先生治。咱不认得，都这一块的，光后面这条街一天死八个，埋都没人埋。不知道传不传染。当时吃井里的水。

有逃荒的，向西去的，有上城东的。

我见过日本人，那时候十二三岁了，都从村里过，上临清了。咱这没打仗，皇协军听日本人的，狗腿子。

采访时间： 2008 年 1 月 28 日
采访地点： 威县枣园乡枣园村
采访人： 李莎莎　张　艳　王　瑞
被采访人： 徐春方（男　80 岁　属蛇）

徐春方

我没上过学，灾荒年我记得，当时我不记得是哪一年了，也记不得当时我多大了。民国 32 年，那时天旱，没下雨，秋天下了七天七夜雨，秋天收了点粮食，当时不知几月下了七天七夜雨。那年没有蚂蚱，第二年才有的蚂蚱，蚂蚱一过去就没剩下什么。

当时咱村里有得霍乱转筋的，得这病的不少，我家里、邻居都没得这病的。我没见过得这病的，听说这病传染，下雨后才有人得的。

咱村当时有饿死的，逃荒的也不少，有逃到山西的，河南的。

咱村里发过大水，是在 1956 年和 1963 年，灾荒年那年没有。

我见过日本人，村里有炮楼，他们见天来扫荡。当时有游击队，日本人白天来扫荡，当时咱村里人当皇协军的少，他跟着日本人转悠，不干什么坏事。

采访时间： 2008 年 1 月 28 日

采访地点： 威县枣园乡枣园村

采访人： 李莎莎 张 艳 王 瑞

被采访人： 徐洪惠（男 81 岁 属龙）

徐洪惠

我上过学，日本鬼子来了就不上了，上了一年多。

民国 32 年记得当时下了七天七夜的雨，死人都没人埋。五月里下的雨，各家各地房都漏了，前半年没下雨。蚂蚱吃虫子，那会没药，用小车推到地头用土埋。

我母亲得过霍乱转筋的，下了雨以后得的，当时我十六七（岁）了，在家得的病。她是饿的才得的病，抽抽，干哕，拉肚子。有医生在村里扎针，叫周疙瘩，他的儿子叫周期云。那时先生三十来岁，俺母亲属马的，得病时五十来岁了，下雨之后得的，扎了 20 多天，扎过来了，又活了好几年。我母亲脾气怪。

这病没怎么传人，咱村里得这病的人不多，其他得病的人也治好了。那时死人用席卷卷就埋了，有钱的用橱子埋了。

当时逃荒的人多，有逃到山西的，死的人不少，在家没吃的，有上黑龙江的。

我见过日本人，来时不干什么坏事，扔了枪抓鸡吃，后来他不敢扔枪了，长心眼了，把你东西都烧了。东边寺庄有炮楼，楼上有十几个日本人，中国人多，有皇协军、治安军。咱村大，有八路、游击队。我去过炮楼，地下党领着我们去看，那里有铁丝网。

咱这 1956 年、1963 年来过大水，建国以前没上过水。灾荒年弄不很清，当时我不清楚了。我们去南宫大县开会的时候吃棉花皮南宫、邢台、临西县三县合一了，那时一斤粮食掺五斤糠，那是公社的时候。

采访时间： 2008 年 1 月 28 日

采访地点： 威县枣园乡枣园村

采访人： 李莎莎　张　艳　王　瑞

被采访人： 徐立柱（男　81 岁　属龙）

徐立柱

我没上过学，上不起，那时穷。

灾荒年民国 26 年，那会我十五六（岁）。头先里旱，后来又淹了。七月里下了七天七夜的雨，房屋都漏了。前半年是旱，没栽上苗，没耩上麦子，后半年下雨。

霍乱转筋就那年厉害，过了灾荒年第二年，都饿死了，第二年才有，下雨潮，才得这病。这趟街几百人，光这病就得死一二百人，咱这病我该没见过？当时一条街死的多。他使旱针扎，周西安是先生，当时 50 多（岁），给人扎针，有扎好的，扎得及时就扎好了，扎不及时就死了。我没见过他扎针。

这霍乱转筋传人，这家有这病，那家又得了，俺家没有得这病的，邻居这块也没有，咱村东北角有得这病的，得的多。崔长久家就他自己得这病，死时四十来岁，他得病一会就死了，不知属什么的。郭慧他娘五十来岁得这病死的，都是下雨后，没过年得这病的，两三钟头就死，当时扎针了没扎过来。崔长久不到年底就得了这病，推磨时有人就说，他得这病死了，不到半天就死了。他得病时，怕人，他没怎么出去，在家得的，死时我没有见过。郭慧她娘也是那年得的病，死时那都时间不长。当时先生少，找不着，当时得病的没法治。俺村有扎好的，我记不得了。

得病的人都是雨后没几天就死了，吃饭没粮食也没柴火，饿的。得病的人都是在家里得的病，不知道为什么得这病，反正肚里没饭，饿的。得霍乱转筋的人抽筋，俺不知哕不哕，拉不拉肚子不知道，得病的都在村东北角。当时咱吃砖井的水。

当时咱村里逃荒的不少，上北到西营，上西走到山西。咱村里得饿死几百人，当时村里人口记不清了。

过了灾荒年，第二年有蚂蚱。这发过两次大水，1956 年一次，1963年一次，灾荒年下雨下得河里都淹了，没来过水，水淹到膝盖，没来河水。

咱村东头有炮楼，炮楼上住着一个班的日本人，十多个，30 多个皇协军。在咱村里他们不干什么好事，当时我小，我不知道。得霍乱的时候还有日本人，还来村里，跟村子里要吃的，在村里抓人，抓的人多，后来抓的人又都放回来了，没杀过这个村的人。

当时咱村里有老杂，专灭皇协军，黑天里老杂来抢东西，见有钱就抢你。老杂头子叫王朝贵，原来是穷孩子，后来弄了几杆枪才成了老杂，白天他们就藏起来了。那时八路还没来，不知道有没有八路、共产党。

采访时间：2008 年 1 月 28 日
采访地点：威县枣园乡枣园村
采访人：李莎莎　张　艳　王　瑞
被采访人：徐占夫（男　78 岁　属马）

徐占夫

我小时候没上过学，灾荒年记得不清，是民国 32 年，那年前半年天旱，到麦收时才下雨，下了七八天，记不清是几月里了。当时没有蚂蚱，忘了哪一年有蚂蚱了，反正那年蚂蚱不少，庄稼都被吃光叶了。

当时咱村里饿死的不少，咱村里上河南逃荒的不少，我没出去逃荒，待在家里，当时我小。

下完雨后咱村里有得病的，有得霍乱转筋的。他们腿肚子转筋、干哕、头晕，有拉肚子有不拉肚子的。那会先生少，治也治不起。我认得的人有得这病的，姓王，叫王喜张。死时说不上来他多大了，也不知道属什么的，说不上来他得病时什么样，我没见过，只是听说的。听说有一个姓徐的，叫大仲什么的，他死时也不知多大了。这病有传染的，也有不传染的，俺家里没有得这病的。

刚才那两人是下雨以后得的病，下雨以前没有得这病的，雨下了七八天，没吃的没喝的，雨下得不大，反正就一直下，房屋都漏了，都塌了。当时咱村里喝的是井水。

灾荒年咱这村里没来过水，但是在建国以前来过水，只不过没进村，不是灾荒年。

我见过日本鬼子，在咱村东头有炮楼，他来时没干什么好事，光扫荡。皇协军孬点，治安军好点，他们见什么拿什么，来逮个鸡。

章 台 镇

北章台村

采访时间： 2008 年 1 月 26 日

采访地点： 威县章台镇北章台村

采访人： 张 伟 王 焱 董 倩

被采访人： 李银瑞（男 72 岁 属鼠）

李银瑞

我叫李银瑞，今年 72 岁了，属鼠，那年刚记事儿，一直在这村儿。

灾荒年，都没有人了，俺家五口人，爷爷、奶奶、爸爸、妈妈、我、妹妹，我妹妹也可能是那年出生的。

民国 32 年有旱灾，天旱，没收。那时下雨我记不清了，种了荞麦，种麦子不行，蔓菁收得不少，啥时节我记不清了，得秋后了，得七月了，三伏漫荞麦，七月下的雨。

村里上外逃荒去，都跟亲家逃荒去了，二三十里地，东大城，那边收了，有人往西边去了，光剩老头儿。我那时候小，我母亲父亲知道，种荞麦之前去的，秋后收荞麦后回来的。人家给点粮食，俺也记不住啥，没在外面待多长时间，就回来了。

那年饿死不少，吃榆叶、野菜，一个村一天抬六口，不好过（哭了），没东西吃。就是地主也不是光吃白面，也是吃窝头什么的。麦子能收百八十斤，收 200 斤就不孬了。

采访时间：2008 年 1 月 26 日

采访地点：威县章台镇北章台村

采 访 人：张 伟 董 倩 王 焱

被采访人：王玉山（男 82 岁 属虎）

王增修（男 82 岁 属虎）

王玉山

王玉山：我叫王玉山，今年 82 岁，属虎的，在这村长起来的。

灾荒年民国 32 年，天旱没收好，从春天一直到秋后，一年旱不断，我记得，七月初五下雨，下了六七天，种的萝卜、蔓菁，吃不了，还卖了，一口面也没吃。

当时十多口人，那年家里地没怎么收，他们再跟你要，三方面要，日本人跟你要，石军、中央军他们也要。

知道日本人来，能不知道吗？他们和电视上一样，抢东西，可厉害了。

王增修：我叫王增修，今年 82 岁，属虎的，我俩同岁。

王增修

民国 32 年是七月下的雨，下的雨不小，下透了，下几天我忘了，下雨不小，地皮都没干过，一直下雨，种了萝卜、蔓菁，光吃那个，蔓菁缨子长得这高，吃那个。俺种的麦子尺把高，没粒，一看，捡麦子的都不要。

那雨大，下了都有六七天，有存水，坑里有水，一直到冷都没干地皮。下雨这村淹不了。这村地高，地也淹不了，不淹村，坑里有水，地里没水，当街没什么水，没淹村，光沟里有水，都流出去了。

那年死人不多，逃出去不少，后来都回来了。当时就俺家四口，都逃荒去了，俺母亲没去，她在家，三口人出去，去的东北。民国32年出去时，年根底下走了，民国32年，那时家里没法生活，都走了。在外待了四年回来的，到民国36年，快解放了。

我们在东北，给人种地，地主一人有几千场地，大地主那地多，收成也好。死了的也不少，上东北逃难的没多少，都是去西边和北边。逃荒的人不少，都逃出去了，西北角有水浇地，去的人不少，过了民国32年又都回来了，回来了不少。饿死那几个，净傻瓜，脚肿得跟人头一样。死的净得浮肿病的，都是民国32年死的多，在地里吃的野菜，中毒了。

有霍乱转筋，饿得不行了，得霍乱就死了，很少，饿得一个一个都走不动，得的少。得了那病，三四个人一块去，说死就死，特别快，记不清了。有得过霍乱病的，不记得谁得了，没见过是怎么死的，说不行就不行了，转筋，腿肚子转筋，转筋就死了，一转就死了。不知道治病的方法，那时也没治的法，有医生也看不起，连吃的也没有，还看什么啊。民国32年，得这病死的人不记得了，也说不定得什么病就死了。

那时候没法浇地，吃砖井水，日本人走了以后，1958年以后才打的井，自己打井，不吃生水，烧水喝。

我没去逃荒，那会我家老人都全，数我小。我都80多岁了，我没上过学，后悔了，一个字也不识。后来上过，八路军过来时，我上过学，抗日高小，有二十来个人。

八路军在这儿，日本人没怎么来过。日本人没在咱村待过，来过，不大来，来村干什么？跟八路军打过仗，抓共产党，那时共产党都是秘密的。那会儿谁是党员谁也不知道，天黑才开会。在地里，日本人在咱村抓人，抓共产党员，抓罢工的地下党和给共产党干事的人。

早先没有闹过蚂蚱，民国32年前闹过，那蚂蚱不知道从哪来的，民国 32 年以后也有，种谷子，蚂蚱一过，什么都没了。

民国 32 年那时呀，就种地。有抓劳工给日本人干活的，挖沟、修围墙、修炮楼。这村没有抓去日本的，这块有，咱村没有，有个后来又回来了，邻村的，我不记得他叫什么，他是共产党员、地下党。

东里村

采访时间： 2008 年 1 月 26 日
采访地点： 威县章台镇东里村
采 访 人： 李秀红　范庆江
被采访人： 王志范（男　83 岁　属虎）

王志范

我叫王志范，今年 83 岁，属虎，东里村的，这以前是潘固。

民国 32 年旱灾，秋天下了七八场雨，也没下透。七月初五下雨，初六借了四斤谷子糇上，初八立秋，逃荒的有的是。民国 32 年 40 多天没见粮食，我弟兄八个都死了，得病死的。民国 32 年听说王世平得霍乱死了，他闺女在邯郸。

那时候吃井水，砖井。日本鬼子来这扫过荡，西屋北屋都烧了，民国 32 年死人不少。

这村周围没河，这河是 1959 年挖的。

东章华村

采访时间：2008 年 1 月 26 日

采访地点：威县章台镇东章华村

采访人：李 琳 孔 昕 滕翠娟

被采访人：张炳钧（男 82 岁 属虎）

张炳钧

我到年 83（岁），正月初一生的。我从小在这个村里，俺那会上个高小也上不起。我上了几年小学。

俺村叫章华，先前是一个村，入社以后，俺这两个村打，搞不好，人家说分成小村就搞好了，又分成三个章华，还没搞好，后来一退社就好了。

民国 32 年灾荒年，春天没下雨，没耩上庄稼。到后来又一场大雨，淹了，俺这里洼子多，东边一个洼子，南边一个洼子，光水啊，淹得没点么了。雨下了七天七夜，下到七月十五，到七月十六，家里没粮食吃，我就上北京了，逃荒去了。那会没河水，就下得积水成灾。

下了七天雨，滴答滴答，没完没了，白天晚上地下。得霍乱病，霍乱转筋，腿肚子疼，一转筋，腿疼。俺村里有个赵三桥，会扎，一扎一冒黑血就好了，有扎过来的，有扎不过来的，那一天就埋了七八个。那会儿没医生，光扎旱针。我没得那病，得了还能活着？得那病的还真多，村里谁谁得那病了，他媳妇火急火燎的："快点快点，谁谁不行了，快点给他扎一针"，给他扎了，扎了一针，那血"呼"地冒出来，冒出来他就好了。他歇过来，她又不行了，给她扎，没扎过来就死了。

那年死的人不少，霍乱病传染，没药针，扎笨针。他再饿着，再一下雨一受潮，那传染病就来了呗。这会吃得饱穿得暖，他怎么得那个病哎？上哕下泻，上边就哕，下边就窜稀，上不来气了，你就完了。抽筋，我没见，我是听说的，俺家里没得这个病的。

我父亲在正东李庄，离这里八里地，给人家干活做买卖，他天黑后回来不行了，起来就哕，下边就拉稀，他不在乎，他渴呀，渴就从瓮里舀出一瓢凉水，咕咚咕咚喝下去了，喝下去就好了。上边哕下边泻中间一空就毁了，他一喝凉水就好了。到明了，他和俺姑父在一起，俺姑父问他："大哥，你这是怎么了？怎么眼皮夺拉着？"俺父亲说："嗨，别提了，我下半夜里又拉又哕"，"你怎不喊我？""喊你干啥？我后来渴了，蹲着喝了一瓢凉水，嘿，就没事了，好了"，我父亲叫张之樽。

逃荒有上北的，有上南的，去徐州、蚌埠、北京、宣化、栾城，人家有水浇地，上人家那要饭去，嗨，那还有法说哎？闺女要饭去，都许（配）到人那里了，来不了了。那年头，一年光景就不行，第二年更不行。

蝗虫忘了哪年闹的了，我记得在地边上挖了沟，让它往沟里蹦，蹦进去就出不来了，人就拿着棍子打。我记得那年还闹过虫子，说不上哪年了，我都30多岁了，在农学社里。

我见过日本人，日本人进中国是1937年，七七事变，日本人炸了中国桥。俺这边可难混了，石军团在村东南，（离这儿）六里地，城里就是日本人，八路军在村里，那会儿老百姓就说"里日外八，石在当中"，城里是日本，外边村里是八路。石军团来要人，给他挖墙去。到晚上八路军就来了，集合自卫队破路去，为什么破路去？那会儿日本人来都是汽车队，路上挖了沟，汽车不好过，他得下来，他一下来，咱游击队就打他，黑家里破路去，白家里就给石军团挖沟，日本人也要人哎。

日本人后来到威县、南宫、李村修开岗楼了，12里地一个岗楼，岗楼周遭还得挖上围子，他怕八路军打他。我还小，没卖力气，我父亲可卖力气了，南边要，你不能不去，村里派你，还得自己带着干粮，可受罪了。

石军团是国民党的队伍，石友三（的队伍），后来八路军打他，日本没打他。后来八路军集中队伍，七旅九旅，叫一部分人打他，他上南跑了，跑到南边投降日本了。后来蒋介石知道了，给高树勋一个密令"上北去，遇到石友三的时候，你给我消灭他"，高树勋给石友三去了封信，说请客，石友三赴宴去了，去了以后就枪毙了。

采访时间：2008 年 1 月 26 日
采访地点：威县章台镇东章华村
采访人：李　琳　滕翠娟　孔　昕
被采访人：赵诚志（男　83 岁　属牛）

赵诚志

　　我从小就在这个村，上过学，七岁上的，日本人来了就不再上了，上到 13 岁，文化不高，上的时间不短。

　　民国 32 年咋不记得？没井，收不着东西，旱得时间可老长！从春天一直到六月初九，寸草不长，七月十五下的雨，下得不小，收得也不少，就是没经济收入，收一百多斤也就是中等收入。下的雨不小，但没淹。

　　那时候没饭吃，我就逃荒了，到河南山东省台儿庄，那个地方南至安徽七八里地，北至河南 25 里，咱家里六块钱一斤的粮食到人家那里连一毛都不到，那里好过的原因就是山岭多，能存住水，那边没灾荒年，粮食越往南越贱，南边好过。

　　那年传染病，我死了 99%。我 19 岁逃的荒，我是长期跑买卖的，九口人就仗着我吃饭，也到过北京，也到过宣化。那病每天死过十二三个，一家死俩，不是饿的。我死了 99%，光剩个耳朵还能听，眼不管用，嘴不管用，身上都不听使唤了，光听着人说话。到后来扎了针就好了，扎两针一天能下去，好了，扎一针能保证死不了。先哕，哕了以后就窜稀，拉肚子，稀一变黑，就不好治了，我那已经变黑了。什么时候得病我记住了，旧历八月十二，阳历就是 9 月 20 日。

　　我从小就不是很糊涂，俺兄弟比我小两岁，脾气就很不一样，我是好吃，他就不好吃，他好攒钱，我好吃，一个劲吃，吃饱吃足才能生存，得病时都不能吃什么了。我当天就治好了，离这里八里地有个镇子，有个医生叫田亦清，北边郭乔庄的人，也不能说是能人，那个病很好治，就是没西医，扎药针，不出血。扎旱针的不少，扎不好。我家里没别人得，那个病也不能说是传染，不说传染吧，西边两家又死了四口人，那几天就死100多口。那会村里人口1100人，现在说也就是1900人。过了民国32年人口增长得很慢，每年长三四十个，当年连逃荒带死少了得一百一二十口，十分之一。那时候人都没有熟水，喝生的。

得病时日本人在这里，很困难，当时喝井水，日本人用另一个井，皇协军和咱也不在一起吃饭。日本人怕咱害他，日本人没病。

日本才来的时候火力大，后来火力不行了，才来的时候扔个炸弹能震到五十里地，火力最足。日本人口少，中国地方大，他们全来了咱也不怕。新疆去了三分之一，那一片他不要，人少，他看着那地方不是很好，主要是要咱这里华北五省，七七事变前东三省都已经失掉了。来咱村里就是来讨伐，该抢的抢，该打的打，碍着他，就连你的房烧了。这样的事断不了，也很少，村里400多户烧了四间房那不很少吗？有被抓走的，回来了，他是南街南章华的，现在没了。

日本人抓村里人给他修房，每天去，挖土围子，他害怕。他住县城里，从威县到南宫百十里地有30个炮楼，看到的反正没日本人，光皇协军，干活不管饭，光管挨打，你干不好他打，好几年每天去，带着吃的去，生活苦得很！日本人反正就是抓人，修房盖屋，打土围子。

闹过蚂蚱，民国33年那年闹的，闹了两起，后来那起是谷子半熟的时候，眼看着能收400斤，结果收了100斤，都吃了。第一起是过麦的时候，五月份里。

这没发过水，得病是在家得的，在地里，都不知道是怎么回事了，当年如果不是19岁，四五十岁就死了，活力小就死了，19岁正年轻呢，那时候15岁就算大人了。

我病好了以后还得做买卖，先得的病，后去的台儿庄，得病是民国

32年，去台儿庄是民国33年，民国34年日本就投降了。去台儿庄是跑生意，一大部分人都跑台儿庄去了，好多妇女都随人家那里了，咱这里没吃的，人家那里有，虽说细粮没有吧，粗粮一堆一堆的，跟现在咱这里这么多，那里不种棉花，有水。

我见过何梦九一次，不好见。

郝家屯

采访时间：2008年1月26日

采访地点：威县侯贯镇西侯贯

采访 人：胡 月 何 科 宋 剑

被采访人：郝宝秀（女 74岁 属猪）

郝宝秀

我娘家在郝屯，在正北，郝家屯。

民国32年从哪说啊，那旱的，什么也没长，什么也没收。这时候有水井，那时候没井，刨个印儿，掌上砖，吃那水。刨个印儿，砌上那砖，在那里头舀水吃。

那时候光下雨，那时候我9岁了，光有水，没井，下起来没完了，六月里七天七夜地下，这下得还晚了，什么也种不上了，也不能种了，就光埋点红萝卜，种点红萝卜，种点小绿豆，这算第二年。这不一構上麦子，到又一年民国33年，招蝗虫了，招蝗虫，叫麦头都给咬下来了，庄稼都是秆，上面没一个头。

那时候有死人，都是得这霍乱，嗯，都是得霍乱，大人都说是霍乱转筋，俺那里死好多人，俺自个家的死了这么多人，哭都没劲哭，都没点劲，找两个人去埋还得说，又没吃的，那躺水沟里都拉拉的，囤囵个子拉那沟里用土遮住，那还能遮住他身子，用手埋埋土就算了，都这么着，就囫囵个子就埋了。

俺家里也有得病的，俺大娘家的哥哥，那婶子，大娘，还有那谁，大娘家的姐姐，死的人多了，一连串的，名字说不好了。我见过得病的人，咋没见过啊，都没劲走，抽筋，想找口吃的也找不着，找口水喝，走走都没点劲，咕噜咕噜都看着一会就倒那了。死了那人往沟里一拉，有两个人，又拉不动，都没点劲了。

他已经饿到那程度了，再一拉黑汤，顶不住，一会就完了。村里没人了，逃的逃，死的死，死到半道的，都没人了，死得没人了。反正泻肚子，都不会走了，霍乱转筋，筋就转，一霍乱，熬不过一天，一会就死了。说谁谁死了，出村儿有一个沟，上那一搁，埋了，坟顶都拢不了，遮住身子就完。

都饿得没劲，天天吃不了一顿饱饭，（霍乱）传染，可快了。为什么他一窜黑汤，一做么的，这肚子里吃不着东西，有病菌，老人说这霍乱传染，凡得这病的都寻思有这菌了，都得这病了。那时候没医生，有扎针的，来不及，叫你叫医生去，也叫不动，也来不及叫去，没有，得这个病都死，没救。得霍乱下雨之后多，下雨之前也有，少，那都干燥，它不么的，天一潮受不了了，就多了。那都潮湿的，七天七夜一个劲的哗啦哗啦，晚上白天哗哗哗哗一个劲地下，家家漏房，那时候都是土房顶，家家屋里弄上席子，搭上卧铺，放上两个单子，那时候没有纸，要不得霍乱啊？

村里流水那坑里，没什么洪水，一天天下的那个雨，坑里都满满的。种庄稼时没有雨，干燥，这不旱，到秋后了没种的，雨下起来，种不上，地里没种庄稼。旱，这两年了，后半年了，这才下起大雨了，下起来了，那时候是过了六月进七月，七月那会，什么也种不上了，种了点荞麦、萝卜。

都逃出去了，我是没逃荒，俺没逃是因为俺家里头开醋油铺，弄点高粱帽子，大人光剥点高粱，在碾子上推推，胡乱着吃点，俺这一家子，上边弄点秕子粒都吃，没逃出去。不是藏起来的，做醋的那个秕子，弄了一屋子那个。大人没粮食吃了，簸簸地上那皮皮棒棒，簸了那秕子粒，那都落一碗两碗，在碾子上推推，都弄点，喝白粥，就没出去。逃荒的逃到河南蚌埠那里，都上那了，俺大娘家那一家子都出去了，俺没去。

日本人都在北侯贯这里，俺村里没有，俺村里上西走三里地有个炮楼，侯贯一个炮楼，寺庄十二里地一个炮楼，这里两个炮楼，那上面都是日本人，俺村里都是大地主，那人都抢地去了。这炮楼上日本人没几个，都皇协军。

日本人的罪啊，咳，没法说，他那个罪。杀人放火，他看你不顺劲，就宰了你，就扑了你，你去了，要吃的，这个"咪西咪西"，要吃，给他蒸鸡蛋，蒸馒头，蒸好了，送吃的时候，都抖着手，抖着手投降啊。有卖点什么的时候，都给你抢了，都要给他送去。垒炮楼，现在都给拆了。

那时候可难了，日本人一天天地出去扫荡去，得给他做活去，做得不是，脑袋瓜都掉。那时候，都出差，派差，你做得好了还行，你到炮楼上一去，你做得不好了，脑袋瓜都掉了，你回不去。那时候男的经常跑，杀人多得没法，那怎么说啊，那妇女啊，那妇女那时候都在村里，他去扫荡去，都跑啊，她怀着孕，她俩走不动都跑不了了，截住了，截住了一看是怀孕的，那枪翅子那么长，这人都跑了，一会儿挑了，看小孩在哪长的，都挑死了，都给你开膛了，俩，都开膛了，这都在俺地头上，刨的都有沟，都藏到沟里。

日本人下村扫荡去，厉害着咧，刺刀都那么长，都有胳膊长，枪杆子那么高，再添上枪翅子，底下一个把子，那杆子。妇女都抹上脸灰，披着头发，装得老相，不像年轻的了，有年轻的漂亮，都祸害你，都装成老人，都花脸，他祸害人，光祸害妇女，看着都好好的花姑娘，花姑娘。

南胡帐村

采访时间： 2008 年 1 月 27 日

采访地点： 威县光荣院

采访人： 张文艳　李　娜　薛　伟

被采访人： 刘春元（男　86 岁　属猪

老家威县章台镇南胡帐村）

刘春元

我当过兵，1945 年参的军，老家是威县城北南胡帐，那生活不行，村里都不怎么强，收成都一般。

灾荒年是民国 32 年，老天爷不下雨，又没井，灾荒年三年收五斗粮食，实在难吃饭。

出去的人不少，去辛集、西北要饭，女的走亲家。死的人不少，那饿死的多，别的没有。我家里没有，大哥、二哥都逃出去了。

灾荒年，民国 32 年，八月二十八日老天阴了天，下了不少，下七八天，淹了，这里没河，水都往村里流。得霍乱死的，都抬地里埋了，挖胳膊肘深都有水了，埋不及，今个埋了，回来了，又有死了，光知道叫霍乱。俺那胡同也有病的。我差一点得，上地里去，吐、泻，那我不记得了，那时候十多岁，没抵抗力。那一个哥哥叫二邦子，腿上扎了两针，流脓，过来了。都扎针，不扎针不行。下大雨以后得这病，过来了，秋后就没了，到冬天还没下去。

有砖井，雨水灌不了，井台子高，吃水有烧的，有不烧开的。

蚂蚱闹过，尽是蚂蚱堆，那一层，春天来的，记不清哪一年了，过了好几回蚂蚱呢，就灾荒年，以前没有。

南章华村

采访时间：2008年1月26日

采访地点：威县章台镇南章华村

采 访 人：李 琳 孔 昕 滕翠娟

被采访人：吴延祥（男 80岁 属龙）

吴延祥

　　我从小在这个村里住，这个村原先属于潘固乡。上过学，上的不行，日本人来时正上着呢。十二三岁开始上的，日本人走时我十七岁了。

　　民国32年灾荒年，卖儿女的有的是，卖山东去了。人都饿死了，没粮食吃，地里不收，不是淹就是旱。啥也不长。

　　霍乱转筋，民国32年，一天往外抬十来个，叫亲戚去都得俩人，怕路上有事。那病扎针，扎不过来就死，抽筋、哕、跑茅子，死的人不少。我没得过，家里也没有。那次一天死十来个，有俺家里一个，是俺父亲，叫吴平章，摔屋里就死了，那时候我16岁，六月里，快七月了，闹不清下没下雨，那会儿没医生，看不起病。

　　"民国32年，灾荒真可怜"，歌我记得不全。我父亲闹蚂蚱前死的，记得蚂蚱盖天飞，都上北飞，村长领着打，那时候有日本人。

　　我见过日本人，那时候村里八路也要粮食，日本人也要。何梦九一下害死114名八路军。

采访时间：2008年1月26日

采访地点：威县章台镇南章华村

采访人： 李 琳 孔 昕 滕翠娟

被采访人： 张洪林（男 84岁 属牛）

张洪林

　　我一直在这个村，上过学，上两年日本人就来了，在薛村安了钉子了，从那以后就没再上。日本来了孩子不上学也不行哎，村里有个老先生，琢磨琢磨，他教孩子百家姓。

　　民国32年我十五六（岁）了，那年挨饿，村里死好几十口子，为么挨饿？地里没收，没井，靠天吃饭。后来上大水了，那下雨就晚了，村间搭桥，不到八月下的，下得不小，下了好几天，俺村里洼，南边那水往村里来，不是河里来的水。那时候喝井水。

　　有传染病，抽筋转筋，跑茅子，跑这一趟，人回来就像死了一样，撑过一晚上，人就好了，就死不了了。那会没西医，就扎旱针，扎腿，死了好几十口子。霍乱转筋传染，连哕带泻。我没得，我父亲那年得这个病死的，我父亲叫张梦相，30多（岁）死的，死得快！我有个嫂子，从我这院里去请先生去，她说："看看吧，兄弟"，问怎么了，"你哥哥不行了，抽筋了，我赶紧请先生去。"请来了，第二天俺这个哥哥没死，嫂子死了。挖坑埋人，挖了坑水灌进去漫了，人都扔到水里，扔到水里再填土，下雨前没怎么得这个病，后来水一大，得病的就多了。

　　有逃荒的，到宣化，上正北，还有上河南的，我没逃，在家吃糠咽菜。

　　我见过日本人，他们到村里扫荡，来了抢，还有皇协军。不经常来，不记得穿白大褂。俺村里有一个抓到日本国去的，回来了，现在没了。

　　记不清民国32年前后村里多少人，逃走的不如剩的多，老头、小孩、妇女都逃不走。

　　蚂蚱真多！挖个沟一竿子埋一沟，可能是先得的病，又闹的蚂蚱。

　　我原先是党员，1944年，那时候不公开，三人一组，村里多少党员你不知道。

采访时间：2008年1月26日
采访地点：威县章台镇南章华村
采 访 人：李　琳　孔　昕　滕翠娟
被采访人：张洪生（男　86岁　属猪）

张洪生

　　我没上过学，从小在这个村里住。

　　那会老百姓饿得净浮肿的，饿死多少人啊！地里不收，不能浇，不下雨，光依靠天吃饭。吃不上粮食，腿肿。

　　有逃荒的，上西北，赵州、滦城，那有水浇地。有回不来的，死到那里了。那会儿我有个兄弟，有个哥哥，有个爹，有个娘，爹给人扛活，闹灾荒也没回家来，我也在外边扛活，庄稼没收，后来给我多少钱我也不去了，回家，死活在家里。俺爹一年挣四百斤米，我挣360斤。闹不准村里多少人，记不清什么时候下雨了，种点蔓菁，种点荞麦。

　　闹过蚂蚱，闹不准什么时候了，那多得。人家村里地里庄稼就没点事，你说这个东西怪不怪？生产队的时候吧，逮了蚂蚱挣工分。

　　灾荒年闹浮肿的多，闹了一年湿气病，那个病啊，死了人去报丧，俩人都不敢去，得去三个人，怕半路闹病。俺村一天死过七八个人，我没闹病，俺家里也没有，那病还挺快，一上来就走不了。东边东庄闹湿气，不扎针不吃药，先生去了不让治，急得那先生把药撒到井里让人喝，那年俺村死人不少。

　　我见过日本人，他来时我知道，走时我也知道，他来时我16（岁），从东北方向过来的，也就是一两点的时候，那飞机飞得也不高，到南宫撅撅尾巴扔了俩炸弹，四五十里外的窗户纸都震了，炸死人倒不多，扔的地方没人。

到村里来，抓过我一回，逮了好几十个，我要藏起来没点事，那天我拿了个镰，到地里掰东西去，一抬脸，日本人来到了。他们把我一翻，身上没点么，就用绳捆起来，他牵着我，走到不远有人的地方，我把镰一甩，人家知道是我家里的，就给我送家来，家里就知道了，逮了三四十口子，到薛村，逮去问事，"你村长叫什么"，咱说了他就来抓，问什么也不能说。他问"你干什么？""我放羊。""在哪里？""在南宫。"我说我良民证也有，相片也有，你问什么我也不知道，天一黑就放回来了。

常去做活，各村里要人，要吃要喝，八路也要，石军团也要。这里没杀过人，打过人，埋过人，埋了三四个，不是日本人埋的，石军埋的。

潘固村

采访时间： 2008 年 1 月 26 日
采访地点： 威县章台镇潘固村
采 访 人： 李秀红　范庆江
被采访人： 吕勇申（男　88 岁　属猴）

吕勇申

民国 32 年大旱，没麦子，庄稼都旱死了，有蚂蚱，灾荒以后，蚂蚱连太阳都遮住了，从西北往东南飞。

民国 32 年七月初五下了雨，下六七天，七月初五下雨后，高粱光长棵，不长粒，房子都漏了，地上没多少水，有水顺沟走了，向北流了，下雨后，得霍乱传人。

那时候没日本人，日本人灾荒年来的，穿黄军装，没穿白大褂，用催泪瓦斯，老百姓受不了，日本人表示一个目的，找共产党。

有逃荒的，我知道王光晖、王录生逃荒去了，逃到张家口，过年回来，得霍乱死了。是传染病，传病时日本人在，咱村死不少，扎旱针活了不少。（得病的人）上哕下泻，寨庄、高公庄的两个人住在亲戚家，俩亲戚死了，那人没事。

采访时间： 2008 年 1 月 26 日

采访地点： 威县章台镇潘固村

采 访 人： 李秀红　范庆江

被采访人： 王现欧（男　77 岁　属羊）

王现欧

我叫王现欧，潘固村原先是潘固县，十来年前的事，我上学不多。

那几年民国 31 年收麦子好，民国 32 年灾荒，民国 33 年也行。民国 32 年，1943 年，旱灾，阴历七月初五下雨，下雨不少，没洪水，都下雨，没河。能收点萝卜、荞麦。来春没种上庄稼，一直旱。逃荒的不多，往南不行，这里还行，饿不死。

民国 32 年没蚂蚱，没闹蝗灾，饿死不少人。这死的人少，从东柏悦往南死得多，黄台、管村死得多，是霍乱，上哕下泻，吐水，缺水，抽筋。这也有霍乱，死得少，要用针扎，大部分扎过来了。八路军有后方医院，得霍乱，济南军区后方供应处有预防针。伤病员在俺家住，不多，那时我十几岁。东村一家死了三四个，（霍乱）传染人，用针灸，没西药，打旱针不出血。

1942 年日本人在这儿，要东西、抓人，抓去问是八路吧。伤病员在各户藏着。日本人来烧村，日本人 1943 年后都在这儿。

这钉子抢的少，到时候要，主动给。村里有个冀南地区，有封锁线，到南宫，二里多一个炮楼，沟挖得两丈多深。三伙要粮食，八路、日本、国民党，西边八路，东边国民党。那时候打，国民党不和日本打，八路把石友三赶走，在1943年、1944年前，日本炸石友三军部去。

日本都穿军装，这一带共产党闹得凶，日本人光来。老百姓光跑，八路挖好沟了，老百姓顺着沟跑。日本人炸过南宫，那时候飞机不多。

寺前村

采访时间：2008 年 1 月 28 日

采访地点：威县枣园乡王家屯村

采访人：张 伟 董 倩 王 焱

被采访人：温金莲（女 79 岁 属蛇）

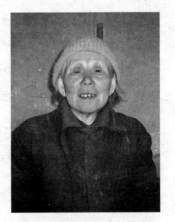

温金莲

我叫温金莲，到年底 80（岁），属小龙的，娘家是这村东边的，寺前村，我上这来的时候是 1947 年，19（岁）了。我解放以后上过小学。

1943 年 15（岁）了，灾荒年寺前村灾荒，没吃的，什么都吃，一点点地买着吃，粮食、野菜、树叶子掺着吃。那时候家里有我两个哥哥、爹娘，哥哥都没结婚，都还小。

那年天旱，不下雨，七月下的雨，两村间隔四里地。下了雨屋里漏水，有坑，都往坑里流了。那会有砖井。那会儿水浅，没有发过洪水，以后才发的水，洪水也来过，过年的时候走的，都冻成冰。1937 年发过洪水，是公历 1937 年，民国 26 年，日本人来的那年，邯郸、临漳县决口，1956 年来过一次，挺严重的，街以南剩了一座屋子，房子都倒了。

咱那会儿小，老人都得那病死的，俺大爷也是得那病死的，那会儿也得 60 多（岁）了。我没见过得病的，咱都不上人家去，摸不清他是什么样。有个五六天，又没吃的就死了，不怎么快，那会儿小孩谁想那个。有治好的有治不好的，想他的名字想不起来。有一家好几口死的，分不清，人饿得也不出去。人死了都没人埋，有饿死的，也有霍乱死的，埋，去找个人，给你个火烧钱，用席子卷了，用立柜装，用被子包，挖个坑就埋了。

有抓去当劳工的，那都是临时的，没有抓去日本给日本人当劳工。日本人也吃咱砖井里的水，开始他不吃咱的食物，他不吃咱的饭，带饭盒。炮楼是圆形的，里面有房子，挑沟，修吊桥，有岗楼，围起来之后他就放心了。从威县到王庄，都有炮楼，南线是治安军，究竟属于谁闹不清了，比皇协军好点，归威县县长何梦九管。潘屯、大葛寨、红桃园、正北的王世公村、东头王官庄都有炮楼。

蚂蚱闹过，谷子、棒子都被吃平了，一看蚂蚱身上就发麻，弄完了十亩地，也吃完了，都跟牛吃草的声音一样。灾荒年以前闹蝗虫，飞蝗，也是蚂蚱，都看不见天，记不清时间了，从西北来的，麦田落一落，没吃的，朝南飞走了。

西里村

采访时间：2008 年 1 月 26 日
采访地点：威县章台镇西里村
采访人：李秀红　范庆江
被采访人：刚西江（男　74 岁　属猪）

我叫刚西江，今年 74（岁），属猪。

那时候吃不好，村西有个炮楼，抓民工，年景不行，大灾荒，下雨晚了，雨下得特别大，平地水不多，水进沟了，沟里的水

刚西江

都灌进村里了。谷子、麦子都没收，黑蚂蚱堆，一呼啦，往地里轰蚂蚱。家家饿死人，家家都没什么人了，十个死两个。

死的人不少，人吃槐叶野菜，得浮肿病，走不动，转筋，筋一转就死，是湿气病，我见过霍乱转筋，腿肚子一转，快，不等治就死了。找医生找不到，埋人都埋不及。这病是饿的，得这病不能动，一动就疼，光叫唤，死得快，得病死的人不少，传染人，控制不住。扎旱针扎好的不多，一个医生扎针来不及，筋是黑色的。那时候没河，喝砖井，日本人也喝砖井水。

逃荒都逃出去了，我父亲逃荒了，有逃西宁的，还有去沾化的。这里逃出去的人不多，家里都有地，有的单干，有的给地主干活。

日本人穿着黄绿色军装，炮楼一直没人，八路军都在地下，光打游击战。日本不给药，日本人发药给日本人，治哕，治发烧，那药是银色的，就在那时期。日本人吸烟光吸自己国家的，不吸咱的。

采访时间： 2008 年 1 月 26 日
采访地点： 威县章台镇西里村
采 访 人： 李秀红　范庆江
被采访人： 刘朝欣（男　74 岁　属猪）

我今年 74 岁，属猪。大灾荒那年年景不好，天旱下雨下得晚，七月下雨，下雨不小，地上水不浅，大约二尺深，雨下了一晌多。

刘朝欣

蚂蚱不很多，死的人不少，有饿死的，有霍乱转筋的，得的多。我见过得病的人，正在地里干活就死了，抽筋，也发现有上哕下泻的。下雨后得病的人多，不到半小时就没气了，不传人，得病不多也不算很少。有一家人都得霍乱的，没医生，吃中药，有扎旱针的，治好的不多，日本人没得霍乱的。

周围没河，吃井水，日本人也喝井水，喝村里的，有炮楼，村里的人给送去。

日本进村抢东西，也有好的，见小孩撒糖。皇协军闹得凶，皇协军没得霍乱的，没见过他们吃药。那年逃荒的多，都往东北那片逃，有的现在都没回来。

西小河村

采访时间： 2008 年 1 月 27 日

采访地点： 威县洺州镇北街

采 访 人： 张文艳　李　娜　薛　伟

被采访人： 李长春（男　76 岁　属鸡
　　　　　　　原籍威县西小河）

李长春

灾荒年，连糠都吃不上，地里连草都不长，满地跑兔子。那年旱，村里没井，砖井都没有，就那年没下，一般情况还能种上。七月初七下的雨，下了七天七夜，一下一点，地里庄稼没种上。

1943 年后来下雨了，下雨都晚了，收了点晚庄稼，蔓菁、荞麦，下雨下了七天七夜，不是很紧，地面上有水，都淹了，房子没事。

有霍乱转筋，连吐带泻，那是霍乱杆菌传染，那时不少得那病死的，俺村大概死了 40 多个，都是上吐下泻、高烧、抖搂，没人敢抬，俺村大，有人抬，有的村都没人了，周围邻居有（得霍乱的）。

那会还没下雨，下雨后轻了，到第二年就没了，那病传染，以前没听老人说过。没西药，吃中药来不及，扎旱针，扎腿，放血，黑血。村里土医生扎，极个别能扎好。

这村周围没河，没听过哪的河开口子，周围有这病，有的严重，记不清是哪村的了。

人都逃难去，上山东，上隆尧、德州。这村原来有 300 多口子，逃走了 100 多，把孩子都卖了，有的给人家了，我没逃出去，上地主那要饭去了，我们家里都没出去。

那会挨饿，俺村里有八路军，我们村是区，我家也有洞，就炕底下有个洞，能藏三个人。给地下党送个信，给五斤米，那危险着呢，里面有人，有暗号，那我才几岁。我们村国民党有 72 人，那 1943 年、1944 年、1945 年国民党上岗楼去抓共产党，他跟日本人是一事的。那咋不危险呀？都是村里人，都在各户，一到晚上就跑，把被子往肩上一搭，把砖缝挖开，在里头睡，做地下工作也住那。晚上怕被人捂住，有人一跑，认为日本人来了，都吓毁了，都藏地里了。

那时日本人不很多，都是皇协军，一个炮楼就一两个日本人，反正一出来就拍手迎接。一说没八路，就说"八格牙路"，要找共产党。那年轻妇女都得化得丑得不行了，抹灰。没八路，他信了就撤了，有时候一天两回，咱共产党有密探。日本人都是排队走，他找汉奸打听，有人报告。治安军就是皇协军。

西章华村

采访时间：2008 年 1 月 26 日
采访地点：威县章台镇西章华村
采访人：李 琳 孔 昕 滕翠娟
被采访人：王耀年（男 80 岁 属龙）

我从小就在这个村里，上过小学。那会儿在李村高小待了一季，日本人就来了，学就散了。

民国 32 年是灾荒年，旱灾，秋后又上了一会蚂蚱，老百姓吃不上饭了。那会儿光上虫灾，也没技术，也没什么能力，挨饿。

王耀年

民国 32 年有一阵子饿死不少，一天死过俩，饿得身上没什么油水了。后来大夫说有传染病，都说中风不语，好好的人一会就死了，看不出什么来，就死了，都饿的。看见过得病的，那会我都十好几（岁）了，我得过，不是那一年，后来得过一回，扎过来了。那会儿医生很少，扎旱针，一放血就好了。得病的人不会说话了，不吐，拉肚子、抽筋、抽腿，胳膊都不能动了，这不是民国 32 年。后来民国 33 或者民国 34 年，我十几岁，下雨了，下雨以后得病的。

那年上大水了，不是来的水，下雨下的，地里有水，不是很深，上了水以后得的病。扎针的大夫叫赵三桥，不很有名，得这个病的很多，死的也多。我家里没别人得，扎过来接着就好了，很快，来得也快，死得也快，好得也快。那年上大水不是河水，这没河，村里都是喝井水，砖井，生水也喝，熟水也喝。

有逃荒的，到东北、宣化，宣化有煤矿，日本掌握着，都上那里当工人去了。死到外边的不少，找着班上就好点，找不到就饿死了，我没出去。民国 32 年前没事，那会儿好，多少人口记不清了。

咋不记得日本?! 光要工人，各个村里要，见天要，我都能去干活了。村里按地亩派。西北一个楼，李村一个楼，向北赵庄一个，河岔股也有，有公路的地方就有炮楼。日本人到村里，烧过房子，抢东西，反正没好事，逮八路，烧了两家房子，说人家是共产党。

民国 33 年、民国 34 年的时候闹过蚂蚱，飞的大蚂蚱，也有蚂蚱堆。闹蚂蚱是上大水之后，人得完病了。日本人穿军装，不穿白大褂。

章刘村

采访时间： 2008 年 1 月 27 日

采访地点： 威县光荣院

采访人： 张文艳　李　娜　薛　伟

被采访人： 张墨林（男　81 岁　属龙　老家威县章台镇章刘村）

我当过兵，那时候咱这还没解放呢。

这些年了，过灾荒年我还在家呢，那正挨饿了，都饿那劲，大地主人家饿不死，饿得传染。那年收成还是不强，不下雨，一片一片地不下雨，庄稼也没长，旱，民国 32 年，那人饿，吃点乱七八糟的。

有传染病，都说是霍乱转筋，腿酸，饿那劲，都死了。俺那有老医生，扎针，俺村那弟兄俩都会扎针，不收钱。俺村那会儿死了 80 口子，有 100 多人得了，那都是饿的，哪顾得见了。这个不行，那也不行了，抬，一抬七八个，那不是饿的。我家也有，我也得过，那会儿不很早了，俺那会都说先生，给我也扎了，我那会我也有十几了，那会八月，扎了针，一会就过来，一出血就好了。俺父亲得那病死的，他没赶上，先生走了，腿酸。我那时候不很大，邻居得那病也不少。不记得传了多长，光记得八月里下的雨，反正不小。

中章台村

采访时间： 2008 年 1 月 26 日

采访地点： 威县章台镇中章台村

采访人： 张　伟　王　焱　董　倩

被采访人： 李书印（男　75 岁　属狗）

我叫李书印，今年 75 岁，属狗的，一直住在这个村。灾荒年那时，民国 32 年十来岁，那时候我家人不多，我有爹娘、兄弟，一共四口人。

李书印

那时候天旱，从民国 31 年七八月一直到民国 32 年七月十五下的雨，阴历。民国 32 年生蚂蚱，遍地都是，谷子都没什么粒了，蚂蚱把天都盖起来了。民国 31 年灾荒年闹灾荒，种谷子，也能收点荞麦、蔓菁。

那年死不少，没东西吃，光吃点野草、蔓菁。湿气病，传染，那个都记不清了，我才十岁。薛高他娘去伺候他姥娘，待了两天，就死了，在南湖张儿侍候了两天就死了。霍乱转筋，那时候有，南胡张病特别多，听别人说的，咱村闹不清，那村霍乱转筋厉害，那劲大。李庆信，民国 32 年的时候霍乱转筋，那时 50（岁）多了，他说的，咱村不严重，就南胡张（严重），饿的。

那时候村里没井，吃土井水，喝凉水。

1943 年雨下了半个月，连着下，晚上下白天晴，南边的大壕里都满了，道上也有水。灾荒后，一是饿，二是霍乱转筋，没有旁的病了，咱村得病的不多，记不清谁得病。有出去逃荒的，那时都没什么人，咱家没有出去逃荒，在家里，出去的到现在还有没回来的。

往西 5 里任家庄有炮楼，往东 10 里雪塔有炮楼，日本人光来扫荡，来了要东西，在东边打了三仗。（日本人）把牛牵走了，吃肉。日本人每家都转，把牛牵走了，你要花钱买牛，也没有还回来。

采访时间： 2008 年 1 月 26 日
采访地点： 咸县章台镇中章台村
采 访 人： 张　伟　董　倩　王　焱

被采访人： 申墨云（男　82 岁　属兔）

申之和（男　86 岁　属猪）

我叫申之和，今年 86 岁了，属猪的。

我叫申墨云，今年 82 岁了，属兔的。

1943 年闹灾荒，旱灾，闹灾了没收。我在家里，饿不起了，当兵去了，在十一团，在山东。立秋后，七月初五下的雨，光下雨。

申墨云（左）、申之和

后来有湿气，闹霍乱，转筋，连饿带闹湿气，700 多口剩了 500 多口。口粮地没收，剩了萝卜收了点，麦子没收。

湿气是传染病，霍乱转筋，上吐下泻，有扎针扎过来的，也有扎不过来的，那病快，一会儿就死，肚里没食，饿得能不死？咱家没有这病。我家卖东西，把屋子都拆了，家里 30 多亩地都卖了，都买粮吃，连园里的枣树都刨了卖柴，将就着没饿死。我在家种地，家还有父母、兄弟两个，有六口人，我没去逃荒，俺爷爷那年死的，那时分家了。七月下雨，我去参军了。

一下雨，病来了，传染病，过了年，春风一抽，受不了了，死了 200 多口子。都是下雨后得那个病死的，有饿死的，有得病死的，得的病传染，饿得，起不了，连饿带那个病，就死了。扎了就好点，谁传染我咋知道？今儿死仨，明儿死俩，一个劲地死人。这个病还是饿的，饿得轻的得这个病就少，身上没营养的就受不了。

那个暂存的二大莲（音），俺俩埋的她，埋了，那会儿找人也找不着，她得了霍乱，她男的叫梅园，他来找我了，我和那谁两人拿门把她抬到地里，埋了。得霍乱有扎过来的，有扎好的。连饿带霍乱转筋，死的多。

那时候吃水吃旱井的水，做饭吃井里的水，老百姓平时喝凉水。

那雨下得不小，屋子里也下，漏得不小。刚下了雨，收点萝卜刚好，麦子、棒子不收，棒子长的光壳，长的大棒子没粒，连棒子轴一起都吃了。我六月去当兵，当兵以后才下的雨，到第二年秋里回来的。

咱这儿没生蚂蚱，那年没生，西北赵县那生的，吃蚂炸，蚂蚱堆儿炒炒吃了。

往西四里地王庄有日本人岗楼，来了打人，抢东西。李振东，日本人一来把他挑死了。日本人来了好几年才闹的灾荒。咱村没有被抓走的，有人被抓去挖煤。

张 家 营 乡

曹家营

采访时间： 2008 年 1 月 26 日

采访地点： 威县张家营乡曹家营

采 访 人： 张文艳　李　娜　薛　伟

被采访人： 曹玉乡（男　76 岁　属猴）

曹玉乡

　　我念书不多，家里没钱供应我上学，上过高小，念一阵不念了，念的人不多。那时祖父死了，剩一个奶奶、俩妹妹。那时候没井，靠天吃饭，28 亩地，收不多，下雨勤了收得多。

　　民国 32 年，没下雨，进 7 月下的雨，地里白得不长草，不下雨怎么长草？又没嘛吃，都卖点东西，鼓捣点粮食来，不涨价也没钱买。

　　日本人在呢，在本村办的学，雇个教员，村里拿钱。日本人进中国时，突然进的，他占城市，占大村，盖个炮楼，一个村也就四五个日本人，底下都是中国人，当亡国奴了。

　　皇协军跟日本人抢点东西养家。日本人不拿，他没家，一般他不上村里抢东西，找年轻人当皇协军，皇协军有家。不干正事的人当皇协军，皇协军有三五十（岁）的，那都抢东西，抢杀奸淫，那会儿女的都梳成纂儿，扎短了，怕（日本人）使坏。日本人来了（老百姓）都跑，锁门，锁了就烧了。晚上日本人不敢下楼，有县游击队、区游击队、神八路，他们有联络员，也是老百姓，在村里找个人，每天都去送信。

日本人来了，妇女都藏这个院里。（日本人）他不敢来，他怕有八路，日本人吃饭，找老百姓的东西，打人，尤其是年轻人，把老百姓打死。杀人那刀，那么长，1 米多长东洋刀。来了一个翻译官，见过，他不是日本人，中国人，大高个，我见天上那做活去，去跟他摔跤，村里有个年轻人把翻译官摔倒了，给两条烟，后来不敢摔了，他有 12 个老婆，都穿着裙子。

民国 32 年，那雨下得大，也不是很大，地里湿透了，下的天数不多，没十天，也就两三天，房子那时不漏，那时候也收不好，第二年也没雨。

有逃荒的，往西北去的多，离咱这好几百里地，出去的不少，俺那时去的真定府，待了有一年多点。我要饭不多，我个子不很小，（给人家干活）那家有两个小孩，要我看孩子，给我饭，给人浇地，混口饭吃，当雇农，都混口饭去。我这一辈子最苦了。

民国 32 年有传染病，湿气病，上吐下泻，跑茅子，死不少嘞。有时扎针，扎旱针，扎肚子，有扎过来的，扎不及就死。那夏天没下雨，那时咱小，没见过，吃不好，连闹肚子再吐，哪受得了，都脱水了，死得快，三两天。叫我说得传染，要不咋一下子都得了呢？这也分轻重，小孩也不少，大人也不少，小孩多。

光那曹保根一家死了好几口，一闺女，俩小子，五天死了三口。我家没得这病的，我爹差点得了，自个就好了。得病有轻的有重的，反不少得病的。民国 32 年以后也有那湿气病，时间长也不长，两三个月。周围村村都有得病的。

我得过湿气病，我给日本人做活，黑下跟人回来，我撵不上人家了，肚子疼得不行，在大柳树那躺下了，一个老医生从那过，老医生给俺扎了个针，就好了，他说是湿气病，他会把脉，那是民国 32 年。霍乱那跟湿气一个样，一开始头疼，后来肚子疼，拉肚子。是夏天，那时也没二十

（岁），下起雨来，就得霍乱，得霍乱不少，死的也不少，那时也没好法，扎个旱针，开个中药。那时日本人走了，不，没呢，日本走时，我都二十（岁）了。俺这没有河，有几个砖井，都担砖井里的水，有喝凉的，有喝热的。民国 32 年，井里有水，水降得深了，找几个年轻人挖井。

蚂蚱有，还晚，那时我都十五六（岁）了。那地上都满了，把穗都吃了，一撒药粉，蚂蚱就死。那时没这盐，都是碱土，从衡水外也拿盐，不自己做，这里碱地多，盐比粮食贵。

采访时间：2008 年 1 月 26 日
采访地点：威县张家营乡曹家营
采 访 人：张文艳　李　娜　薛　伟
被采访人：于兰雪（女　78 岁　属羊）

于兰雪

我没上过学，穷得没法，上不起，那时家里穷，俺家有三口，俺爹、俺娘和俺三口。家里有几亩地就不清楚了。

日本人连俺们家东西都烧了，就剩下一人一件衣裳，别人家有有点的，有没点的。他说你是八路就杀，日本到俺婶子家，问你家有八路没，俺正吃那麻糁窝窝呢，俺婶子吓跑了。日本人牵着大狼狗，说吃人就吃人，也没怎么着俺。

那时候除了日本人、皇协军，没别的军队，八路军不能明着。八路军挎着篮子，里头藏着枪，打日本人。俺可难过了，吃苜蓿芽子，正在地里捡着，日本人来了，都弯着腰在地里跑，人家要看着你就打你，天黑了都不敢回家，伪军来了都打死你，他们来家里抢东西，就剩一个空屋。

民国 32 年不下雨，没井，不能浇，都靠老天爷，人都饿死了，人都逃到西边去了，人都死绝了，不知道死哪去了，没活多少。旱得嘛也不收，拿着筹在地上筛草籽，一年没下雨，到 7 月里才下雨，下雨种了蔓菁，种萝卜，雨不大，连阴天，地面上没水，从民国 31 年就没下雨，民国 33 年就好点了。

那时候有霍乱转筋，得了就死，下雨以后得的多，都死了，厉害着呢。那会没好药，咱人人都说是霍乱，死得快，就那一年。这是传染病，医生说的，我没见过。他四叔得那病，光打滚，身上不好受，一停就死了。在这村也有（得霍乱死的），咱岁数小，不知道，都是使个席一卷就埋了。

后小辛村

采访时间： 2008 年 1 月 24 日
采访地点： 威县贺营乡潘村
采 访 人： 李 琳　孔 昕　滕翠娟
被采访人： 董秀英（女　86 岁　猪
　　　　　　娘家章台镇后小辛村）

董秀英

我到这个村 60 多年了，二十七八（岁）嫁过来的。

灾荒年咋不记得？日本人是民国 34 年走的，民国 32 年是真正的贱年。

日本进中国我都 16（岁）了，光跑，我携着一个兄弟光跑，日本人来了就跑，往哪跑？听说（日本人向）这个村里来了，咱就往那个村里跑，都在地里弄个地窖子，趴那里边藏着去。日本人在各地方有炮楼，贺钊、红岭（音），这都有炮楼。

民国 32 年那可不挨饿了！有蚂蚱，扑棱飞，这个地和那个地挨着，它吃这个地不吃那个地。饿死这么些人，都逃荒，去早了找着个主，给人家做个饭，能有个命，去晚了走不动，都死到道上了。我家有点衣裳，有（棉花）套子，都卖了换点粮食，没衣裳、没套子的人，那都饿死了。那地就收两布袋粮食，这现在收七八布袋。

老天爷不下雨，八月里才下的雨，还能收啥？蔓菁也收不了，萝卜也收不了，要不就挨饿了？收点蔓菁、萝卜的，也饿不了这么厉害吧？七月的雨下得不大，耩不上地。逃荒，人家隆平那里能浇，河里有点水，都逃那里去，这里吃的水都没有。

得霍乱病，得了就死了，那有法说？得霍乱死了，谁朝外抬？没吃饭还饿呢，还抬？得霍乱病就是跑茅子，我得过，轻，不怎么重，得病的时候21（岁）了，那日本人还在这里。那孩子发疟子的时候，抱过来出点汗，哪里有药打针？得了病有先生摸脉，熬药。

我没逃荒，见过日本人，他把我带走了，咋没见过？日本人把我逮到楼上，逮过去跟家里要钱。现在多好啊！当时还有法过？光跑，（天黑）都不脱衣服，听到点动静就跑。

刘家营

采访时间：2008 年 1 月 26 日
采访地点：威县张家营乡刘家营
采 访 人：张文艳 李 娜 薛 伟
被采访人：梁万富（男 71 岁 属虎）

民国32 年七月下雨，八月下霜。谷子长得半人高，一下霜全倒了，年景不好，饥荒严重。人饿得浑身浮肿，一按一个深坑不起来。

我爷爷、二爷、大爷得霍乱死的，不知道传不传染，得了就死了。得霍乱那个病，浑身抽筋，眼斜、嘴歪。记不清病在村里持续了多长时间。

前小辛村

采访时间：2008 年 1 月 26 日

采访地点：威县张家营乡前小辛村

采 访 人：牟剑锋　张　茜　刘　群

被采访人：赵兰晨（男　93 岁　属龙）

赵兰晨

　　民国 32 年我当时不在家，在山东工作，家里的情况不清楚，这里情况大多是听说的。

　　那年没下雨，都没下透，这个村里都没收成，谷子都没长粒。我家里种了荞麦，那时候种子都不好要，要来了一斤油菜籽，一斤荞麦籽。农历七月十四下的雨，雨下得地里稀，能播种了，也不能种，外边沙地里能种。

　　我来到家都没人了，都逃难去了。民国 33 年秋后才收，民国 33 年有蚂蚱，那时候我来了就打蚂蚱，六月二十那会，谷子都抽穗了，收了麦子，让蚂蚱咬了。

　　民国 33 年，那边八里一个岗楼，东王家庄也有一个岗楼。

邵二村

采访时间：2008 年 1 月 26 日

采访地点：威县张家营乡邵二村

采 访 人：牟剑锋　张　茜　刘　群

被采访人：张俊贤（男　75 岁　属狗）

民国 32 年收成不行，那时候种的小麦。到八月以后才下的雨，从八月十二下了七天七夜，下得房倒屋塌。反正雨下透了，地上有水，是雨水，西边河里有水了，先前水不多大，种上地了。那时候光烧柴火，也没法烧了。

张俊贤

死的人多不多咱不知道，反正得过湿气病，抽筋，反正有这么一段，（这病）是民国 32 年下雨之后得的，一受湿潮，挡不住，就有病了。光抽搐、蜷蜷、跑茅子，上哕下泻，还抽筋，解大手解不下来，跑茅子还得给他挤挤，要不憋门，要不下不去，反正有这么一会。没很好的医生，弄个片砖，烧个药鞋底，扎旱针，怎么治咱记不住，朱官营有个祖传医生。

民国 32 年逃荒的人咋不多？我父亲出去了，逃到石家庄那了。民国 33 年收成行了，收了麦子了，再后，谷子结穗的时候生了蚂蚱，一飞都盖住天，一伙人都打蚂蚱，弄个鞋底轰到沟里，用土一埋。

这里有当皇协军的，没有日本人，有一个是这边派出去的，日本兵净东三省多。反正上家来的时候，家里的人都跑了，有功夫（时间），门一锁走了，没功夫（时间），门不锁就走了，牲口也抢走了。日本人要人干活去，跟村里要人，盖楼、挖沟。这里有日本人的村长，也有八路军的村长。那时候八路军也不敢照面，有游击队，偷偷摸摸。有老杂儿，他（日本人）得管管，镇压镇压。

邵三村

采访时间： 2008 年 1 月 26 日

采访地点： 威县张家营乡邵三村

采访人： 牟剑峰　张　茜　刘　群

被采访人： 唐秀云（女　90 岁　属羊）

唐秀云

民国 32 年我在这个村里，种荞麦，就收了一小撮，天旱，靠水坑种了点小麦，种了有一亩。到后来下了点雨，种个麦子长了点，长得也不强，长了这么高，一亩地长这么一点。

都逃难走了，死的还不很多，逃到石家庄大红屯（音），有在那建新家的，有把孩子给人家的，有卖人的，咱带着孩子没出去，咱出了两回没出去，又远，又急，俺娘不叫出去，俺娘说："你就不要去了，你去了又吃不饱，你又带着孩子，你还得带床被子，你还是得死在外边，你就不要走了，咱都死在一堆吧。"我就在家了，我死了三次没死了（哭），哎呀，可难过了，都说不全。

民国 32 年没霍乱转筋。俺那哥哥病了，他在南屋住的，睡午觉时俺推磨去了，他闷得慌。日本人来了，他说俺哥哥是八路，俺哥哥说自己不是八路，是老百姓，他就走了。两个游击队员带枪来了，日本人他没跑出去，游击队的吹号了，打了两枪，他上俺房上，把墙拆了，扔手榴弹，日本人在院子里点上了火。过道点上火了，俺不敢过去了，我领着俺小子、大妮，抱着一床被子就走了。（日本人）把我小羊也打死了，那砖扔到院子里啪一个，啪一个，俺哥哥一看着火，也出去了，他两人就打了，俺死里逃生。日本人穿黄乎乎的衣服，穿大雨靴，那会儿有 200 多日本人。俺二哥死了，让日本人打死了，俺大哥的小名叫张自丑，被日本人抓走了，然后又活埋了。

民国33年那时候地里到处净蚂蚱，前会儿不是很多，六月把谷子都吃了，都拿棍子，簸箕打，民国33年一亩地就收了一点。

采访时间：2008年1月26日
采访地点：威县张家营乡邵三村
采访人：牟剑锋　张　茜　刘　群
被采访人：张四科（男　87岁　属狗）

民国32年有日本人了，八路军跟日本人干了三天两夜，有的打死了，有的负伤了，后来在威县住院，一屋里七八个，都住在老百姓家里。那时候日本人去了，咱都知道。

张四科

那年收成反正也够吃，旱，大贱年，有下雨的时候，有不下的时候，说不准。

勿堂村

采访时间：2008年1月26日
采访地点：威县贺钊乡北小河村
采访人：韩晓旭　吕元军　郭亚宁
被采访人：张瑞朝（男　76岁　属猴）

民国32年是灾荒年，一年没收，因为旱情，没井耩不上地，那时候村里大约400口人。八月二十九下过雨，我8岁就出去了，民国32年我在张营乡勿堂村，在勿堂村也是挨饿。

张瑞朝

八月初，勿堂村下的雨，地下透了，但没涝。勿堂村饿死过人，连饿带病，老人死的不少，得的病是霍乱转筋，得了病的人跑茅子，肚子疼，我是听大人说的，这个病是霍乱转筋。

那个病不传染，一家子一个人死，其他的不死，没有一家子都死的情况。死的都是老人、孩子。有一家死了一个，刚埋下回来，家里又死了一个，霍乱转筋在哪个村都有，好像是下雨之前得的。那时候俺们喝的是井水，老百姓不论生熟，渴了就喝。

民国 32 年闹的蚂蚱，从北边过来的，满地里飞，闹蝗的时候，高粱都一米高了。

民国 32 年不敢在家里睡，都跑到地里去，连灯都不敢点，怕被日本人抓走，说你是共产党。日本人抢粮，皇协军都是本地人，打老百姓，杀老百姓，作恶呢。

张家营

采访时间：2008 年 1 月 26 日

采访地点：威县张家营乡张家营

采 访 人：张文艳　李　娜　薛　伟

被采访人：张凤山（男　85 岁　属猪）

我念过书，在学校待了不到一年，家里穷，上不起。小时候，我就在这村，咱这村那会就叫张家营。

民国 32 年是个灾荒年，贱年，没收成，饿死的多，剩下 300 多人，没死的时候有 700 多人。那会儿没井，老天爷不下雨，就是七八月才下，都到八月份了，雨也不大，种了点蔓菁、荞麦，谷子、高粱都不长了，下雨一天透了，他就不下了，还是没雨，不大，地面上没水。

张凤山

那人连干燥带饿的，霍乱转筋，一会儿就死，死了好几百人，有饿的，有得那病的，死个人都不知道怎么死的，谁也顾不得谁。俺娘就是得霍乱死的，八月死的，饿，得这病，使针扎扎就能扎过来，俺那时候才 19 岁。我一醒，俺娘再叫人扎，就晚了，扎不出血来就完了，抽筋死了。那时候都不知道怎么死的，几天就没了，就那么死了，一抬就囫囵个埋了。有个看瓜的，就死地里了，都是饿的。十天八天不见一个粒，吃点野菜也没有，从秋天才开始死人，后来一看死了，就埋了。这病传染，有两三个月，从秋后一冷就没了，民国 32 年以前没这病，那会穷人多，都吃不好，过了民国 32 年就没了。

第二年还是灾荒年，威县东南角上过蚂蚱，过了民国 32 年人少了，蚂蚱可多了，脚踩的都是蚂蚱，有挖的沟，平平的，全是蚂蚱，一点青草也没有了，就是过麦头。

那一年有日本人，咱这是敌占区，我跟人干活。日本人扫荡去，在那过，抢东西。那会日本人在这，有伺候日本人的村长，归共产党领导。

民国 32 年饿死很多人，日本人要，国民党要粮食。老百姓过灾荒年不收，饿死那些人。逃荒外边的不少，县政府后来出了个政策，都叫回来。

采访时间： 2008 年 1 月 26 日
采访地点： 威县张营乡张家营
采 访 人： 张文艳　李　娜　薛　伟
被采访人： 张书盟（男　77 岁　属羊）

张书盟

　　民国 32 年那时候，我家里三口人，我、父亲和一个哥哥，哥哥饿死了。

　　那一年没下雨，地里没收，秋后才下的雨，种点蔓菁、荞麦、萝卜，连菜籽都买不起，都是从外头来的。秋天下的都是小雨，下了五天，漏房子。

　　病主要都是霍乱转筋，我就得过，普通人都得，要拿三棱子针，扎针放血，扎出血来。得病上吐下泻，两头冒水，缺水，那会生活忒凄惨，传染病特别厉害。我父亲、哥哥都得过，一会就完了，腿拧得受不了，那会儿医生少，放一会血，身上缺水，等血稠了，扎不出血来，就晚了。扎旱针能放出血来，我也扎过针，扎腿后边。过秋的时候得这病，谷子熟的前后都有，到秋后收蔓菁、荞麦的时候就没了，就是下雨的时候有。

　　人都逃荒了，逃到西北角，水浅的地方，隆尧。

　　得那病的人多，村里有 500 口子人，有 400 多口得那病。我哥到地里割草去了，我在地里看地来着，他给我送饭去了，说："你砍草去吧，我肚子疼"，那时候地里没人，他上吐下泻，我父亲也在那割草，来拿个筐箩，拿绳，拿杆子，把他抬走了。到天黑了，有个老妇女来扎针，那时候黑，主要是没灯油，用麻子一串一串点上，看不着，扎不好，那老婆儿就走了，我哥就死了。

　　周围村子里也有，差不多，我父亲得过还早，再是我，我哥哥。放血，那有多的有少的，能扎好，多半是老医生。民国 32 年以前没有，以后也没有，以后生活也好了，那会儿都是上吐下泻，都有死外边的，一般都是去隆尧，有的媳妇都卖在那了。

我得那病时，村里都传说是霍乱转筋。这病别说老百姓害怕，日本人也害怕，咱这就有日本人，大城市都有，日本人叫他虎烈拉。

那时候老百姓喝土井的水，日本人也有自己的井，也是老百姓挖的。日本来了，得欢迎他，担水他先不喝，叫你喝。

我给日本人做工，在这的炮楼上，日本人来村，抢东西，皇协军多，他不是天天去，怕八路逮。这都是民国32年的事，这里地方大了人多。

西边马庄那有闹蚂蚱，那是第二年。我有个姑姑，我给她看瓜，小蚂蚱成堆了，过了年就没大事了。

赵 村 乡

北寺庄

采访时间：2008 年 1 月 25 日
采访地点：威县赵村乡北寺庄
采 访 人：胡 月 何 科 宋 剑
被采访人：刘跃刚（男 82 岁 属兔）

民国 32 年灾荒年，收不多，后来下了雨，六月下的雨，下了几天记不得，街里没水，坑里有水。过去 15 里什么也没收，死的人可不少，那时大夫少，得病浮肿，脸肿、腿肿，有得霍乱病的，刚才还好好的，过会就死了。

各村都死人，死得很快，没什么粮食，都死了，好好的，赶明儿就死了，我没亲眼见过这个病。

那时候日本人在这儿，有炮楼，日本人也给看病。

北徐家庄

采访时间： 2008 年 1 月 25 日

采访地点： 威县赵村乡北徐家庄

采 访 人： 李莎莎　张　艳　王　瑞

被采访人： 李迎海（男　77 岁　属羊）

李迎海

　　我上过学，上过一两年，也跟没上过一样。那是日本人来之前，来了以后在寺庄，我又上了一段，走了以后再没上过。

　　灾荒年是 1943 年，民国 32 年，饿死了不少人，我记得俺这胡同里有三个饿死的。1943 年旱，不下雨，蚂蚱来过，飞过去了，没待长。秋天过蚂蚱，秋分耩麦子了，有蚂蚱堆。

　　当时我十好几（岁）了，记不清有没有得病的。我那年 13（岁）了。我还记得那年，俺奶奶去地里看庄稼去，我还给她送去了饼子。这有逃荒的，记不清逃哪里去了，有去石家庄的。

　　我见过日本鬼子来俺村，来多少人没准。在西边有一个排，在寺庄，我还用筐给他背过土，下雨下得有很多水，整土垫道。那时有皇协军，我那年十三四（岁）了。日本人来，俺父亲在村里搂草，把俺村好几十个人都抓走了，他们来要东西，后来放回来一部分，有个叫李福屯，到现在没信儿，可能是叫李福屯。那时日本人才来寺庄，俺奶奶岁数大了，没跑，把奶奶抓走了，待几天放回来了，把她头上打破了。日本人砍死了一个人是西徐的，我记得俺放学了，看到他躺在那儿，淌了一堆子血，他叫徐凤林，现在一家子都在邢台，他是共产党员，那凤林还是挺不赖的，到死都不说，你要是怕死，说了，那就成叛徒了。

　　灾荒年吃的水是井水，村里没水，地里有水。

上大水是在解放以后，1956 年、1963 年，地里都是水，有从南面河里来的，都说是漳河，水都超过膝盖，七月来的大水，河里来的水，那是 1963 年。

采访时间： 2008 年 1 月 25 日

采访地点： 威县赵村乡北徐家庄

采访人： 李莎莎　张　艳　王　瑞

被采访人： 许学栋（男　75 岁　属狗）

许学栋

我上过两年学。灾荒年记得，民国 32 年，天旱，那年没收麦子，青枣发白时还没下雨，枣叶都绿了，六月里下的透雨，下了六七天，可能是七月里，下半年还收点谷子。没记得有蚂蚱，记不清了，可能是有。

病死的有，死了有 20 多口子，霍乱转筋，都是饿死的，饿得有病，死得还挺快。我听说，人在那过道走着走着，一会儿就没气了，饿得没劲了就死了。那病传人，一个人不敢出村，得两个人。死的人不少，都来不及抬，棺材买不起，用席一卷，那时穷得不行。因为霍乱转筋死的人多，死的有那谁他爹、徐新他娘。光我记得就有六七口子人，忘了名字。那时也有医生，也想看，哪有钱看啊，没钱看病。扎旱针得扎手指头。

当时村里喝的井水。那时没大水，后来才有。

那时没有粮食，日本人要皇粮。那时八路军一派，日本人一派，就是老百姓没法活。有逃荒的，有，记不清了，那时我才十一二（岁）。

日本人一来，那人都跑了，我记得日本鬼子来村里，不断来扫荡，抓共产党，他杀过人，那年我村一个人被他打了，没死，那时他才来，投炮弹威胁你，扔炮弹炸死过人，那个被炸死的叫徐勤，男的，我认识他。

我见过皇协军，我种人家的地，他们打这过，一天来一趟，都是皇协军孬，哪有什么日本人孬，他们也是穷，没办法。那时威县县长是何梦九。

采访时间：2008 年 1 月 25 日
采访地点：威县赵村乡北徐家庄
采 访 人：李莎莎　张　艳　王　瑞
被采访人：杨茂莲（女　84 岁　属牛）

杨茂莲

那时日本人在这，我上了三年学就毕业了，穷，吃的都没有了。

灾荒年，那年闰月是六月，日本打到寺庄。那日子甭提了，吃糠咽菜，还光跑，在地里睡，在地里挖点秧子。那年旱，五月里就跟春天一个样了，都没树叶了，都吃了，上树捋树叶。

六月里，没收粮食，我爹逃荒要饭去了。我那爹娘在家里饿的，我说："爹娘我走吧，我去逃荒，逃命去。"我走到外面了，我插上草卖自身，回家后顾我的爹娘，俺爹俺娘都没死。茂林是我的哥哥，逃荒逃到藁城，我在那自卖自身。

后来二月二，俺哥上俺家去的，来看俺，他走，我说："哥哥你走啊，把你妹妹留下了。"这离着好几百里地，俺哥说："妹妹别难受，娘家以后好了你还回来，我还把你挎在手。"

我在那待了五年，后来我说"我要走了，俺那兄弟送我来了。"走不了，就打官司，薛庄有一个小的公室，咱上那儿打官司去，我说我自卖自身，帮俺那爹娘逃了活命了，我哥哥一来了，我就大声哭了，上人家去了，人家光锁门，咱不能出来，到后来俺的男人死了，兄弟把我送回去，后来我也没回去。我在那里随了个婆婆，是个好婆婆，那里房子不大些，人家不叫睡，我在那认了个干娘，她说"巧，你走吧。"我对俺兄弟说"兄弟，你送我吧。"俺兄弟送了我，走了三天，三百里地，俺就回来了，就逃活命了，俺受的苦啊，甭提了。

我还有一个闺女，留哪个指头不疼啊，我走时，闺女也哭我也哭，回来她来找我了，俺现在还走动。我是民国 35 年回来的。

东安仁村

采访时间： 2008 年 1 月 25 日

采访地点： 威县赵村乡东安仁村

采 访 人： 齐一放　苏国龙　蒋丹红

被采访人： 王学珍（男　80 岁　属龙）

王学珍

灾荒年是民国 32 年，天旱不下雨，地里没收。吃糠、吃菜，榆叶、柳叶都吃，庄稼收不好，收了百十斤。

村里没逃荒的，那时村里人不多，下雨下得不太大，五月下的，庄稼收了一点，雨下了不长时间就停了，下了两天，下透了地，种上地了，没种上麦子。那年没啥洪水，没啥蝗虫。

霍乱就在民国 32 年，30 多口子都死了，饿的，吃新粮食撑的。拉稀、闹肚子、抽筋、传人，富的死，穷的也死。这还不是传的，没药，光扎旱针，有扎好的，轻的就扎好了。我得这病了，闹肚子、腿酸，扎过针。我是在离立秋不远，在家得的，家里没有其他人得这病，待一个多月就好了。

我见过日本人，民国 32 年（日本人）疯狂杀、烧、奸、淫，烧房子，没一点好，皇协军是中国人，很多共产党死在皇协军手里。

这以前有土匪，民国 32 年时，有日本人就没土匪了。

东范家庄

采访时间：2008 年 1 月 25 日

采访地点：威县赵村乡东范家庄

采访人：李莎莎　张　艳　王　瑞

被采访人：林献新（男　74 岁　属狗）

林献新

　　灾荒年我记得，当时我七岁，我们村当时有百十户，有七八十户没吃的，吃糠咽菜，有几家富户。村里有沙碱地。

　　民国 32 年，这村是这么个村，那年我父亲林少烟随爷爷一家人，到山东逃荒要饭，到泰安要猪食吃。

　　后来日本人来时，我村情况更糟了，再发动"三光"政策。在我村有铁路，日本人来我村抢东西，祸害妇女，抓大人去挖地沟，只让赶紧干活，什么也不给，来村里牵牛逮羊。

　　我父亲 1938 年入的党，当上了抗日村长，他当村长以后，我们搬了 7 次家。他组织护村队，又叫模范班，组织全村白天挖一人多深的地沟，村东村北等都有。模范班又给村里铺公路。那时共产党暗地里联系，我村有叫徐长栋的，是共产党联络人。村里有国民党的汉奸，国民党那时候是正牌。我村里村东有棵树，我父亲看到树下的砖头朝上了，就说要出事了，他和一个人回区里，碰到皇协军，被绑了起来，被汉奸出卖了，我父亲看到石敬先被日本人捆了起来，当时他没说我父亲的名字，所以我父亲没被日本人杀害。张汉平是汉奸，在炮楼上住，和石敬先是拜把子弟兄。

　　区里有十几个县，俺村里死了十几个人，徐长栋等都是被绑到炮楼上死的。当时有区小队，县里有区大队，村里有模范班。当时通知说，在本村有抗日村长、党员、区长开会，那时敌人来了，从村西村南来的。当时有个叫魏长存的是区里的人，叛变了，通知日本人的，后来开会的人从地道里走了。河岔股、寺庄、七级这些地方都有炮楼，抓人时都出动了。民国 32 年天旱，霍乱转筋说死，几天就死，当时村里得病死的人不少，得病的人头疼发烧，发冷发热。当时没有医生，村里有会扎针的，扎不过来，这病传染。

1957 年我得过这个病，因为发烧得的，当时在山西演戏，一天有时演三场。衡水以北梁庄得这病的很多，我和一个兄弟都得了这个病，得这个病的人，据说扎盘尼西林针可以治。我是在村里小医院里吃点药好的，我弟弟得病时医院没有药了，发烧发冷抽筋，死在去衡水的路上了。我弟弟头两天得的这个病，连得病到死有三四天，得病时抽筋，不吐、不拉。

民国 32 年，很多人得这个病的，灾荒年后不到六七月份，下了七天七夜的雨，家家房子都漏了，当时连阴又下雨，连着不断。当时没有蚂蚱，逃荒没处逃，到处没吃的。

东张舠村

采访时间： 2008 年 1 月 25 日

采访地点： 威县赵村乡东张舠村

采访人： 李　琳　孔　昕　滕翠娟

被采访人： 杨柏恒（男　74 岁　属狗）

杨柏恒

我上过两天半的学，光认得自个的名字，闹日本，上不成学，来个日本人，人都跑了。

民国 32 年是灾荒年，俺全家都逃出去了，逃到苏鲁县的辛集，在北边，不是属于衡水就是石家庄，可能是石家庄那边的，逃到那待了一两年。

那时病复杂，病多，没医生，那时死了多少人啊，要搁现在，死不了。

我没得过霍乱，家里没人得。那病跟抽风似的，人没好样，抽得轻了，治过来了，抽重了过不来就死了。那时候先生少，扎笨针，没药。我逃荒的那里也有得这个病的，正北离这里200多里地，苏鲁到南宫，到辛河，南宫到辛河50里，辛河到辛集90里，北边还有50里就到了。那里比这里还好点，水浇地多，有井，那里地脉浅，挖不很深就有水。

我见过闹蚂蚱，那蚂蚱都在地上一蹦一蹦的，可多了，说没有就没有了，就跟神蚂蚱样，那蚂蚱多的，你走个路连脚都没地方落，那都不属灾荒年了。

我见过日本人，成天上村里来，能没见过？来了没好事，不是抢就是夺，逮人。那时候说来个日本人，那人都吓破了胆了，来一个日本人，街上连个人都没了。这时候别说来一个，来五个也能活埋了他，那时候人没这个胆量。

何梦九是威县伪县长，后来共产党审判他的时候，（老百姓）都拉他，有拉胳膊的，有拉腿的。

采访时间：2008年1月25日
采访地点：威县赵村乡东张彻村
采访人：李　琳　孔　昕　滕翠娟
被采访人：杨俊华（男　83岁　属牛）

杨俊华

我从小住这个村，上学上到六年级，日本人来时正上着学呢，那时候环境是最困难的。东边12里地，北边六里地，南边15里地都是日本人，我上的那个学校不教日本话，是共产党办的学。

民国32年是灾荒年，1943年旱灾，没有水，完全是旱的，得到六七月里才下的雨，记不清多长时间了，我那时大概13（岁）左右吧。

不记得有什么流行病，有霍乱转筋这种病，不少人得了，不一定死，反正有扎针的，又没药，有针灸先生，扎扎就好了，出血，黑血。我没得，家里也没人得。咋没见过得霍乱的？具体什么样说不上来。西邻有个老先生，会扎针，叫杨振华，能扎好了。我没见过抽筋的，就是上吐下泻，闹不清是雨前还是雨后得的。

（老百姓）吃不上饭，有逃荒的，不太多。闹蚂蚱是哪一年记不清了，呵！那盖天飞，人都上地里打蚂蚱。

我见过日本人，村南边是河岔股据点，（日本人）三天五天来要东西，皇协军要钱。说不准日本人干什么坏事，日本人是少数的，皇协军多。

后赵村

采访时间： 2008年1月25日

采访地点： 威县赵村乡后赵村

采访人： 王　浩　徐颖娟　刘文月

被采访人： 郭青增（男　85岁　属鼠）

郭青增

我小时候家里有五亩地，粮食不够吃的，经常给地主打工，挣粮食和钱来补贴家用，给一个叫张茂成的地主打长短工。

家里民国32年闹灾荒，记不清是因为什么闹的灾荒。闹灾荒那年，我没有去逃荒，给别人去打短工了，没要饭，就是在本村。

那时候日本人说我是八路军，就把我抓走了，还打过我。民国32年是后半年下的雨，下了一天。饿死了很多人，都是饿死的，没有多少得病死的，不少人走着走着，就往那一站，就死了。

采访时间： 2008 年 1 月 25 日

采访地点： 威县赵村乡后赵村

采 访 人： 王　浩　刘文月　徐颖娟

被采访人： 郭清俊（男　83 岁　属牛）

郭清俊

我家里只有我弟兄一个人，小时候家里只有八九亩地，是贫农，小时候家里粮食不够吃。

民国 32 年闹饥荒，老天不下雨，没吃的，民国 31 年下雨了，民国 32 年干旱，到六七月下雨，下得很大，下了两天，地里灌满了水，但是河里没来水。

这村闹饥荒之前有 700 多口人，后来饿死很多，剩下多少不好说。有逃荒的，有逃到北边三百里地的。人都饿死的，没得吃，有得病死的，得浮肿病，也有得霍乱的，是下雨前得的，下雨后好多了。得霍乱的都浮肿，死得很多。秋后来了蚂蚱，过了年就没有了。

那时候八路军游击队也来，时间都不确定。民国 26 年日本人来的，我 19（岁）了，日本人不抢东西，皇协军抢东西，离这 12 里地，东南方向修着炮楼，日本人住那。日本人只打八路军，不打老百姓，皇协军抢东西，不给他就打。

民国 32 年日本人来这，都戴着口罩。

前赵村

采访时间：2008 年 1 月 25 日

采访地点：威县赵村乡前赵村

采访人：王　浩　徐颖娟　刘文月

被采访人：夏西林（男　80 岁　属龙）

夏西林

　　我小时候家里有十多亩地，粮食不够吃，我娘领着我去要饭，我爹（死后）穿着满是血的衣服就地埋了，没有棺材。

　　这闹过灾荒，民国 29 年家里着了大火，那时每天中午，我和姐姐、妈妈在周围的村子里要饭。大约在民国 32 年，饿得我的腿都肿到膝盖了，那时候都要不着饭，光吃野菜，天气太旱，后来又下了七八天雨。

　　下雨之后有得霍乱转筋的，村长都不愿去抬，一个人不敢抬，这个病传染，死的人不少，中赵村死的人多，抽筋抽手，眼睛都突出来了。有治好的，不多，不知道怎么治好的，得这个病死得快，三五天就死了。我两个妹妹那年都饿死了，我家里没人得霍乱转筋的。我给地主干活，一天给三块钱。

　　民国 32 年闹过蚂蚱，在别处闹的，从这儿过了，没在这闹，都遮住天了。民国 32 年以后过的蚂蚱，麦子都膝盖那么高了。

　　我十四五岁就参加民兵了，我 20 岁就参加八路军了，在中野四纵队，我当了不久，因为我娘脑子不好，经常骂人，班长让我回家看看我娘，就没再回部队。民政上现在没有给我发过津贴。

　　后来村里选干部就选中我了，我领着大家挖井，在西北挖了五亩大井，没有挖着水。

　　我有三个儿子，大儿子娶了一个傻子媳妇，二儿子还打光棍，三儿子花钱买了一个媳妇，（媳妇）生了一个女儿就跑了，三儿子在 1989 年平定反革命暴乱中，脑子被打傻了，国家也没给钱，现在只能到处打零工。快过年了，我三儿还在外面打工。

萧长聚

采访时间： 2008 年 1 月 25 日
采访地点： 威县赵村乡前赵村
采访人： 王　浩　徐颖娟　刘文月
被采访人： 萧长聚（男　83 岁　属虎）

我上学时间不多，没有多大功夫，大约有五六年。家里兄弟两个，我有个哥哥，家里有 30 亩地，是贫农，这收成好的时候粮食就够吃。

民国 32 年这村闹了灾荒，先旱后淹，六月二十下的雨，后来下透了，屋子都漏了，河里没有大水，地里都湿透了。

没闹灾荒之前村子里有五六百人，后来死了很多人，就剩下 100 多口人，逃荒都逃到南徐州了。民国 33 年水库崩了，大水淹到这里来了。

下雨之后有霍乱转筋，死了十多口人，肚子疼，跑茅子、抽筋，死得快，几天就死了。也有扎过来的，扎不过来的就死了。扎旱针，扎肚子和手上，出黑血，听我父亲说的，家里没人得。这个病是传染的，得的人很多，就是传染的，那时候都喝井水，没有其他的病，就这一种厉害的病。

八月来的蚂蚱，连太阳都给盖住了，跟刮风似的，有只会蹦的、爬的，也有会飞的，民国 31 年收成还行，民国 32 年就很不行了。

我 12 岁时候日本来扫荡，抢东西，日本人和皇协军抢东西，杀人放火，还强奸妇女，都是日本人干的。日本人从石家庄来的，后来就住上兵了。皇协军杀老百姓，也杀八路军。村子里很多人当过八路军，现在都死了。

闹灾荒的时候八路军来发过谷子，人太多，救济不了多少。八路军的粮食从县政府弄来的。

寺 庄

采访时间：2008 年 1 月 25 日

采访地点：威县赵村乡寺庄中学

采访人：胡 月 何 科 宋 剑

被采访人：杨永翠（女 68 岁 属龙）

杨永翠

民国 32 年得了霍乱还能没活着的，治好病的人？有活着的老人王森英，她扎的多，我给你说王森英一个人就行了，她扎了半个村子，你说这三天三夜扎多少人咧，得扎多少人咧！扎一个好一个，回来了俺爹和俺姐姐也都是说不出话了，那不就又扎，扎了又好了。俺娘扎西半边，东头杨老三扎东半边。那时候人都说，西边快找杨兰荷家，东边快找那个杨老三，说你看，不扎的人都死了。

那年死的人可多了，谁也不照顾谁，囫囵着个子就埋了。王种全那年病得都不会说话，其他人都看不了，俺娘到那儿给他看看，好了。俺妈妈现在死了，俺妈妈扎旱针扎的好着嘞，俺哥哥也是个医生，俺三哥他都当院长了，现在也死了。

采访时间：2008 年 1 月 25 日

采访地点：威县赵村乡寺庄中学

采访人：胡 月 何 科 宋 剑

被采访人：尹风荣（男 74岁 属猪）

尹风荣

民国32年那时主要是灾荒，是灾荒年，旱，主要是大旱，老百姓中间流传着一句话，是"碌碡不翻身"，碌碡，是北方以前碾压小麦、谷子、大豆，脱壳的东西，说这句话原因吧，天气旱，这个庄稼不收，农村都是在场里套上那个碌碡滚，让它压那个场，压那个粮食，那时候没机子，没脱粒机，碌碡不翻身吧，它不动，不转悠，它不翻身，它没地方压，场里它不收，就是说这个旱。

那一年老百姓啊，大多数去逃荒了，上外地逃荒，有到河南的，河南开封那一带。那时候，这个灾荒是一片一片的，（老百姓）逃到河南，又到山西，这是天气灾害。兵乱，那时候也闹兵乱，兵乱主要是小日本儿进入中国以后，那日本人刚来，刚在这里修炮楼，赶上灾荒了，民国31年、民国32年、民国33年的时候。

我没出去逃荒，那时候家里也主要是靠做些生意，我爸爸做生意，我不干，他主要是上山东临清这一带，那时推小推车，上那里去卖旧布衣、旧衣服，这边一些旧衣服上那边去卖，回来时从那边驮一些这个，比较好的就是山东煎饼，在这边比较稀罕，他回来的时候给捎点这个，主要是靠这个为生。

旱灾可能是民国33年结束的，一年多，大雨那时候还不算太大，主要是小雨。民国31年、民国32年、民国33年连续三年旱灾，那时候还没发大水，发大水是1961年、1962年的时候，那大水，这儿都是水，这儿，这院子里，这儿都是大水。

1943年闹灾荒那时候闹了一场大雨，村里头都绑着这个什么，用门和秫秸绑个筏子，都坐个筏子出去了，没船，水也得一人来深吧，有两米吧。这也够严重的，村里都是水。从路这边上路那边去，你得坐筏子过去。这水是下雨下的，那时候下的，可以说从大到小一直下了七天七夜，七天七夜，反正有大有小，有一阵下得特别大，刚过去它就沥拉点，就滴答着下。高粱熟的时候，我记得是，高粱都被淹了，上那水里去割高粱的，高粱都泡起来了，你得上那里头去割，蹚着水，半人深的水，那一般都不坐筏子了，筏子张不开了都，都蹚着水去。我说的这一般的路上，有两米深，路上，地里这水也就是一米多深，都到这个地方，到胸口以下咧，割那高粱去。

日本人在的时候是民国33年吧，日本人来了以后，他不叫种高粱，只准许种粮食，就种谷子、秕子、黍子这一类的，他不叫种高粱，这是青纱帐啊！你没看过那个青纱帐，这里闹日本儿的时候，净游击队，那时候八路军一钻高粱里去，他看不见。他不叫种高粱。玉米也不叫种，只要超过一米的，他都不叫种。

那时候咱这边都是游击队，游击队是不少，八路头目不知道，游击队的头目他都是临时的。你们没见游击队，游击队都是普通人，跟老百姓一样，穿着便衣不穿军衣，他没有正规军队的组织。游击队的队长我早忘了，俺东寺庄有一个，东寺庄是李忠申他大爷，他大爷是游击队的队长，现在早死了，具体名字我闹不清了。

日本人在这住，炮楼都在这儿，在村子里头，靠村南有中国皇协军，也在炮楼住。有皇协军、治安军，住了日本人倒并不多，日本住了也就两个排。发大水那是到了民国35年的时候，民国34年、民国35年，打跑了日本以后上的大水。

1943年有死的，得那个霍乱病，得这病主要是受上大水（影响），它这个寒，天气冷，这个潮气。他上面吐，底下泻，闹肚子，腿抽筋，我也见过这样的病人。原先她（妻子杨永翠）、她妈妈（张桂省），她娘是专门扎这个针的，凡扎了的都好了，没扎的都死了。抽筋，扎腿，扎胳膊。不止治抽筋，上吐下泻都治，霍乱病医好了以后，这个都好了。

那时候没药，不吃药，就光让你扎，都是旱针，这个针还必须是旱针，不是现在那个针，都是做活的那个钢针。这不是针灸，就用钢针，做活的钢针，缝衣服的那钢针，就用那针来扎。咱说这个是属于农村的一个土办法，这个还是特别灵，凡是扎了的，都过来了，她妈妈一天扎不完，不能睡觉（妻子杨永翠：三天三夜没睡觉）。

扎针扎出的血发黑暗色，一般的老百姓都说黑血，不是鲜红的。我家里有得这个病的，她爸爸跟她兄弟都不会说话了，她爸爸杨兰荷，她姐姐杨永新，都是闹这霍乱，肚子饿。发水的时候，上大水的时候，那时候都得这个，它是传染病，一个村都得这，人饿，还在水里面泡，人吃不住劲了。人肚子还没吃多饱咧，再饿，好得霍乱这个病。那时候都知道这是霍乱，这个中医上有这个名儿，它主要是从症状上来说，上吐下泻，抽筋，这是霍乱的一个特征。

那时候日本人不给中国人治，我见过日本医生，给他们日本人治，他们也有病的，病了以后，他日本医生给他们看。出去打仗，他是重伤还是怎么的，给他看，不给老百姓看。

那时候主要是吃高粱，高粱为主，那时候没馒头，水都是打个土井，没自来水，主要是喝生水多，农村那时候喝热水开水的，基本上很少，第一个没时间，第二个烧热水都是烧柴火，没炭，都烧柴火。

日本人他不发吃的，你说不发他倒是救济过两回，不是别的救济，他不救济粮食，他主要是做中饭以后发饭，那饭都是熟以后拿那个碗，一个人一碗去量。发饭是民国32年吧，灾荒那时候发的饭，反正不多时间，不长，发了也就是最多一个礼拜吧，以后再也没发过。发大水的时候他日本人就都不在了，抗战八年那时候，就是连这儿都打开了，日本人那都没了。

那时候国民党没有来救济，共产党在。解放战争八路正规军都走了，游击队没了，正规军八路军都去打南方去了，那时候去开封、郑州，跟那地方咧，那时候都上黄河以南了，都在黄河那打着正忙着哪。

蝗虫啊？日本在的时候蝗虫特别多，干旱的时候，民国33年吧。人们整天上地里去逮蝗虫去，都是蝗虫，一飞黑压压这个天，日本人他不来管蝗虫，他不管这个，光管大的。

老百姓都有一句俗话："民国 32 年生人最赖。"她妈妈怀孕的时候，吃不了，光吃糠，没好东西吃，所以生下来小孩就赖，这不就这个意思，是吧，啊，对了，身体不健康，赖啊。咱这里老百姓一骂人就说："你哪家的，你是民国 32 年生人，你真赖！"就是这个意思。

我没有一直在家，闹日本的时候在家，1949 年，中华人民共和国成立那一年，我在北京上学。1949 年时我在北京，在北京上的初中、高中，上的大学，科大，那时头一年成立，那校长还是郭沫若嘞，背这个书，背什么书啊？就是"小口袋装干粮，我送大哥到前方，前方打日本儿，千万别想家乡，别想爹别想娘，别想嫂嫂挂嘴上"。以前都这么背。

孙尹庄

采访时间：2008 年 1 月 25 日
采访地点：威县赵村乡孙尹庄
采访人：李　琳　孔　昕　滕翠娟
被采访人：孙竹林（男　79 岁　属马）

孙竹林

我那上学时，日本人还没来，日本人来了以后，上学时，老师就说日本语，他一走再换教材。

民国 32 年净旱灾，老天爷不下雨，没井，靠天吃饭。过了年开春，到六月初十才下透雨，可能是民国 32 年，下透了，没成灾，这里没河。

逃荒说不上来，我没逃荒，人数说不上来。说不上来有什么病，霍乱转筋，听说过，有，不是普遍性的，个别的，先生使针扎，扎穴位，不出血。说不上来什么样，我没得过，家里也没得的，得那个病的也不在少数。

我见过日本人，照那时候那个形势，村西边是河岔股，日本人的地，他不定期的到村里去扫荡，来了以后，比如说日本上俺这个村来了，老百姓都拿着糖果，拿着烟，都欢迎他，家家不能出门，都上当街来迎他日本人。（日本人）来了以后给他烧水，他也给群众开会，集会期间，他下边皇协军也好，日本人也好，都有活动。什么活动呢？开会。

谁也不敢在家，老人不去，小孩不去，年轻人去，他跟你要钱，老百姓很贫困，没有钱，没有他就给你戴个帽，说你是八路，就把你带走，带到河岔股，你要给他钱，他就不逮你。家里没人，那东西他都随便拿。日本人他不大抢，皇协军抢，因为什么呢？皇协军他净当地的人，他在你家里拿了好衣裳，好东西，再卖了，那时候老百姓很难混。开会时他随便一指，"你是八路"，就把你带到河岔股，带走以后咱家里再托人出钱，把他赎回来。那时候给日本人办事的也有咱中国人。

何梦九，他是日本敌伪政府的一个县长，很坏，跟八路军作对。其实当时日本人在这话语也不通，他能做什么？主要是给日本人办事的那些中国人狗腿子从中间作梗，得点钱也到不了日本人手里，都是那些狗腿子拿去了。

俺村南边有个窑，窑北边是公路，从河岔股到寺庄，日本人有开车的，有走着的，就这么来回地走。咱老百姓要从公路间过，他有时候就逮住你，不是经常，也间断，逮住就说你是八路，也不能反抗，不是八路就活该倒霉，他没什么根据，也不说跟你要什么证明，硬诬赖你是八路，那时候就这么个情况。民国32年是灾荒，顾生活还顾不上，哪有闲钱给他？

当时有这种事，日本人按地亩给你要劳力，上他那去做活，自己带着干粮去，实际上不扛活还吃不上。日本人他有个维持会，管日常生活的，有时候维持会的，他弄这个刷锅的泔水，剩饭、剩食物什么的，都弄到这个泔水里，卖，还不叫白吃，多少钱一碗，他使那手就给你抓一碗，抓一碗卖出去，卖给咱，艰苦得很！

老百姓难混着呢，他不断上村里里来，三天一趟，五天一趟，来了又不能待家里，你守着门都不行，守着门，他说你家里窝藏着八路哩。那时候自行车也很少，谁家门口也不能有车子印，有车子印，他就说你家里有八路。老百姓可不好混！不好混到哪？他要东西，他盖岗楼，给老百姓要砖，按地亩摊砖，你种一亩地拿多少多少砖，又没砖，就拆房子给他。

俺这里到寺庄 12 里地，寺庄当时住着日本人，他上俺这里扫荡，老百姓都跑，不敢在家，剩得人都很少了，后来村里有一户，两个闺女和她妈，当时……不说了，这个事说了也不好，不合适。

闹过蚂蚱，哪年说不上来，特别多！盖满天，有时候都爬一墙，打都打不及，谁吃那个？有人打。说不上来当时多大了。

西安仁村

采访时间： 2008 年 1 月 25 日
采访地点： 威县赵村乡西安仁村
采 访 人： 齐一放　苏国龙　蒋丹红
被采访人： 梁鸿章（男　78 岁　属马）

梁鸿章

灾荒年是民国 32 年，没收东西，碌碡不翻身。不下雨，大旱，种啥也不收，种的谷子、麦子、高粱。

有一年有蚂蚱，从东北来的，盖住天，看不见太阳，过去就走了，停了不到一天，蚂蚱是有组织的。

有逃荒的人，那时，我还小，逃的人不多，往东北方向逃，没回家，都死外边了，我没逃。

蝗虫以后就下雨了，雨下得可大了，蹚着雨收庄稼。天天下，下了个把月，坑里水都满了。下雨的时候有得病的，埋人都没地方埋。人得霍乱，就是转筋。

灾荒年那年，下雨以后，天天死那么多人，死的都是老人，都是饿的。我看到过得病的，得病的一会就死，天天死十多个，那时我还小，不愿看到死人，听别人说传人。那时，村子里有好几百人，得病的有好多人。没听说扎针的，也没听说治好的，年轻人都没事。那时候喝砖井的水。

日本人不管这事，就住在炮楼里，日本人建了炮楼，一个据点一个炮楼，在东南角，寺庄，不出来，出来就扫荡。日本人不发东西。日本人不是天天来，那会儿八路军武器不行，听到日本人就跑。

我见到过日本人，那时我还小，十四五岁，我还见过老杂。日本人不打人，皇协军来了就抢东西。日本人不多，就十几个人。还有个土匪头不记得叫什么了。

西寺庄

采访时间：2008 年 1 月 25 日
采访地点：威县赵村乡西寺庄
采访人：胡 月 何 科 宋 剑
被采访人：陈存爱（女 80 岁 属龙）

我没上过学，那时候上不起学，家里掏不起钱。

那年雨下了七天七夜，几月份我闹不清了，反正暖和的时候，闹这个雨的时候，种的庄稼还比较多。那时候没有河，也没发过

陈存爱

大水，村里淹了，下了七天七夜大雨房也倒，也塌。那个雨深，你看出村，那个胡同从道南去道北，就得蹚着水，那么深，一米七的人都能到肚

子那里。地里水倒不深。蹚水上地里去收庄稼。

那年有得霍乱病的，人有湿气，闹肚子，上吐下泻，跑茅子，不大的村都死了那些人。那老人都说是傻子病，现在都得说这个是瘟疫，湿气。灾荒年那一年，死人可多了。

我那时候已经来这村子了，都是得那霍乱病，七月那时候得的瘟疫。这个病上吐下泻，闹肚子，没啥治，没哪个能治的，也没那么些个药治，是吧，那一年死人可多了。有医生，他光会扎针，不会给你什么药，没西医都是中医。现在西医多，治病的多，治好病的多，是吧。那时候都是中医，摸摸脉，给你扎个针就治，也有治好的，现在也都死了，你看我都80（岁）了，我那时候才十六七（岁）。

人得病是下雨以前的时候，下雨以后不怎么得了。什么症状？就是说挨饿，饿的那人，吃的不好，这人得病的多，传染，不是传染怎么叫他抬过去了，那边又来了，那边又死了个人。这年轻的得病的少，老人得病的多。

得病的人我见过，他们都是吐，一个吐一个拉，上吐下泻。他们死之前都是不敢去，我也害怕招上我了，我蹚，跑，我怕得了，招上病了。没有看过这死人是什么症状，没看过，那时候我岁数小，十六七（岁）。那时候那老人都那么传，是霍乱转筋，老人都那么说。

这有一个中医，能给号号脉，扎个针，他没那么些个药，他扎针都是扎胳膊，扎腿。扎了以后反正有好的，有不好的，不好的多，死的人多。流血，流那黑血。老人都死过去了，俺都不记得叫什么名字了。那时十四五（岁），十五六（岁），我都在这了，在俺那姑姑家。那医生叫刘贵身，是个老医生。

得病的叫什么名字我闹不清，咱家里没有人得病的，咱这没有逃荒，咱那时候才十六七（岁），什么事还不记得嘞，那时小。我没有出去逃荒，我夫妻两个都在家。为什么没去逃荒？我在家里吃一顿吃两顿，吃菜吃糠，也不愿意出去，这是家里，我不愿出去，吃那菜，草吧，在家里煮煮，都这么着吃，弄的。没出去逃荒，咱有嘛说嘛，是吧，咱没有出去就没有出去。

那时候都打的土井，咱们村里井不少，都到井里打水喝，没见过那日本人到咱井里打过水，我也没有见过有日本人得病。

日本人那时候在这街嘞，建了个炮楼，他们穿的也是这个黄军装，深色的那个军装，戴的那帽子吧，两个片子耳朵。杀人？闹不清这个，那人没有了，俺都跑了，不在这个村了，那时都逃俺娘家去了。没有见过穿白衣服的日本人。

民国32年死的人少，那灾荒年吧，1960年又挨饿吧，还又得病，那一年死的人多。

采访时间：2008年1月25日
采访地点：威县赵村乡西寺庄
采访人：胡　月　何　科　宋　剑
被采访人：刘存明（男　76岁　属鸡）

刘存明

那年前半年没下雨，后半年下了。旱了几年？旱了一年还不行啊，旱几年?！那一年蚂蚱多得都看不见天，到六月下的雨。几几年我不记得，这我不会推算。

1943年也没下雨，那人都饿死了，黍子不收，不严重还饿死那人啊?！六月那会儿才下的雨，下那场雨还是不小，挺大的，那会都晚了，耩上的黍子不长了。雨下得没淹，没淹地，村里的水不少，下了一坑，都流坑里来了，得一人多深吧，都在家了，反正是，家里是没水，这里都老深的水了，这是坑。一米七的人得到肚脐那里，没淹死人。

那一年死的人不少，都饿死的，我咋没见过?！俺家里俺婆婆都那一年饿死了，饿得没劲了还不病啊，病了还不死了?！浮肿，抽筋？这我倒不很记得。俺家没病死的。

逃荒的有，能没有啊，有，咱都记不清了，净老人逃荒的，咱都不记得，净逃荒的。这里没河，我没逃，那时候我才13（岁），他们都去（逃荒）了，俺那老人去了。

见过日本人，在街里有炮楼。现在有那地方，反正是，炮楼早没了。日本人住在炮楼里，他盖的炮楼里也不完全是日本人，有皇协军，他那个军装啊，绿的，深绿。

采访时间：2008 年 1 月 25 日
采访地点：威县赵村乡西寺庄
采访人：胡 月 何 科 宋 剑
被采访人：刘存义（男 82 岁 属兔）

刘存义

灾荒年民国 32 年，那记得，8 岁了。我家那时候有咱九口子人。

民国 32 年是一个荒年，那真正是天旱不下雨的天。那年我都要饭了，那一年最苦的一年，这会儿有井不旱，跟那年时的大不一样了。那时候光旱，都旱，都不下雨，耩庄稼的，种庄稼的，都过期了，六月才下雨。

民国 32 年那一年，那一年种的谷子、高粱，收一布袋一点，收一簸箕的，那谷子晚了，后来下了雨，下得晚点也能收，棉花一过期，你就收不了了。

采访时间：2008 年 1 月 25 日
采访地点：威县赵村乡西寺庄

采访人：胡月 何科 宋剑

被采访人：杨同爽（男 73岁 属鼠）

杨同爽

　　民国32年那一年我记得是上大水，下大雨，村里给淹了。下了多久那记不清了，庄稼还是没淹，村里边上了点水，水也不很深，地里没淹。那时候种么的谷子，那年是碌碡不翻身，没收，旱了可能有一年。

　　那时候死人，那人死得抬不迭，都是那个灾荒年，有霍乱，抬人也抬不迭，我没有见过那些死的人。

　　那年得病死的人有杨同妹，那是我一个姐姐，死时19（岁）了吧，我没得病。前寺庄的房贵段的大哥四五岁死的，房贵段是八路，抗战死的。（得病的人）都转筋，吐，待不了两小时，一小时多就完事儿了。霍乱病的病名是听老人说的。那时候没有医生，那会儿医疗不发达，哪像现在啊，那时候缺。死了多少人不记得。下雨以前死的，下雨以前。

　　这没河，打的土井，村里有土井，那时候反正都是土井，日本人他也不能从他那带水来，也吃咱家里这水。

　　我没有逃荒，别人有咱也不记得，不是咱家人。出去的有，逃山东的多，离的还近。那时候俺家里，反正地里拔点野菜就过去了。

　　没听说有蝗虫。那时候没见有蝗虫，那时候俺小。反正是那时候满天飞的，漫天空地飞啊，那蝗虫。

　　那时候日本人来了，这里有炮楼，街里一个炮楼。里面有皇协军，反正皇协军多，日本人少啊。日本人那时候给小孩糖，他家里也有老小，他是稀罕小孩。（日本人）在村里抓人，都盖炮楼了。

西徐家庄

采访时间：2008 年 1 月 25 日

采访地点：威县赵村乡西徐家庄

采访人：李莎莎　张　艳　王　瑞

被采访人：田立奎（男　80 岁　属龙）

田立奎

灾荒年我记得，我上过小学，我上过四年级，我七岁上的学。灾荒年六块钱一斤米，一块钱三斤牛肉。

那时天旱，不下雨，谷子不高，就灾荒年旱，民国 31 年不旱，灾荒年上半年旱，后来下的雨，后来八九月份下的雨，下的雨不大。

那年蚂蚱有的是，蚂蚱像下雨一样铺天了，到后来都到地里抓蚂蚱埋，都埋了，蚂蚱都这么大，有黄的有黑的。

死的人不少，传人得湿气病，又待了一年，民国 33 年才有得湿气病的，那一年 30 多（岁）的小伙子都死了，去报丧要去两个人，怕一个人死在路上。后来死人，说西徐死的人多。得病的就光上吐下泻，肚子疼，死得快，得病的一天就死了，那会得病的找谁去，没有医生。得病一扎针一放血就好了，那时候哪有先生，谁敢扎针就叫谁扎，扎的是旱针。

我也得过这个病，没下雨我就得的病，那时没医院。一扎一出血就扎好了，扎腿肚子，扎膝盖后面的地方，一出黑血就好了，出很多血。得病时腿酸，上吐下泻。得病之前我一直在家里，在家里得的病。你说找医院，找谁去，我不记得找谁扎的针，没医生，给我扎针那个人早忘了。

得这病死的人我记得好几个，死的人有徐庆恩，死时 30 多（岁），徐小林也是这么大。那会儿没人看，找不着医生，该死就死呗，别的我想不起来了，死了人不少。那时候过了灾荒年之后死的人多，过了灾荒年有两年，他们都是那个时候死的。得了那病死得快，没医生，他们两个都在家里得的，他们得病时也上吐下泻。逃荒的向哪逃，都没吃的，没处逃，出去，在地里找野菜，吃树叶子，吃牛肉，过去都撑死了，死的人很多。光俺这个村，一天就死几个人，俺们村死的人少，都是饿的，一饿再一吃牛肉就撑死了。

霍乱就叫湿气病，上吐下泻就是霍乱，一个老中医说的，他早就死了，不记得名字了，得那个病没几个活的，活的人我也不记得了。

那时候日本人在村里抢东西，害人打人，怎么不逮人？逮八路军，不逮老百姓。日本人怎么不杀？带走的能不杀？他枪毙人，没在村里抓人，俺叔叔死在里面了。皇协军尽威县的，日本人不多，皇协军不少。皇协军来村里抢东西，找八路军。那时没土匪，光皇协军，老百姓就受不了了。那时有游击队。

采访时间：2008 年 1 月 25 日
采访地点：威县赵村乡西徐家庄
采访人：李莎莎　张　艳　王　瑞
被采访人：刘书海（男　74 岁　属猪）

刘书海

我没有上过学，灾荒年那年是民国 32 年，到后来才下的雨，前半年旱，没收什么，我跟俺爹俺娘上北边，上蚂蚱堆，在北边过麦子，地里没收麦子，这蚂蚱堆光咬那麦头，都掉地上了，我父亲就跟俺娘打蚂蚱，俺拾麦头，上蚂蚱那年也是民国 32 年。

后来七月下的雨，下了三四天，下完雨后村里有得病的，霍乱转筋，死了人，一个人不敢出去上亲戚家报丧去。这个病，说不准就得了，谁得这个病，谁就回不来了，出去报丧至少两人，怕一个人死在外面了。

这个病传染，俺村好几个得这病的，光俺记得的有三四个得霍乱转筋，我没见过他得这病的样子，听说的。那时针灸扎手指头，有扎好的，有没扎好的，扎不好的就死了。霍乱转筋，老人都说这病叫霍乱转筋，得病的都在西边，俺村西头，西边有两个得这病的，得这病的也不多。

那时饿死的人不少，光俺这胡同就饿死了十几口子。逃荒的不少，有上南徐州的，有上南边的，有上东边的，去平原那逃荒去。有个叫李福屯，带着个小子上河南去了，一直没回来，就他没回来，其他人都回来了。那时俺这一个大队一共有 2000 口，这才分的四个大队，原来是一个大队，叫徐家庄。原来没发过大水，到 1963 年才有的，南面没有。

那时候日本人一天给我一斤米，俺村里派的，青壮年不去，叫老人、小孩去给日本人打工，去了什么也做。皇协军拿我当玩意，让你顶个包，上皇协军楼上给他扫地，重活不让你干，拿你玩。见过日本人，日本人对小孩没啥的，年轻人都不敢去，当时我们去的是寺庄，那时那儿有个炮楼，那有一个班日本人，皇协军多，他孬，不叫你做活，玩你，让你跪一会儿，头上顶个砖，一天挣一斤米。那时家里没吃的，吃花籽窝窝，天黑才回来，吃的是棉花籽窝窝。

当时村里喝的井里水，是土井子，水甜，上土坑里挖，水就出来了，井多了，有砖井，也挖个土坑，去土坑里打水。我记不清土匪了，日本人记得清，在河岔股炮楼。

何梦九来跟老百姓要棉花，他在跑楼上，那年他带走的人不少，捆起来带走的，带走了好要钱，其中有一个死在河岔股，小名叫小鸡，大名叫徐存之，死在河岔股，使机关枪杀的。我没见过，回来的都这么说的，枪毙了以后，日本人回来看看还活着吗，又使刀砍了。

枪毙何梦九的时候，他母亲去威县诉苦。

采访时间：2008 年 1 月 25 日

采访地点：威县赵村乡西徐家庄

采访人：李莎莎　张　艳　王　瑞

被采访人：徐召强（男　78岁　属马）

徐召强

　　我上过三年级，上不起学，光在地里干活。

　　灾荒年我记得，民国32年，那时天旱，一年不收东西，饿死的人光吃树叶，到地里拔草吃，肚里酸，吃得人浮肿，吃草吃的。

　　有蚂蚱，不记得哪年了，蚂蚱来的时候遮天，地里蚂蚱多，它把谷子吃成光秆，蚂蚱是黄的。

　　灾荒年没下雨，不下雨，种不上庄稼，没井，下半年下了雨，种了荞麦，下得晚了，下雨时荞麦没收时，其他都收了，种其他的不收，只能种荞麦。

　　那年死的人能不多？净得浮肿病，霍乱转筋，净死年轻小伙子，扎腿治，病人有扎过来的，有扎不过来的，病人就腿不行，吐不吐我闹不准。当时死的人不少，那会儿也没医院，就有一个先生，也没有西医，当时先生扎旱针，咱不记得扎什么地方，他不扎咱，咱不记得。俺家人没得这病的，俺这胡同道里得的人不少。

　　咱村里得霍乱转筋死的人多了，要是去亲戚家报丧，不能去一个人，害怕得了霍乱转筋一个人回不来。这是我亲眼见的，我那时不小了，我看不出得霍乱转筋的，它没在身上摆着看不到。传染不传染闹不清了，那年村里人都是得这个病死的，都得这个病，人人都知道，叫霍乱转筋是先生说的。俺奶奶怎么死的不记得了。俺一个亲戚得病死的，他身上长了一个大疙瘩，长哪记不清了，长疙瘩没好，上死人那里去了，使水泼了那疙瘩就好不了。

　　灾荒年没水，大部分井里没水，有那个老井。俺村各家有井，河的南面有一个老井，水多，都从那打水，都使圆底的像鼓一样的撇水，老井靠着汽车道南边，就那个井里有水。

有出去要饭的，都没吃的，出去的人，没回来的人也有，俺二爷逃荒死外面了，西边老邢也死在外面。逃荒的人多，逃到哪里的都有，连回头都没回头。

我记得日本人，日本人和河岔股联上手，在铁道正西，这里有铁道，日本汽车打南头来，向南向东两条街，汽车走那里。日本就这上了河岔股，河岔股有炮楼，寺庄也有炮楼，日本鬼子在炮楼住，光日本鬼子，不记得多少人数了，他在这里时候长了，就抓老百姓当皇协军。日本人在这里抢、烧、杀、放火、抓人、抓妇女。日本人杀人，不断杀，有刽子手，俺村一个人被砍了，这个人叫徐凤林，他是个共产党员。

有皇协军，咱中国人当皇协军，你想我是日本人，俺出去抓住你就叫你当兵，当皇协军去扫荡，他们烧杀奸淫，扫荡杀人，又放火。他当皇协军，他有家，他顾家，抢东西。俺这一个人在赵村，日本人上那儿扫荡，他藏在屋里，被火烧死了。不记得俺村有当皇协军的，皇协军会配合日本人。

洪水不是在灾荒年，灾荒年没洪水，上洪水那不是日本人在的时候，上洪水是（日本人）走了以后。

西张舢村

采访时间：2008 年 1 月 25 日

采访地点：威县赵村乡西张舢村

采 访 人：李 琳 孔 昕 滕翠娟

被采访人：田春桥（男 84 岁 属牛）

我上过高小，那时候日本人在这里。

民国 32 年那一年，霍乱传人，饿死那些人，最苦就是民国 32 年，老百姓苦哎，有饿死的，还有传人死的。那些人囫囵个埋了有的是，死了就埋。怎么死的？得那种湿气病，传人哎，人一得病就没戏了，俺家里一个爷爷就是得这个死的。还有前边那个奶奶，俺叔伯哥哥20多（岁），得那个病死了，一得病就没戏，扎不过来就死了。我当时在炮楼里待着，我没得过那个病，得那就死了。就是霍乱转筋，有一上午就死的。俺家里他爹，他奶奶，和他二姨，都得那个病，一天死的，九月初几里，秋后

田春桥

得的，夜里也有得的，白天也有得的。下雨了，不下雨就没那个病，一下雨才有的，下雨以后得的那病。一天到晚地哗啦啦下，记不清下了几天。

记得上虫子，日本人在这的那两年上的，多，地里净蚂蚱、蝗虫。

俺亲哥哥那时候是咱八路军的村长，到后来日本人叫他到乡里，给日本人办公去，来的民兵队，打了一阵子枪，就想抓他走，他跑了。俺家里，俺娘也坐房子（坐牢），俺爹也坐房子，我也坐房子，那都为俺哥哥。唉，俺这里有个人当侦察员，让日本人逮住了，被活活打死。

民国32年饿死人，有逃走的，往哪里去的也有，俺舅家哥哥出去当八路了，俺妗子说："你回来吧，回来娶个媳妇"，俺哥哥人家不来，到后来来了，娶了个媳妇，是李家庄的，两个人夫妻不和，俺哥哥跟俺娘说："姑姑，我在你家待着，帮忙地里的活"，俺娘就说："你在地里，俺也不撵你，你看看你兄弟这不还在炮楼里，到这还没出来，到时候抓你走，俺可没法。"从这以后，俺哥哥就走了，两口子一走，不知道上哪去了，到现在没回来，俺俩同岁，说不定他还比我大一岁，现在该没了，80多（岁）了还有啊？

国民党有个石军团，头头叫石友三，就叫石军团，刚开始他也跟日本打，到后来就跟八路军不和，两下子打开仗了。

采访时间：2008 年 1 月 25 日

采访地点：威县赵村乡西张劻村

采访人：李 琳 孔 昕 滕翠娟

被采访人：田书桂（男 80 岁 属蛇）

田书桂

　　我没上过学，我家一直穷，没钱上。

　　民国 32 年地里没收，一亩地收了四五斤。那年要饭的，逃荒的，卖儿的，卖女的，拆房的都有。逃荒往有水浇地的地方逃，往赵州、栾城，哪里收，就往哪里去，顾着这个嘴。要不怎么卖孩子，下边儿女多，顾不过来，家里有粮食的，像地主家，咱就把孩子给人家，人家再给咱百儿八十斤的粮食。

　　老天爷不下雨，后来下雨晚了，不收东西啦，五六月里下的，下透雨长庄稼就晚了，种上了点急庄稼，什么庄稼急，就耩上点，收上百儿八十斤的，到后来，过秋的时候收上这么点粮食，饿得那人连枕头秕子都吃了。过了六月才下的雨，黑家里下点雨，白天晴天。地里连草带苗都分不开了。

　　有病没病我记不准了，那会就是发疟子的多，得霍乱转筋的多，发疟子是冷一阵，热一阵，得霍乱转筋上吐下泻，一会就没气，吃不到什么好东西，连吐带泻，把人吐荒了，就死了。我没得过霍乱，发过疟子，霍乱传染，疟子病也传，是通过蚊子传，霍乱治不过来就死。那会儿也有大夫，扎腿，一扎一放血就好点。吃汤药有好的，有不好的，俺家里没有得的。

　　那时候村里有打的砖井，都喝那个水，挖两丈四五的，使砖砌上。这 1963 年上的洪水。

　　蝗虫灾闹，那黄蚂蚱从东北来的，盖天来，起东北上西南飞，一落到地里这庄稼就给你吃光了，黄蚂蚱，都是黄头的蚂蚱堆。吃得那高粱都没粒，光剩秆了。闹病是下雨以前，闹蚂蚱就到七月里了，蚂蚱虫子一吃，庄稼就受损害了，吃光了，秋里就收不好。蚂蚱不能吃。

日本来时我 12（岁）了，11（岁）时我还在外边当过勤务员，在妇干学，是个中学，光妇女。我 12（岁）时日本人就来了，日本人干的事可多了，杀人、放火、抢，日本人一过来，一发展，咱这边就有当皇协军的，皇协军孬，日本人不孬，皇协军抢东西。

那时候光日本人，向西四五里地是日本人，上东十里八里也是日本人。咱也给他做活去哎，出夫，给他修房、盖屋、掘围子沟、修公路。我也去过，十二三（岁）了，日本人走时候我都十五（岁）了，（日本人）在这待了四年。

何梦九？我要给你说又得说半天，何梦九是中国顶大的大汉奸！在威县城里，八路军共产党叫他给埋了 1000 多口子，埋了个肉丘坟。共产党和他说好了，让他打日本人，何梦九说："好，你们来吧"，实际上他和日本人也说好了，说："到时候不用你们来，不用你们打枪。"说好以后呢，把大门一开，这八路军不进去啊？进去以后把大门一关，1000 多口子都死了，都打死了。他是最大的大汉奸了。

他死的时候，共产党在邢台逮了他到威县去，老百姓非要把他活剐，别叫他一下子就死了。在威县搭了台子，把他绑到台子上，打了三枪才把他打死，打上一枪，等上一会再打第二枪，叫他零碎着受，到后来一枪打死了，抬到地上，那（尸体）让人拉得一块一块的。

何梦九你说他孬不孬，那时候有个黄街，他跟他孩子说，"在这你不能耍孬，黄街上这老少妇女都是你娘"，那妇女都是他下边的孩子的娘，你说他孬不孬？

中安仁村

采访时间： 2008 年 1 月 25 日

采访地点： 威县赵村乡中安仁村

采 访 人： 齐一放　苏国龙　蒋丹红

被采访人： 董汝伦（男　83 岁　属牛）

董汝伦

　　我见过日本人和皇协军，皇协军抢粮食，日本人建炮楼，寺庄和大高庄都有炮楼。1941 年腊月二十三，日本人杀死了一老头，抢东西倒没有。

　　有土匪，姜庄有六里岭，那里就有土匪，咱村没有土匪。

　　民国 32 年是灾荒年，那年旱得不收，我家种了三亩麦子都没收，后来才收了一点。（老百姓）吃山药干、棉花褥子、糠窝窝，都捧着吃。

　　民国 32 年不下雨，没大雨，霍乱听说过，俺岳父就是得霍乱死的，头天晚上看庄稼，肚子疼受不了，抽筋，就回来了，不到第二天早上就死了。死的人多了，得病的人村里也不少，有扎针扎好的，扎胳膊，扎大腿，出血。有一个老头郭庆贺，一个老太太崔丹桂会扎针，我母亲也得病扎好了，他们夫妇俩是医生。空气干燥，不是下雨得的。那时候喝枯水井，打旱井，喝开水。

　　我岳父王运华被人传染了，听别人说是这病传染的。我母亲也得过，光吐，肚子疼，抽筋，请别人扎针，出血，后来就好了。

　　日本人那时还没来，皇协军一般不下来，在炮楼上。

　　民国 32 年不下雨，没洪水。蚂蚱记不清哪年了，成堆的，我吃过蚂蚱，打蚂蚱，没听说有人逃荒。

采访时间： 2008 年 1 月 25 日

采访地点： 威县赵村乡中安仁村

采 访 人： 齐一放　苏国龙　蒋丹红

被采访人： 王凤泽（男　80 岁　属兔）

王凤泽

　　我见过日本人，15 岁的时候，日本人来了，退了学，学校散了。日本人干的坏事可多了，把抗日村长杀了，那时他（村长）是党员。

　　灾荒年是民国 32 年，我们村比周围外村好一点，不那么苦，外村的麦子都没收好，我们村麦子耩上了，收成还可以，有粮食。我那时不在村里，那时正闹日本人。没什么逃荒的。

　　有蝗虫，那年可有不少，地上扑的，天上飞的，把天遮住了，天都阴了。这里还发过洪水。

　　1943 年下雨了，收成比外村好，饿得没那么厉害，没多少饿死的，倒有撑死的，撑死了好几个。不记得雨下了几天。

　　那时有得霍乱的，有很多，腿酸，那时给我扎旱针预防，我怕扎针疼，最后没扎，但没得病。那时医生不会治，只能扎针。霍乱可厉害了，一发病就死了，那病传人，死了不少人，有老太太用笨针放血，不知道有没有治好的，那时医生不多。

其 他

采访时间：2008 年 1 月 24 日
采访地点：威县洺州镇戚霍寨
采访人：张文艳 李 娜 薛 伟
被采访人：郭桂珍（女 75 岁 属鸡
原住第什营乡）

郭桂珍

民国 32 年，我还在家，日本人进中国，我才四五岁，俺家六口人。俺家穷，不种地，开小铺，穷对付呗。那时就卖些小杂货，穷。日本人都是从威县县城进来的。那边有站岗的，就一个城市，四个大门能进人，去的时候要你相片、良民证，主要是查八路，八路军没那个。我父亲走南门，中国人站岗，就是皇协军，谁离得近，进哪个门，用小车推，都是推。

那歌我也记不全了，八路军给编成歌了："民国 32 年，灾荒真可怜。八月二十八日老天阴了天，昼昼夜夜接连不断下了七八天，家家受潮湿，户户得霍乱，男女老少死了一大半。"得病死了老些人，没死的都逃出去了，逃荒回来就解放了。

灾荒年我十来岁。下雨七八天不能做饭了，在地里找点高粱穗，蒸蒸煮煮就吃。霍乱是下雨以前闹的，都在地里找豆角，都吃生的。雨反正没停，这七八天，房都下漏了，那洼地就淹了，高地没淹，找那剩下的蚂

438

蚱，那人饿得啥都吃。

得霍乱，抽筋，光叫唤，哎呀，哎呀，在家里就听得见。俺家没得霍乱的，得霍乱的都死了，连饿带有点毛病，家家户户都得死人。那病是下雨后得的，受潮，腊月就没了，那就过去了。民国 32 年以前没听说过霍乱，就光一些老中医扎旱针，饿得不能走。

那会儿旱，麦子没收，都要着吃，很小的孩子都送给人家了，逃荒都上石家庄。俺两个哥哥都是小八路，两个哥哥都没在家，腊月里，我逃荒投奔俺姨，过两年，又是腊月里，回来的。

那时候生蚂蚱，一回一回的，那人都逮蚂蚱吃，都拿家走，剥剥就吃了。闹蚂蚱也就在七八月。

1943年威县雨、洪水、霍乱调查结果

威县乡镇总数：16个；调查乡镇总数：16个

村庄总数：522个；调查村庄总数：191个

乡 镇	雨				洪水				霍乱				采访村庄总数
	有	无	记不清	未提及	有	无	记不清	未提及	有	无	记不清	未提及	
常屯乡	5	1	0	0	0	3	0	3	6	0	0	0	6
常庄乡	11	0	1	1	2	9	0	2	12	0	0	1	13
第什营乡	9	1	0	1	0	3	0	8	8	1	0	2	11
方家营乡	13	0	0	0	0	7	0	6	12	1	0	0	13
高公庄乡	5	2	0	0	0	1	0	6	7	0	0	0	7
固献乡	16	1	0	0	1	12	0	4	14	0	1	2	17
贺营乡	13	0	0	1	1	8	0	5	14	0	0	0	14
贺钊乡	16	3	0	0	0	9	0	10	18	1	0	0	19
侯贯镇	8	1	0	1	0	6	0	4	9	1	0	0	10
梨园屯镇	8	0	0	0	0	2	2	4	8	0	0	0	8
洺州镇	16	0	0	0	1	9	0	6	11	4	0	1	16
七级镇	11	0	0	0	0	2	0	9	7	2	0	2	11
枣园乡	8	1	1	1	1	10	0	0	10	0	0	1	11
章台镇	13	0	0	0	2	6	0	5	13	0	0	0	13
张家营乡	8	0	0	0	0	3	0	5	5	2	0	1	8
赵村乡	13	1	0	0	0	10	1	3	13	1	0	0	14
合 计	173	11	2	5	8	100	3	80	167	13	1	10	191

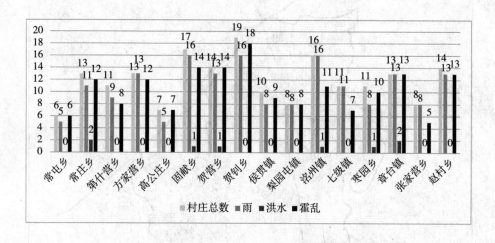

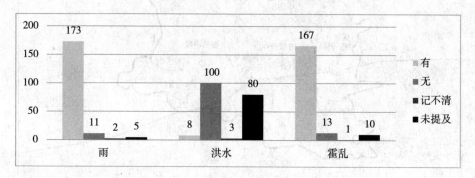

河北省威县 1943 年霍乱流行示意图

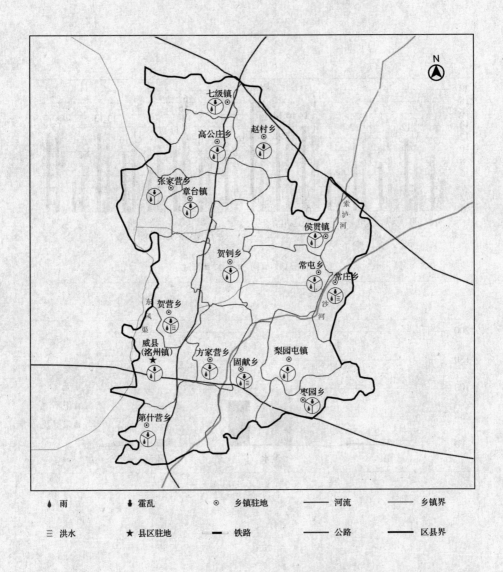

雨　　霍乱　　⊙ 乡镇驻地　　—— 河流　　—— 乡镇界

洪水　　★ 县区驻地　　═ 铁路　　—— 公路　　■ 区县界

山东大学鲁西细菌战历史真相调查会制
调查时间：2008 年 1 月 23 日—28 日

1943年威县常屯乡雨、洪水、霍乱调查结果

调查村庄总数：6

	雨	洪水	霍乱
有	5	0	6
无	1	3	0
记不清	0	0	0
未提及	0	3	0

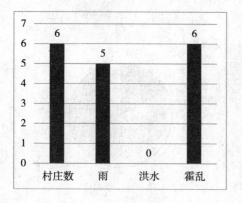

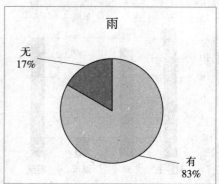

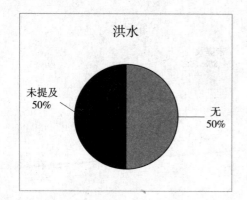

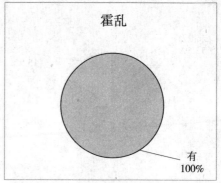

1943年威县常庄乡雨、洪水、霍乱调查结果

调查村庄总数：13

	雨	洪水	霍乱
有	11	2	12
无	0	9	0
记不清	1	0	0
未提及	1	2	1

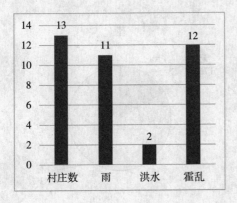

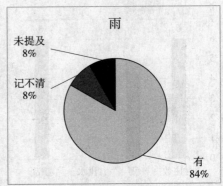

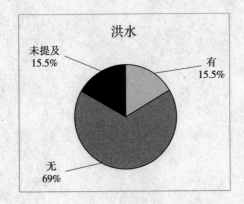

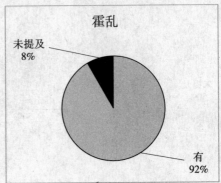

1943 年威县第什营乡雨、洪水、霍乱调查结果

调查村庄总数：11

	雨	洪水	霍乱
有	9	0	8
无	1	3	1
记不清	0	0	0
未提及	1	8	2

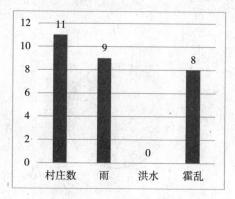

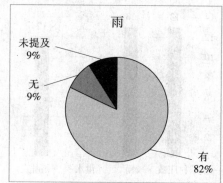

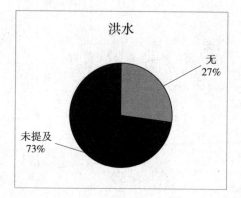

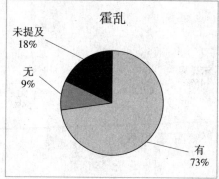

1943 年威县方家营乡雨、洪水、霍乱调查结果

调查村庄总数：13

	雨	洪水	霍乱
有	13	0	12
无	0	7	1
记不清	0	0	0
未提及	0	6	0

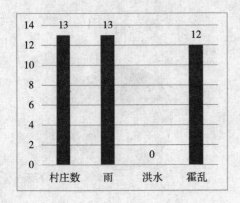

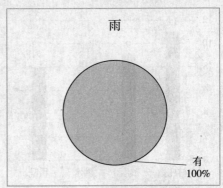

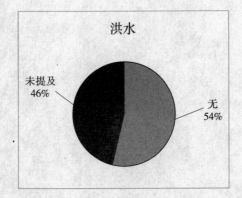

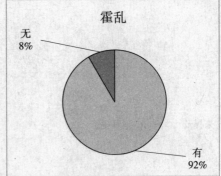

1943 年威县高公庄乡雨、洪水、霍乱调查结果

调查村庄总数：7

	雨	洪水	霍乱
有	5	0	7
无	2	1	0
记不清	0	0	0
未提及	0	6	0

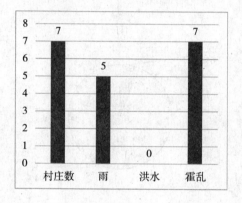

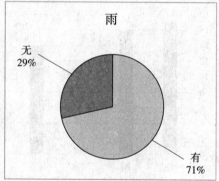

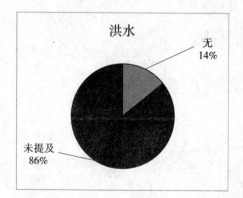

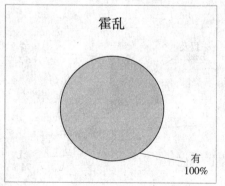

1943 年威县固献乡雨、洪水、霍乱调查结果

调查村庄总数：17

	雨	洪水	霍乱
有	16	1	14
无	1	12	0
记不清	0	0	1
未提及	0	4	2

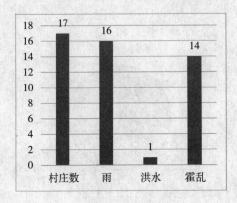

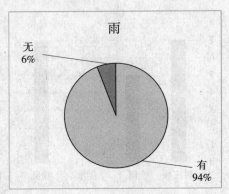

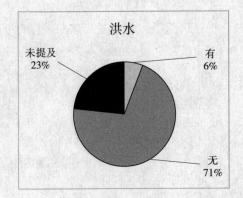

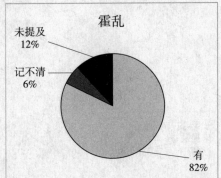

1943年威县贺营乡雨、洪水、霍乱调查结果

调查村庄总数：14

	雨	洪水	霍乱
有	13	1	14
无	0	8	0
记不清	0	0	0
未提及	1	5	0

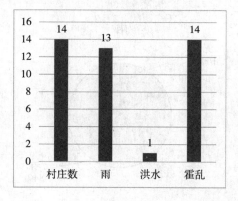

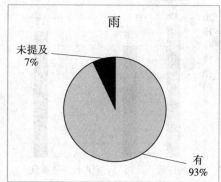

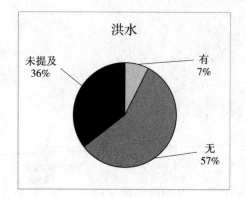

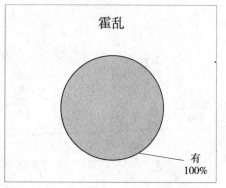

1943 年威县贺钊乡雨、洪水、霍乱调查结果

调查村庄总数：19

	雨	洪水	霍乱
有	16	0	18
无	3	9	1
记不清	0	0	0
未提及	0	10	0

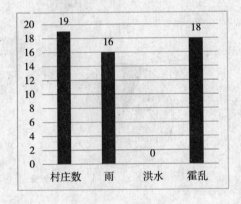

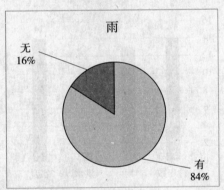

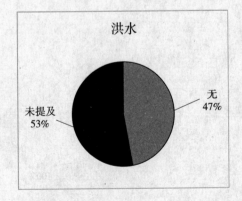

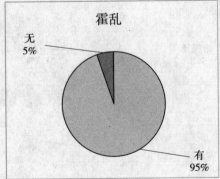

1943年威县侯贯镇雨、洪水、霍乱调查结果

调查村庄总数：10

	雨	洪水	霍乱
有	8	0	9
无	1	6	1
记不清	0	0	0
未提及	1	4	0

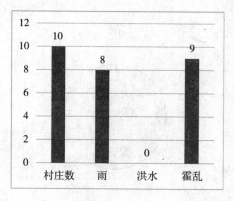

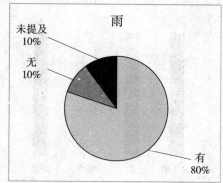

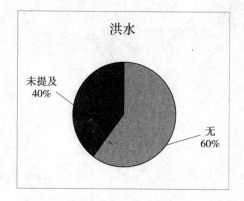

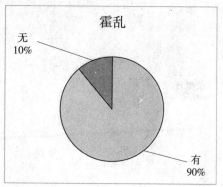

1943 年威县梨园屯镇雨、洪水、霍乱调查结果

调查村庄总数：8

	雨	洪水	霍乱
有	8	0	8
无	0	2	0
记不清	0	2	0
未提及	0	4	0

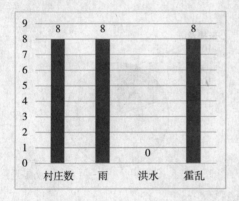

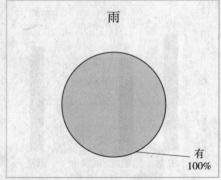

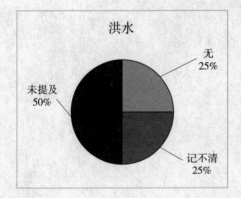

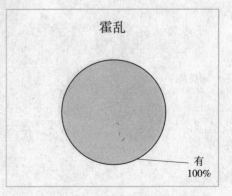

1943 年威县洺州镇雨、洪水、霍乱调查结果

调查村庄总数：16

	雨	洪水	霍乱
有	16	1	11
无	0	9	4
记不清	0	0	0
未提及	0	6	1

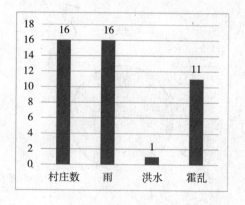

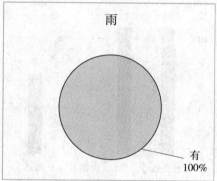

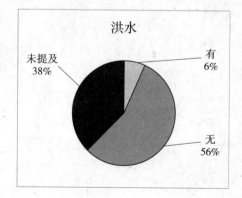

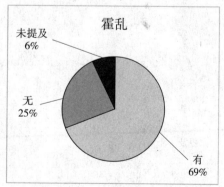

1943 年威县七级镇雨、洪水、霍乱调查结果

调查村庄总数：11

	雨	洪水	霍乱
有	11	0	7
无	0	2	2
记不清	0	0	0
未提及	0	9	2

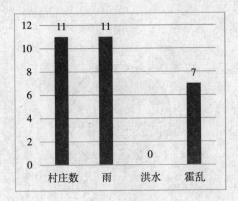

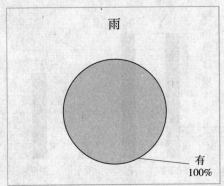

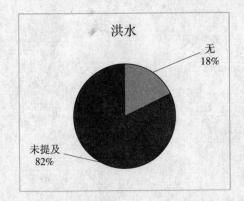

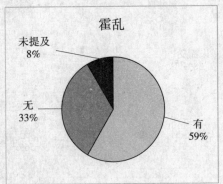

1943 年威县枣园乡雨、洪水、霍乱调查结果

调查村庄总数：11

	雨	洪水	霍乱
有	8	1	10
无	1	10	0
记不清	1	0	0
未提及	1	0	1

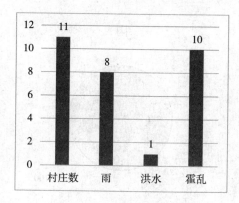

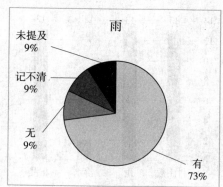

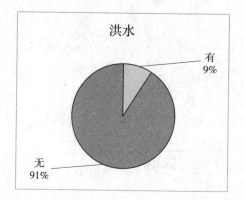

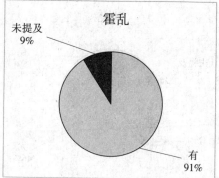

1943 年威县章台镇雨、洪水、霍乱调查结果

调查村庄总数：13

	雨	洪水	霍乱
有	13	2	13
无	0	6	0
记不清	0	0	0
未提及	0	5	0

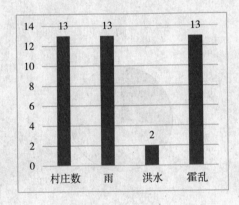

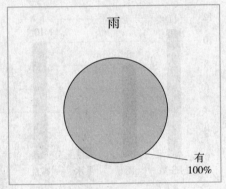

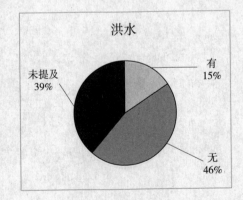

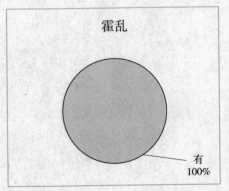

1943 年威县张家营乡雨、洪水、霍乱调查结果

调查村庄总数：8

	雨	洪水	霍乱
有	8	0	5
无	0	3	2
记不清	0	0	0
未提及	0	5	1

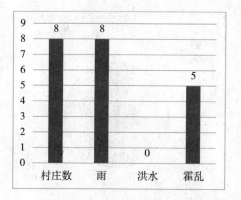

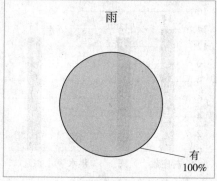

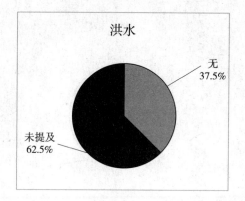

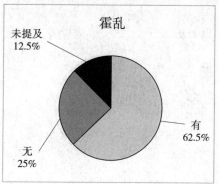

1943年威县赵村乡雨、洪水、霍乱调查结果

调查村庄总数：14

	雨	洪水	霍乱
有	13	0	13
无	1	10	1
记不清	0	1	0
未提及	0	3	0

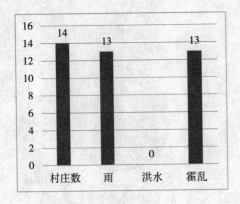

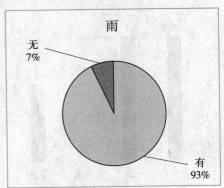

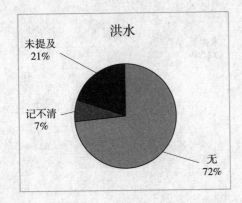

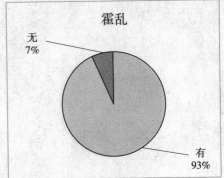